AF897438

Universidad del
Rosario

De los litorales a las selvas

La construcción del concepto de fiebre amarilla selvática, 1881-1938

De los litorales a las selvas: la construcción social del concepto de fiebre amarilla selvática, 1881-1938

Resumen

Este libro explora el proceso de construcción del concepto de "fiebre amarilla selvática" y el rol que los investigadores colombianos desempeñaron en dicho descubrimiento. Está dirigido al público general y a los académicos de las ciencias humanas y de la salud interesados en la historia, y en la historia de la medicina, de la salud pública y de la ciencia, en particular, así como a los formuladores de políticas públicas y tomadores de decisiones en salud.

Apoyado en la epistemología histórica, la sociología del conocimiento y la sociología política, el libro presenta las controversias conceptuales y técnicas en el campo de la fiebre amarilla desde finales del siglo XIX en Colombia hasta la consolidación del concepto de fiebre amarilla selvática en la década del 30 del siglo XX. Se explora cómo la Fundación Rockefeller ignoró los análisis de los médicos nacionales que hipotetizaron la presencia de fiebre amarilla rural y, apoyada en su poder económico, político y científico, se llevó la prioridad del descubrimiento de dicho concepto.

Se muestra la complejidad de la actuación de los actores sociopolíticos involucrados, así como las asimetrías de poder que explican el control del capital simbólico de los investigadores norteamericanos sobre el campo de la fiebre amarilla, por encima de los actores periféricos.

Palabras clave: Fiebre amarilla, medicina tropical, Fundación Rockefeller, historia de la medicina, Colombia.

From the coasts to the jungles: The social construction of the concept of jungle yellow fever, 1881-1938

Abstract

This book explores the construction process of the concept of "jungle yellow fever" and the role played by Colombian researchers in this discovery. It is aimed at a general public, at academics from humanities and health sciences interested in history, history of medicine, public health, and science in particular, as well as at public policy- and decision-makers in health.

Founded on historical epistemology, sociology of knowledge and political sociology, the book presents conceptual and technical controversies in the field of yellow fever since the late nineteenth century in Colombia until the consolidation of the concept of jungle yellow fever in the decade of 1930s. It explores how the Rockefeller Foundation ignored the analysis of Colombian doctors who hypothesized the presence of rural yellow fever and, thanks to its economic, political, and scientific power, gained primacy for discovering this concept.

The book presents the complexity of actions performed by the socio-political actors involved, as well as power asymmetries that explain the control of the symbolic capital by North American researchers in the field of yellow fever, in advance of peripheral actors.

Keywords: Yellow fever, tropical medicine, Rockefeller Foundation, history of medicine, Colombia.

Citación sugerida:
Quevedo V., Emilio; García L., Claudia Mónica; Bedoya D., Joanna; Bustos J., Lisa Priscila et al. (2018). *De los litorales a las selvas: la construcción social del concepto de fiebre amarilla selvática, 1881-1938*. Bogotá: Editorial Universidad del Rosario.
DOI: doi.org/10.12804/th9789587389029

De los litorales a las selvas

La construcción del concepto de fiebre amarilla selvática, 1881-1938

Emilio Quevedo V.
Claudia Mónica García L.
Joanna Bedoya D.
Lisa Priscila Bustos J.
Alain Camacho P.
Carolina Manosalva R.
Giovanna Matiz
Elquin Morales L.
Juliana Pérez G.
Mónica Tafur A.

De los litorales a las selvas: la construcción del concepto de fiebre amarilla selvática, 1881-1938 / Emilio Quevedo V., Claudia Mónica García L., Joanna Bedoya D. y otros. – Bogotá: Editorial Universidad del Rosario, 2018.

xxxiii, 278 páginas
Incluye referencias bibliográficas.

Fiebre amarilla -- Historia / Medicina tropical -- Historia / I. Quevedo V., Emilio / II. García L., Claudia Mónica / III. Bedoya D., Joanna / IV. Bustos J., Lisa Priscila / V. Camacho P., Alain / VI. Manosalva R., Carolina / VII. Matiz, Giovanna / VIII. Morales L., Elquin / IX. Pérez G., Juliana / X. Tafur A., Mónica / XI. Universidad del Rosario. Grupo de Estudios Sociales de las Ciencias, las Tecnologías y las Profesiones.

616.928 SCDD 20

Catalogación en la fuente – Universidad del Rosario. Biblioteca

JDA Junio 2 de 2017

Hecho el depósito legal que marca el Decreto 460 de 1995

Universidad del Rosario

Colección Textos

© Editorial Universidad del Rosario
© Universidad del Rosario
© Emilio Quevedo V., Claudia Mónica García L., Joanna Bedoya D., Lisa Priscila Bustos J., Alain Camacho P., Carolina Manosalva R., Giovanna Matiz, Elquin Morales L., Juliana Pérez G., Mónica Tafur A.
© José Félix Patiño Restrepo, por el prólogo

Editorial Universidad del Rosario
Carrera 7 No. 12B-41, of. 501 • Tel: 2970200 Ext. 3112
editorial.urosario.edu.co

Primera edición: Bogotá D. C.: enero de 2018

ISBN: 978-958-738-901-2 (impreso)
ISBN: 978-958-738-902-9 (ePub)
ISBN: 978-958-738-903-6 (pdf)
DOI: https://doi.org/10.12804/th9789587389029

Cordinación editorial: Editorial Universidad del Rosario
Corrección de estilo: Lina Morales
Cubierta y diagramación: Precolombi EU-David Reyes
Impresión: Panamericana Formas e Impresos S. A.

Impreso y hecho en Colombia
Printed and made in Colombia

Los conceptos y opiniones de esta obra son responsabilidad de sus autores y no comprometen a la Universidad ni sus políticas institucionales.

El contenido de este libro fue sometido al proceso de evaluación de pares, para garantizar los altos estándares académicos. Para conocer las políticas completas visitar: editorial.urosario.edu.co

Todos los derechos reservados. Esta obra no puede ser reproducida sin el permiso previo escrito de la editorial de la Universidad del Rosario.

Contenido

Agradecimientos

Los autores de este libro queremos agradecer a la Universidad del Rosario y a la Universidad Nacional de Colombia, por el tiempo asignado para realizar las investigaciones que dieron lugar a este libro y para escribir el documento final; a Colciencias, a la Universidad Nacional y a la Fundación para la Promoción de la Investigación y la Tecnología del Banco de la República, y a su director, el doctor Roberto Ortiz, por la financiación otorgada al proyecto y por la comprensión durante la enfermedad del investigador principal; al Centro de Historia de la Medicina de la Universidad Nacional y a la Universidad del Rosario, por albergarnos durante todo el tiempo del proyecto y durante la revisión final del manuscrito, respectivamente; a la Rockefeller University, por el *grant-in-aid* otorgado al investigador principal, que le permitió a este llevar a cabo una pasantía de investigación en el Rockefeller Archive Center de Pocantico Hills, en Nueva York; a Darwin Stapleton, director del Rockefeller Archive Center en ese momento y a Tom Rosembaum, archivero de la misma institución, por la colaboración en la búsqueda y localización de la documentación en dicho archivo; a las directoras del Museo y de la Biblioteca del Instituto Nacional de Salud, y a la Biblioteca Nacional, por toda la colaboración para la consulta de los documentos relacionados con la temática de esta investigación existentes en esa institución; a la Universidad Industrial de Santander, por permitir el desarrollo del trabajo de grado en Historia del estudiante Elquin Morales y a la carrera de Historia de la Universidad Nacional, por permitir el desarrollo del trabajo de grado en Historia de la estudiante Ana María Martínez en el marco del proyecto; a la doctora Zulma Consuelo Urrego, por haber coordinado el subgrupo de investigación sobre historia de las resistencias contra las políticas de fiebre amarilla, en el marco del proyecto y por sus aportes a este; a las estudiantes María Paula Juliana Gómez, de la carrera de Medicina, y Ana María Martínez, de la carrera de Historia de la Universidad Nacional, por su participación activa en el proyecto como estudiantes asistentes de investigación; y, finalmente, a nuestras familias, por la comprensión y por tolerar nuestras ausencias durante el tiempo que trabajamos en el proyecto.

Los investigadores

Figura 1. Carlos J. Finley (sentado a la izquierda) compartiendo con otras autoridadesde la higiene pública cubana

Fuente: tomada de Marco Villanueva-Meyer (s. f.). "Carlos J. Finley (1833-1915); pionero en la investigación y lucha contra la fiebre a marilla". *Galenus*, 53.

Prólogo

Este es un magnífico ejemplo de un trabajo de grupo y de colaboración interinstitucional con participación de la Universidad Nacional de Colombia, de la Universidad del Rosario y con el apoyo y patrocinio de Colciencias, el Banco de la República, la Rockefeller University y el Rockefeller Archive Center, la Biblioteca Nacional de Colombia y la Universidad Industrial de Santander, bajo la dirección y liderazgo ilustrado e iluminado de Emilio Quevedo.

Personaje muy destacado del mundo académico, Emilio Quevedo Vélez por años fue profesor de la Facultad de Medicina de la Universidad Nacional y director del Centro de Historia de la Medicina y de su Museo de Historia de la Medicina 'Andrés Soriano Lleras'. Fue allí, en la Universidad Nacional, donde produjo su portentosa obra científica, y al pensionarse, en 2009, pasó a la Facultad de Medicina de la Universidad del Rosario (donde había obtenido su grado de médico en el año 1973) como profesor titular de la Escuela de Medicina y Ciencias de la Salud y como director del Grupo de Estudios Sociales de las Ciencias, las Tecnologías y las Profesiones.

En la Universidad Nacional, Emilio Quevedo, Mario Hernández y otros distinguidos colaboradores comenzaron la titánica empresa de producir la monumental *Historia de la medicina en Colombia,* de la cual ya se han publicado cuatro volúmenes, con el patrocinio de la empresa Tecnoquímicas y, a partir del tercero, con el copatrocinio de la Universidad del Rosario. En el prólogo del volumen I de esa obra, que me otorgaron el honor de escribir, me expresé así:

> Es una obra sin precedentes que trae a nuestro conocimiento, con un enfoque social e interdisciplinario, lo acontecido con la medicina en el país desde, como lo dicen los autores en la introducción, el mal llamado descubrimiento de América, que más bien fue el encuentro de dos mundos [...] aquí reside el gran valor de la obra. A diferencia de los textos usuales de historia de la medicina que presentan en forma escueta, si no descarnada, meros hechos y fechas, Quevedo y colaboradores ilustran tales hechos y fechas coleccionándolos e interpretando el medio social, político y cultural en el cual suceden en las diferentes épocas; es una soberbia expresión de humanismo médico y de elegancia intelectual.

Es decir, que viene a ser la construcción social de la historia de la medicina en Colombia.

Ahora este nuevo libro, expresión de la más rigurosa investigación y realmente único en su género, es en gran parte el producto del proyecto de investigación desarrollado en la Universidad Nacional "Historia de la lucha contra la fiebre amarilla, fase I: construcción social del concepto de fiebre amarilla selvática, entre 1907 y 1948", generado con el Grupo de Historia de la Medicina del Centro de Historia de la Medicina dirigido por Emilio Quevedo.

Construcción social del concepto de fiebre amarilla selvática. Muy acertado el título: *construcción social,* tomado del inglés *social construct* o *social constructivism,* "es un mecanismo, fenómeno o categoría creado y desarrollado por la sociedad; es la percepción de un individuo, grupo o idea que es 'construida' a través de la actividad cultural o social" (*a social mechanism, phenomenon, or category created and developed by society; a perception of an individual, group, or idea that is 'constructed' through cultural or social practice*).[1]

Según Paul A. Boghossian, de la Universidad de Nueva York, decir que algo es construido socialmente es enfatizar su dependencia o sus aspectos contingentes de nosotros mismos como seres sociales. Algo que existe en la naturaleza en forma independiente y sobre el cual no hemos tenido influencia alguna, aparece y es interpretado y definido.[2] El construccionismo social es la construcción

---

1 *Dictionary.com's 21st Century Lexicon.* Copyright © 2003-2014 Dictionary.com, LLC.

2 *What is social construction?* Paul A. Boghossian. "Social construction. Social construction talk is all

social de la realidad. Es una teoría del conocimiento que viene a comprender la realidad en lo natural mediante suposiciones o percepciones colectivas desarrolladas y sostenidas por un determinado grupo o grupos sociales, en este caso por investigadores e historiadores médicos colombianos.

Fascinante el meticuloso y muy bien documentado relato de la construcción social del concepto de la fiebre amarilla selvática por Quevedo y sus colaboradores. No existe en la literatura científica, en cualquier idioma, un relato de esta magnitud y precisión histórica que hace justicia al develar hechos que nunca habían sido tan bien documentados.

Su lectura me resultó emocionante, por cuanto crecí en el hogar del profesor Luis Patiño Camargo, cuya vida de médico higienista en buena parte la dedicó al control de la fiebre amarilla en Colombia y América tropical, y a cuya obra en la construcción social del concepto de la fiebre amarilla selvática los autores se refieren con claridad y muy justa precisión.

La fiebre amarilla, temible y temida enfermedad que ha hecho estragos en las poblaciones de las regiones tropicales de África, de América del Sur y del Caribe, se originó en África y fue traída a América por los esclavos en los siglos XVI y XVII, con brotes epidémicos que afectaron y mataron a miles de personas hasta el siglo XX, incluyendo miles en Filadelfia y Nueva York en el siglo XVIII. La Organización Mundial de la Salud la define así: "La fiebre amarilla es una enfermedad vírica aguda, hemorrágica, transmitida por mosquitos infectados. El término 'amarilla' alude a la ictericia que presentan algunos pacientes".

Hito de trascendencia histórica fue el descubrimiento realizado, en 1881, por Carlos J. Finlay, médico cubano graduado en el Jefferson Medical College de Filadelfia en 1885, del papel desempeñado por el mosquito *Stegomyia fasciata* o *Aedes aegypti* en la transmisión del virus de la fiebre amarilla urbana. Este mosquito, culpable, ha sido controlado y gracias a esto, y al desarrollo de una vacuna muy eficaz, hoy los países de la América tropical están libres de la fiebre amarilla urbana.

Evoco la memoria de Luis Patiño Camargo, uno de los grandes luchadores contra la fiebre amarilla, cuando, presidiendo la delegación de Colombia a la XII Reunión del Consejo Directivo de la Organización Panamericana de la Salud,

---

the rage. But what does it mean and what is its point?". (philosophy.fas.nyu.edu/docs/IO/1153/socialconstruction.pdf).

junto a la estatua de Carlos J. Finlay en La Habana, el 20 de agosto de 1960, al conmemorarse el 45° aniversario de su muerte se expresó así:

> Doctor Carlos Finlay: desde la luminosa eternidad donde miráis crecer vuestra gloria al paso de las generaciones, recibid señor, este homenaje de vuestros discípulos congregados en el Consejo Directivo de la Organización Panamericana de la Salud.
>
> Señor, venimos a daros un parte de victoria: el mosquito que señalasteis hace más de 80 años como mortal enemigo del hombre está derrotado y el vómito negro va quedando apenas como recuerdo.
>
> Los higienistas del hemisferio reunidos aquí en vuestra Habana maravillosa, como delegatarios de los países para trabajar fervorosamente por la salud del pueblo que es nuestra suprema ley, lo hacemos con fraternal empeño y desde el lejano septentrión hasta el polo austral, luchamos sin fronteras, sin distinción de colores o de tallas corporales, hablando el mismo idioma y buscando el mismo propósito de mantener al hombre en plena salud para que su vida sea fecunda y más grata.
>
> Señor: Los higienistas estamos realizando en paz el viejo sueño de un vidente: una América toda de los dioses todos: tierra, cielo, mares, libre para todos.

Como lo afirman Quevedo y sus colaboradores, este no es en sí un relato de la lucha contra la fiebre amarilla como enfermedad epidémica o endémica, sino un análisis de la construcción social del concepto de fiebre amarilla selvática y la transición accidentada del concepto de fiebre amarilla urbana al de fiebre amarilla selvática como enfermedad enzoótica.

En comunicación con el profesor Emilio Quevedo, él caracterizó la obra; transcribo sus palabras:

> Este libro no es solamente un relato histórico. En el texto, entreverado con el relato se van construyendo paulatinamente, capítulo por capítulo, los elementos teórico-metodológicos que aportan a la historia social de las ciencias herramientas para comprender el tipo de relaciones de poder que se establecen entre las comunidades científicas metropolitanas y periféricas y las formas como las instituciones poderosas imponen su poder para privilegiar

unas formas de conocimiento sobre otras, ejerciendo su hegemonía político-económica y científica sobre comunidades científicas que tienen menos herramientas para defender su saber. Esto muestra que la ciencia por sí misma no es aséptica.

Opus magnum es este libro del grupo de Emilio Quevedo, una egregia contribución a la literatura científica de habla hispana.

José Félix Patiño Restrepo
Bogotá, 11 de septiembre de 2016

Figura 2. ***Death as a sailor bringing Yellow Fever to New York.*** **Dibujo del Yellow Jack (banderín amarillo).** Se usaba para prevenir a las personas sobre la presencia de la epidemia en las zonas contaminadas o en los barcos.

Fuente: tomada de Yellow Jack. *Engraving from Frank Leslie's Illustrated Newspaper,* 21 September, 1883. New York Academy of Medicine. (https://es.pinterest.com/pin/448671181603803695/).

Presentación

Este libro recoge buena parte de los resultados del proyecto de investigación "Historia de la lucha contra la fiebre amarilla, fase I: la construcción social del concepto de fiebre amarilla selvática, entre 1907 y 1948", que se inició en 2004 y cuya fase inicial fue financiada por la Universidad Nacional de Colombia, Colciencias (Contrato 141-2004), la Fundación para la Promoción de la Investigación y de la Tecnología del Banco de la República (Contrato 200420) y por un *grant-in-aid* de la Rockefeller University otorgado al investigador principal para realizar investigación en el Rockefeller Archive Center de Nueva York. En un comienzo el proyecto fue desarrollado por investigadores pertenecientes, en ese momento, al Grupo de Historia de la Medicina y de la Salud, del Centro de Historia de la Medicina de la Universidad Nacional. A partir del 1° de junio de 2009, varios de los miembros de ese grupo se vincularon a la Universidad del Rosario con el nombre de Grupo de Estudios de las Ciencias, las Tecnologías y las Profesiones, incluyendo al investigador principal, Emilio Quevedo V., y a la coinvestigadora del proyecto, Claudia Mónica García L. Desde su vinculación a la Universidad del Rosario, estos dos investigadores continuaron la segunda fase de dicha investigación, hasta hoy.

La versión preliminar de esta obra fue redactada por Emilio Quevedo V., Lisa Priscila Bustos J. y Elquin Morales L., a partir de la reelaboración de los materiales previamente preparados por los subgrupos 1 y 2 del proyecto de investigación. La versión definitiva del libro fue corregida y complementada por Emilio Quevedo y Claudia Mónica García, ya estando vinculados ambos a la Universidad del Rosario. Se incluyeron en esta versión final algunos resultados producto de nuevas investigaciones personales realizadas posteriormente por el investigador principal y la coinvestigadora durante los últimos años.[1] Esta segunda fase se realizó en la Universidad del Rosario, sin financiamiento externo adicional.

En este libro se estudia el proceso de construcción social del concepto de 'fiebre amarilla selvática', entre 1881 y 1938, y la manera como dicho proceso orientó la formulación de las políticas y las acciones sanitarias puestas en marcha para controlar esa enfermedad en Colombia. El equipo de investigación articuló el estudio de tal proceso a la comprensión del desarrollo científico y técnico de la medicina y de la salud pública en cada período trabajado y a las coyunturas socioeconómicas y políticas del momento. Aunque durante la investigación también se exploraron las resistencias sociales de carácter popular generadas por las políticas y acciones sanitarias puestas en marcha para controlar la enfermedad, al finalizar el trabajo los miembros del subgrupo encargado de este tema tomaron la decisión, con la aceptación de todo el grupo de investigación, de publicar los resultados por aparte, en un artículo de revista, y, por tal razón, esos resultados no se incluyeron en este libro.[2] Por lo tanto, aquí solo se estudiaron las controversias que se presentaron dentro del campo de la salud alrededor del saber y del diagnóstico sobre la fiebre amarilla y las políticas y acciones puestas en marcha por el Estado y la Fundación Rockefeller contra la enfermedad. De todas formas, en el marco de dichas polémicas se dieron algunas formas de resistencia por parte de algunos médicos, funcionarios y comerciantes, que fueron tenidas en cuenta en el análisis realizado por los subgrupos 1 y 2 en torno a tales controversias.

---

1 Cuando se inició el proyecto, Emilio Quevedo actuó como investigador principal, siendo profesor asociado del Departamento de Salud Pública y Tropical, investigador del Centro de Historia de la Medicina y director del Grupo de Investigación de Historia de la Medicina y de la Salud de la Universidad Nacional de Colombia. Desde 2009, una vez cerrada la fase inicial del proyecto, Emilio Quevedo y Claudia Mónica García se trasladaron a la Universidad del Rosario. El grupo de investigación cambió de nombre por el de Grupo de Estudios Sociales de las Ciencias, las Tecnologías y las Profesiones con la debida autorización de Colciencias y ambos investigadores continuaron sus estudios sobre el tema de la lucha contra la fiebre amarilla y la construcción social de concepto de fiebre amarilla selvática. La redacción final del libro fue realizada por ambos investigadores estando vinculados a la Universidad del Rosario. Este incluyó entonces resultados tanto del primer proyecto como de las investigaciones posteriores.

2 Urrego, Zulma; Bustos, Lisa; Morales, Elquin; Gómez, María Paula Juliana y Quevedo, Emilio. "Entre el monólogo y la polifonía: aproximaciones al debate público sobre políticas y acciones sanitarias contra la fiebre amarilla en los periódicos colombianos, 1907-1923". Este artículo recogió los resultados parciales del subgrupo de resistencias y fue presentado para su evaluación y posible publicación a la revista *História, Ciências, Saude-Manguinhos,* de la Fundación Oswaldo Cruz de Brasil.

Así, el eje central del trabajo que aquí se publica es el proceso de construcción social del concepto de fiebre amarilla selvática o de los bosques y los debates y controversias científicas que surgieron en dicho proceso y, como eje secundario, su articulación a las políticas y acciones para controlar la enfermedad.[3]

El período estudiado va desde 1881, año en que se inició la preocupación del cuerpo médico colombiano por estudiar de forma consistente la fiebre amarilla, hasta 1938, momento en que la Fundación Rockefeller consolidó el concepto de fiebre amarilla selvática e inventó una vacuna eficaz contra esta, y en que el gobierno nacional quedó encargado del Servicio de Fiebre Amarilla en Colombia. No obstante, como antecedentes, se retomaron algunos de los debates científico-técnicos sobre el tema desde comienzos del siglo XIX. Se realizó un estudio histórico de tipo descriptivo-analítico sobre los procesos de construcción del concepto de fiebre amarilla de los bosques y selvática en Colombia dividido en tres ámbitos. Cada uno de ellos fue trabajado por un subgrupo del equipo de investigación:

1) El proceso de desarrollo del conocimiento en torno de la enfermedad amaril en Colombia, incluyendo la historia de las concepciones sobre la etiología, los mecanismos de transmisión, su comportamiento epidemiológico y su prevención y tratamiento. Este grupo estuvo coordinado por Emilio Quevedo V., y en él participaron Carolina Manosalva, Joanna Bedoya, Giovanna Matiz, Mónica Tafur, Elquin Morales[4] y Alain Camacho, como investigadores asistentes.
2) El proceso de formulación e implementación de las políticas de enfrentamiento y control de la fiebre amarilla. Este grupo estuvo coordinado por la coinvestigadora Claudia Mónica García y en él participaron Juliana Pérez, Mónica Tafur y Ana María Martínez,[5] como investigadoras asistentes.

---

[3] Dos versiones resumidas de partes de este libro fueron publicadas como artículo de revista, una versión en español (Quevedo V. et al., 2007) y otra en inglés (Quevedo V. et al., 2008).

[4] Elquin Morales realizó además su tesis de pregrado en Historia en el marco de este proyecto: Morales Lizarazo, Elquin Alfonso (2005). *Sin miedo ni gloria: ciencia y política en la segadora de vidas de tez amarílica. Valle del Soto 1911 y Bucaramanga 1923* (Tesis para optar por el Grado de Historiador, director de tesis: Emilio Quevedo V., Facultad de Ciencias Humanas, Escuela de Historia, Universidad Industrial de Santander, Bucaramanga, Colombia).

[5] Ana María Martínez desarrolló además su tesis de grado como historiadora en el marco de este proyecto: Martínez Santamaría, Ana María (2007). *La guerra silenciosa. Las relaciones sociales y*

3) Los procesos de resistencia generada por las políticas y acciones sanitarias en contra de la enfermedad amaril, aunque como se mencionó anteriormente, este aspecto se publicará en trabajo independiente. Este grupo estuvo coordinado por la coinvestigadora Zulma Consuelo Urrego y en él participaron Lisa Priscila Bustos, María Paula Juliana Gómez y Elquin Morales, como investigadores asistentes.

Desde el punto de vista teórico-metodológico, el proyecto partió de un marco conceptual articulado a partir de varias categorías o conceptos fundamentales planteados por sociólogos, historiadores e historiadores de las ciencias y de la medicina y la salud pública.[6] Las fuentes primarias se obtuvieron del Rockefeller Archive Center, de Nueva York; del Archivo Histórico de Antioquia, de la Biblioteca de la Facultad de Medicina de la Universidad de Antioquia; del Archivo Histórico Departamental de Santander; de la Casa de Bolívar de Bucaramanga; del Centro de Investigación Histórica Regional de Santander; de la Biblioteca de la Facultad de Salud de la Universidad Industrial de Santander; de la Biblioteca Nacional y de la Biblioteca Luis Ángel Arango, de Bogotá; de la Biblioteca y del Museo del Instituto Nacional de Salud; de la Biblioteca Jorge Bejarano del Ministerio de Salud y Protección Social; de la Biblioteca de la Academia Nacional de Medicina; del Archivo General de la Nación; de la Biblioteca del Centro de Historia de la Medicina; de la Hemeroteca de la Universidad Nacional, de Bogotá; y de la biblioteca y del archivo personal del investigador principal.

Se trabajaron documentos inexplorados hasta ahora por los historiadores colombianos y extranjeros. Su estudio permitió, desde el punto de vista del concepto, reconstruir el proceso de construcción de una concepción bacteriológica sobre la fiebre amarilla en el país y el proceso de desplazamiento de la teoría miasmática predominante desde los tiempos de la Colonia. Igualmente, se analizó el proceso de llegada a Colombia de la teoría del mosquito como agente transmisor de la enfermedad, planteada por Carlos Finlay en Cuba. Así mismo, se estudió

---

las prácticas científicas durante la organización y puesta en marcha del Servicio de Fiebre Amarilla de la Fundación Rockefeller en Colombia (1934-1942) (Tesis para optar por el Grado de Historiador, director de tesis: Emilio Quevedo V., Facultad de Ciencias Humanas, Departamento de Historia, Universidad Nacional de Colombia, Bogotá).

6 Para un análisis más detallado del enfoque teórico-metodológico sobre el que se apoyó este proyecto, ver más adelante el apartado "Introducción".

el proceso de descubrimiento de la 'fiebre amarilla de los bosques' por parte del médico colombiano Roberto Franco y se dejó en claro que este fue el primer descubrimiento de la fiebre amarilla selvática. Se revaloraron los conocimientos que existían hasta el momento sobre el tema y se compararon los elementos epistemológicos de su descubrimiento con los de los descubrimientos posteriores, enfoque no utilizado antes por los investigadores para analizar este problema, con excepción del historiador de las ciencias francés François Delaporte.[7] Igualmente, se revisó el saber existente sobre los otros brotes de fiebre amarilla: Valle del Soto, 1910; Tacamocho, 1915; Buenaventura, 1915; y sobre las epidemias de Bucaramanga, 1923 y de El Socorro, 1929. Se hicieron relevantes las polémicas entre los médicos locales y se rescataron los conocimientos aportados por ellos; se revaloró la participación de los agentes científicos y administrativos de la Fundación Rockefeller en estas epidemias, desde un análisis crítico de los conocimientos científicos aportados por sus investigadores y de la forma como la Fundación los utilizó para el diagnóstico de los brotes epidémicos, y se estudió el redescubrimiento de la fiebre amarilla rural (selvática) hecho por John Austin Kerr y Luis Patiño Camargo en Colombia en 1932.

Se cuestionó el papel de Fred L. Soper en el descubrimiento de la fiebre amarilla selvática, discutiendo los planteamientos de los historiadores de la salud y de la ciencia a este respecto y se aclararon las diferencias epistemológicas de los tres descubrimientos (Franco y colaboradores, Kerr-Patiño Camargo y Soper), y se demostró, desde una perspectiva histórico-constructivista, que el de Franco tenía una estructura metodológica distinta de la de los otros dos.

Los documentos también permitieron la reconstrucción de las políticas de enfrentamiento y control de la fiebre amarilla puestas en marcha por el Estado colombiano, derivadas de las nuevas concepciones, y el impacto que estas concepciones tuvieron en las políticas. Paralelamente, se demostró cómo de una política de control y prevención de esta enfermedad se pasó a un programa de investigación sobre la fiebre amarilla selvática, el cual duró casi trece años, y cómo, después de descubierta la vacuna, la Fundación Rockefeller abandonó el programa, cediéndoselo al Estado, para que volviera a convertirse en un programa de prevención por medio de la vacunación.

---

[7] Para el desarrollo de este enfoque, fue muy útil la revisión del libro de François Delaporte (Delaporte, 1989; Delaporte, 1991).

Todos los enfoques y conocimientos, presentados en este libro, aportan nuevos elementos para comprender los procesos por los cuales se construyen los conceptos científicos, en el marco de una amplia gama de intereses y de luchas por la hegemonía de los capitales simbólico y social en campos específicos. Así mismo, dichos enfoques permiten dar cuenta de las diferencias epistemológicas y de las asimetrías de poder entre las comunidades científicas centrales y periféricas, que se expresan en estos procesos. Y, finalmente, estos aportes ayudan a la comprensión de la forma en que el análisis histórico de los procesos de construcción de los conceptos de salud y enfermedad están relacionados tanto con la formulación e implementación de políticas de salud y de acciones sanitarias, como con las tensiones y controversias que ellas generan entre los sujetos y los actores sociopolíticos, aspectos que los tomadores de decisiones deberían tener presentes al formular e implementar las políticas pública y de cooperación internacional en salud.

Los investigadores

Introducción

El proceso de construcción del concepto de 'fiebre amarilla de los bosques'[1] o 'fiebre amarilla rural o selvática' fue bastante complejo: se inició en 1907 y terminó consolidándose en 1938. Dicho concepto revolucionó tanto la comprensión de la epidemiología como los mecanismos de control de esta enfermedad. Desde el siglo XVII, el nombre de fiebre amarilla se utilizó para describir una enfermedad aguda, febril y, casi todas las veces, mortal, que había azotado las ciudades costeras del Atlántico y especialmente las del Caribe (Carter, 1931: 83-84). Como consecuencia de la construcción del concepto de 'fiebre amarilla selvática', la concepción de esta enfermedad sufrió una importante modificación desde la idea inicial de entenderla como una epidemia eminentemente humana y urbana, hasta llegar a comprenderla como una epizootia endémica de los monos de los bosques y de las selvas que eventualmente se transmite a los humanos y que a veces se "urbaniza", atacando a las personas susceptibles en las grandes ciudades (Warren, 1951).

Esta nueva concepción de la fiebre amarilla permitió comprender que las epidemias urbanas eran consecuencia de las epizootias selváticas y que el manejo debería estar centrado ya no tanto en la erradicación de mosquitos en las ciudades, sino en la vacunación de las personas susceptibles en las zonas endémicas, método preventivo efectivamente disponible desde 1937 (Smith, 1951).

---

[1] El concepto de 'fiebre amarilla de los bosques' planteado por Roberto Franco en 1907 se podría considerar como un concepto transicional entre la idea de 'fiebre amarilla urbana' y 'fiebre amarilla selvática', o como primer momento de ruptura entre estos dos conceptos polares. Por lo tanto, cuando nos referimos al concepto de 'fiebre amarilla selvática', incluimos al de 'fiebre amarilla de los bosques' como un momento de su proceso de construcción.

La mayoría de los historiadores de la ciencia y de la salud pública ubican el nacimiento del concepto de fiebre amarilla selvática en la década de 1930 y le adjudican su formulación a Fred Lowe Soper, en ese momento director regional para América del Sur de la División Internacional de Salud (IHD, por su sigla en inglés) de la Fundación Rockefeller, como resultado de los estudios realizados por él y sus colaboradores de una epidemia de fiebre amarilla surgida en las selvas del Valle de Canaán, en el Estado de Espírito Santo (Brasil) (Coleman, 1987: 9; Cueto, 1994b: XII; Farley, 2004: 102; Fosdick, 1989 [1952]: 58-70; Löwy, 1999: 664; Warren, 1951). Así mismo, cada uno de estos historiadores propone una fecha distinta de formulación del concepto. Por otra parte, el concepto no siempre es claro en el discurso de estos historiadores: algunos se refieren a fiebre amarilla rural, mientras que otros hablan de fiebre amarilla selvática.

Al revisar otra literatura, fuera del *mainstream* de la historia de la ciencia y de la salud pública actual, nos encontramos con que Augusto Gast Galvis, médico colombiano que participó en las campañas contra esta enfermedad en Colombia e historiador no profesional, dijo en 1982 que, con los trabajos del médico Roberto Franco y sus colaboradores, la idea de fiebre amarilla selvática ya se venía "incubando" en Colombia, casi treinta años antes del descubrimiento hecho por Soper en Brasil (Gast Galvis, 1943: 26). Este hecho solo es recalcado por algunas otras publicaciones colombianas (Corredor Arjona, 1999: 114-149; Mejía Rodríguez, 2004: 138; Quevedo V. et al., 2004: 157-159), pero no es tenido en cuenta por los otros historiadores internacionales de la ciencia y de la salud pública.

En Brasil también ocurrió algo similar: Odair Franco, médico que trabajó en los programas de lucha contra la fiebre amarilla en Brasil, relataba, en 1969, que el investigador Adolpho Lutz había observado un brote de fiebre amarilla en las selvas del interior del Estado de São Paulo, en 1898, aunque, según ese autor, Lutz solo se refirió a ese hecho en 1929, al hablar de un caso de "fiebre amarilla que apareció en algunos ranchos establecidos por trabajadores en medio de una floresta" (Lutz, citado por Franco, 1969: 120-121). Igualmente, Franco mencionaba que el higienista brasileño Emilio Ribas había escrito, en 1922, sobre una epidemia ocurrida en el estado de São Paulo, en 1899, "en plena selva virgen, cuando se realizó la apertura del núcleo colonial Campos Sales" (Ribas, citado por Franco, 1969: 121). No obstante, comentaba que las informaciones aportadas por estos dos investigadores no fueron tenidas en cuenta por las autoridades sanitarias del momento, pues se consideró "que esa modalidad de infección constituía una excepción" (Franco, 1969: 122).

Franco planteó también que antes de las observaciones de Lutz y de Ribas ya existían referencias a la presencia de fiebre amarilla en las selvas en otros países de América Latina. Al respecto, trajo a colación el hecho de que Alexander von Humboldt, en su libro *Viajes a las regiones equinocciales del nuevo continente,* refirió que, estando en Venezuela, en 1799, "vio a hombres que se dedicaban al corte de maderas en las selvas [...] que sufrían de unas fiebres que parecían tener cierta analogía con la fiebre amarilla" (Franco, 1969: 122). Vale la pena anotar que, más allá de este comentario casual y anecdótico, Humboldt no volvió a referirse al tema nunca más. También decía Franco que en Bolivia y en Colombia existían antiguas referencias a casos de fiebre amarilla que se presentaron en los bosques (Franco, 1969: 122), pero no citó ninguna referencia bibliográfica al respecto.

Así mismo, comentaba que los doctores Waldemar Antunes y Clovis Correia atendieron, en 1920, un caso de fiebre amarilla rural en la población de Bom Conselho, en el estado de Pernambuco, con abundante presencia de *Stegomyia;* y que Sebastião Barroso también había visto casos de fiebre amarilla rural en el estado de Bahía en ese mismo año y a los cuales se refirió en 1922 (Franco, 1969: 96-97). Por su parte, Steven C. Williams, en 1994, mencionó brevemente estos hallazgos de Barroso y los comentó a Joseph H. White, encargado del programa de lucha contra la fiebre amarilla de la Fundación Rockefeller en Brasil, quien rechazó la posibilidad de la fiebre amarilla rural y continuó centrando todas sus acciones en la eliminación urbana de mosquitos (Williams, S. C., 1994: 32). Lo que llama la atención en este último caso es que el artículo de Williams fue publicado en un libro coordinado por Marcos Cueto en el que este último afirmó que Fred Lowe Soper fue el descubridor de la fiebre amarilla selvática (Cueto, 1994a: XII).

Pero de todas formas y a pesar de constatar los mencionados descubrimientos, Odair Franco planteaba que había sido Fred Soper quien adoptó primero el nombre de fiebre amarilla rural y luego el de 'fiebre amarilla selvática', para referirse a esa "fiebre amarilla que se encuentra en zonas rurales, selváticas y fluviales en ausencia de *Aedes aegypti*" (Soper, citado por Franco, 1969: 124).

Finalmente, Jaime Larry Benchimol, quien investigó a fondo la historia de la fiebre amarilla en Brasil, en lo relacionado con los descubrimientos de Soper concuerda con lo que ya había planteado Odair Franco de que fue Soper quien le adjudicó el nombre de 'fiebre amarilla rural sin *Aedes*' y luego de 'fiebre amarilla selvática' a la enfermedad, a partir de sus investigaciones sobre la epidemia ocurrida en el Valle de Canaán en la década de 1930 (Benchimol, 2001: 145-146).

Esta forma de dar cuenta del descubrimiento por la historiografía dedicada a esta enfermedad nos obligó a pensar en que, tal vez, era necesaria una investigación detallada del proceso de construcción del concepto de fiebre amarilla selvática, analizando en un principio el caso colombiano, dejando pendiente el estudio del caso brasileño para una investigación posterior.[2] Para realizar dicho trabajo, fue necesario precisar algunos planteamientos teórico-metodológicos.

En primer lugar, se partió de la diferenciación entre la higiene pública y la salud pública. Se adoptó entonces la clasificación propuesta previamente por Emilio Quevedo V. y sus colaboradores, que planteaba que la primera, la higiene pública, comprendía el conjunto de teorías y actividades sanitarias de carácter ambientalista y casi siempre apoyadas en la concepción del origen miasmático de la enfermedad aguda, que se habían iniciado en Italia a partir de 1347, durante la pandemia de Muerte Negra (Quevedo V., 2004: 85-90); y que la segunda comprendía la disciplina y conjunto de prácticas sanitarias que se iniciaron con la creación de la especialidad médica llamada salud pública por parte de la Johns Hopkins University, con el apoyo de la Fundación Rockefeller, a partir de 1918 (Quevedo V. et al., 2004: 194-198).

En segundo lugar, se consideró que en el término salud pública y, por extensión, en el de higiene pública, estaban indiferenciados tres ámbitos constituyentes: las condiciones de salud del público y sus determinantes, o salud del público, la salud pública como campo disciplinar y profesional, y las acciones para mejorar la salud del público o salud para el público (Quevedo V. et al., 2004: 22-24).

En tercer lugar, se utilizó la categoría de 'campo' propuesta por Pierre Bourdieu. Según este autor, la estructura de un campo social es un "estado de la relación de fuerzas entre los agentes o las instituciones que intervienen en la lucha [...] [por] la distribución del capital específico que ha sido acumulado durante las luchas anteriores y que orientan las estrategias ulteriores" en un ámbito social determinado (Bourdieu, 1990: 136). También se usó la categoría de 'campo científico', igualmente propuesta por Bourdieu, dentro de la misma

[2] Para llevar a cabo esa segunda fase de la investigación, era necesario hacer pesquisas en los archivos brasileños y, en ese momento, no contábamos con presupuesto para eso.

teoría del 'campo', pero que tiene su propia especificidad al referirse al ámbito de la actividad científica y técnica y de construcción de conocimientos. De acuerdo con Bourdieu, un campo científico "es [...] el espacio de juego de una lucha competitiva que tiene por desafío específico el monopolio de la autoridad científica, inseparablemente definida como capacidad técnica y como poder social, o si se prefiere, el monopolio de la competencia científica que es socialmente reconocida a un agente determinado, entendida en el sentido de capacidad de hablar e intervenir legítimamente (es decir, de manera autorizada y con autoridad) en materia de ciencia" (Bourdieu, 2000 [1976]: 12).

Partiendo de esas diferenciaciones y de la categoría de campo, se adopta la idea de que tanto la higiene pública como la salud pública pueden ser consideradas como campos sociales que poseen una doble dimensión: la de un campo científico (Bourdieu, 2003: 64) (la salud pública como espacio disciplinar de producción de conocimiento y de accionar técnico) y la de un campo político (la salud pública como accionar político para transformar la salud del público, es decir, la puesta en marcha de una salud para el público). Por lo tanto, para entender los procesos de construcción social de los conceptos en salud pública, es necesario comprenderlos como resultados de la interacción de relaciones sociales y de luchas en un campo específico, a la vez político y científico, campo en el cual intervienen simultáneamente distintos agentes científicos y actores sociopolíticos[3] que actúan de acuerdo con su intereses tanto científico-técnicos como político-económico-sociales y personales, con el fin de lograr la hegemonía del capital material y simbólico que está en juego en dicho campo (Bourdieu, 2000 [1997]).

Este capital simbólico está compuesto tanto por las concepciones sobre la salud y la enfermedad como por la capacidad técnica de intervención

---

[3] En esta perspectiva, se adopta la propuesta de Belmartino y Bloch de definir como "actores sociopolíticos" del campo de la salud pública a todas aquellas instituciones que compiten por ese capital simbólico denominado "salud" (Belmartino & Bloch, 1994: 12) y que se identifican con un proyecto político, cualquiera que sea, de reformulación de las relaciones sociales en las que se insertan o, viceversa, defienden la reproducción de unas relaciones ya existentes cuando estas se encuentran amenazadas por el cambio. Según estos dos autores, "[...] las instituciones son reconocidas como actores cuando sus miembros comparten una identidad, se reconocen como parcialidad en un campo de negociación política, manifiestan una particular percepción de lo bueno, lo justo, lo adecuado, lo conveniente, en relación con el conjunto de relaciones sociales por las que se sienten afectados" (Belmartino & Bloch, 1994: 369).

sobre ellas y por el prestigio y el poder que el control político de dicho saber y dicha técnica producen. A su vez, el capital material está compuesto tanto por el dinero necesario para desarrollar los proyectos de investigación y los proyectos de atención y de política, como por los beneficios económicos que se obtienen del control del capital simbólico.

La dinámica del control del campo por parte de los actores sociopolíticos en el campo de la salud se da en medio de la interacción de estos actores en otros campos sociales que intersectan el campo de la salud y con otros actores sociopolíticos. En la medida en que los actores se insertan en una o varias redes, ganan o pierden capacidad de poder para su intervención en un campo determinado. Igualmente, al compartir varios campos, los actores sociopolíticos introducen en ellos intereses, conflictos, representaciones y fuerzas de los otros campos de los que también hacen parte. El contexto se nos aparece pues más como un racimo (*cluster*) de campos en interacción, conformando "múltiples redes socioespaciales de poder que se superponen y se intersectan" (Mann, 1991 [1986]: 14), que como un marco que 'enmarca' el campo o como un telón de fondo.

El campo de la lucha contra la fiebre amarilla es un microcosmos del campo de la salud pública, pues comparte las mismas características de campo científico y de campo social. Podríamos hablar de él como un subcampo, siguiendo la propuesta de Bourdieu (Bourdieu, 2003: 115-119), pero es preferible cerrar el foco y considerarlo como un campo en sí mismo, pues la lucha contra la fiebre amarilla se constituye tanto como un espacio de relaciones gnoseológico-técnicas como de relaciones políticas que se establecen en la lucha por un capital simbólico y material propio del campo, aunque en relaciones de intersección con otros campos (como el campo de la economía petrolera, el del comercio internacional, el de la política internacional, entre otros), y en interacciones con redes de poder nacionales e internacionales.

La otra categoría utilizada en este estudio es la de 'asimetría',[4] para dar cuenta de las desigualdades y de las relaciones de hegemonía[5] que se establecen entre

---

4 El investigador principal quiere dejar constancia y agradecer al investigador brasileño Gilberto Hochmann, pues este concepto de 'asimetría' lo desarrollamos y adoptamos a partir de una conversación-discusión con él, quien fue uno de los primeros lectores del primer borrador del manuscrito inicial de este libro, por allá a mediados de junio de 2007.

5 Partimos del concepto de 'hegemonía' propuesto por Antonio Gramsci (Miranda Canal, 1978), pero lo utilizamos para explicar el ejercicio de relaciones de poder entre actores sociopolíticos

los actores-sujetos políticos y entre los grupos de actores sociopolíticos que participan en un campo, en el marco de una "ciencia mundo".[6] Por otra parte, este ejercicio de relaciones de poder y de interacciones entre los ámbitos internacional y nacional genera el ejercicio de la 'violencia simbólica' y de la 'resistencia' por parte de los distintos actores, pues es mediante la primera que ejercen su poder los actores sociopolíticos más fuertes, mientras que los actores sometidos a la hegemonía de los otros responden construyendo procesos de 'resistencia'.

De acuerdo con Peter Burke, "el concepto de 'violencia simbólica', propuesto por Pierre Bourdieu, se refiere a la imposición de la cultura de la clase dominante[7] a los grupos dominados y, especialmente, al proceso por el cual esos grupos dominados son obligados a reconocer la cultura dominante como legítima y su propia cultura como ilegítima" (Bourdieu, citado por Burke, P., 2000: 103-104). Esta categoría de violencia simbólica fue considerada como adecuada para explicar cómo un conjunto de representaciones científicas sobre la enfermedad, su etiología, su distribución epidemiológica y su manejo se constituyen en una estructura cultural que es impuesta en un campo por los actores sociopolíticos hegemónicos como conjunto de representaciones legítimas y desplazan de dicho campo aquellas consideradas como ilegítimas por surgir de los actores subordinados o hegemonizados. En respuesta, y en este caso concreto de la fiebre amarilla, las resistencias se expresan en forma de discursos, elaborados por los actores más débiles, tendientes a enfrentar y criticar las propuestas teóricas formuladas y las medidas sanitarias tomadas por los actores hegemónicos.

Partiendo de estas categorías, este libro utiliza, como estudio de caso, el análisis del proceso de construcción del concepto de fiebre amarilla selvática como mecanismo revelador de las asimetrías que se dieron entre los intereses de poder de funcionarios y médicos vinculados a agencias internacionales, tales como la

---

más fuertes que logran imponer a través de la violencia simbólica formas y mecanismos de comportamiento a otros actores más débiles.

6 Xavier Polanco utiliza la categoría de "ciencia-mundo" para describir el tipo de ciencia que se pone en marcha en una "economía-mundo" dada y explicar así las relaciones entre la ciencia metropolitana y la periférica (Polanco, 1990).

7 Es precisamente esta concepción de la imposición de la ideología originada en los círculos intelectuales y en las instituciones educativas y culturales de la clase dominante (denominadas por Louis Althusser como "aparatos ideológicos del Estado") lo que Antonio Gramsci llama "hegemonía" (Miranda Canal, 1978).

Fundación Rockefeller, y de médicos nacionales, en este caso colombianos, entre 1881 y 1938. Se develan las interacciones y las luchas entre los agentes científicos y los actores sociopolíticos por hegemonizar el saber y el poder que estuvieron en juego en dicho proceso de construcción y la manera como los resultados de la investigación en fiebre amarilla durante el período estudiado fueron consecuencia de esas luchas (Quevedo V., García & Urrego, 2003).

En resumen, desde el punto de vista teórico-metodológico, el proyecto partió de seis categorías fundamentales: tres de las cuales —campo social, campo científico y violencia simbólica— fueron propuestas por Pierre Bourdieu. Las otras fueron elaboradas por otros investigadores: ciencia mundo, por Xavier Polanco; resistencia, por varios autores, pero la acogemos aquí especialmente en la acepción utilizada por Peter Burke, apoyándose en Bourdieu; y la categoría de asimetría, reconstituida por nosotros.

Finalmente, es necesario aclarar que esta no es una historia de las epidemias de fiebre amarilla ni de la lucha contra ella, es decir que no es una historia social exhaustiva de la fiebre amarilla, como enfermedad o como proceso patológico epidémico o endémico.[8] Es un análisis de la construcción del concepto de fiebre amarilla selvática y de la transición, llena de procesos de ruptura, desde el concepto de fiebre amarilla urbana como enfermedad humana epidémica, de origen miasmático o bacteriológico, originada en centros claves costeros, al de fiebre amarilla selvática, como enfermedad enzoótica, endémica de la selva, que ocasionalmente se transmite en brotes a grupos humanos susceptibles, ya sea en el campo o en la ciudad.

Utilizando las categorías mencionadas arriba, se entretejió un relato histórico, en orden cronológico desde 1881 hasta 1938, en el cual se da cuenta del proceso de construcción del concepto de fiebre amarilla selvática, a través de las dinámicas de importación y confrontación de conocimientos y prácticas foráneas, tanto técnicas como políticas, y de las de elaboración de representaciones y capacidades de acción locales, utilizando la documentación relativa a algunas

8 El lector interesado en las epidemias del Valle del Soto de 1910 y de Bucaramanga de 1923 puede consultar la tesis de Elquin Morales Lizarazo (Morales, 2005), realizada en el marco del proyecto que dio origen a este libro y que fue dirigida por Emilio Quevedo V., y para la epidemia de El Socorro, de 1929, puede consultar la tesis de Aleidys Hernández Tasco (Hernández Tasco, 2011), dirigida posteriormente por Elquin Morales. Ambas tesis amplían la descripción de los acontecimientos relacionados con los desarrollos epidémicos y médicos de dichos brotes amarílicos.

de las crisis epidémicas que ocurrieron en Colombia —Muzo (1907), Valle del Soto (1910), Tacamocho (1915), Buenaventura (1915), Bucaramanga (1923) y El Socorro (1929)— en el fragor de las luchas por dominar el capital simbólico y material en el campo de la lucha contra la fiebre amarilla.

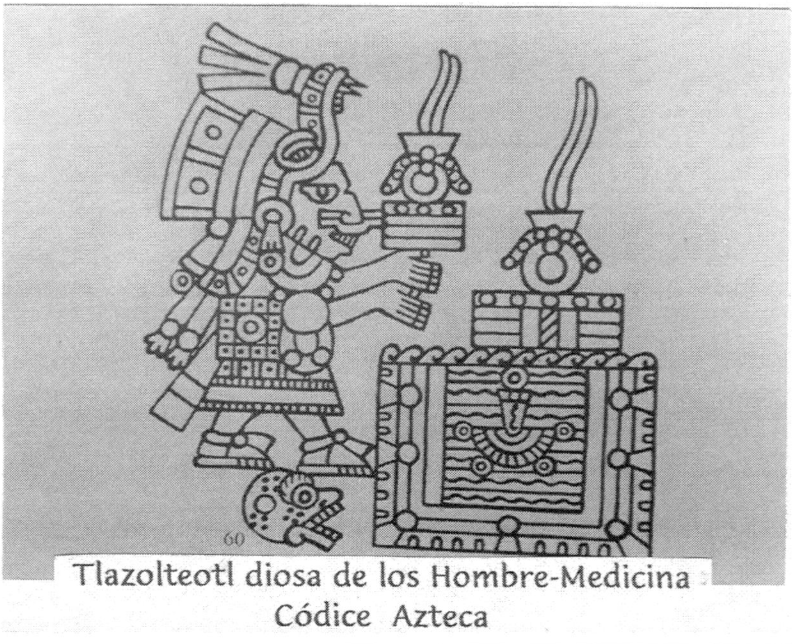

Figura 3. Tlazolteotl, diosa de los hombres medicina.
Códice Azteca de 1552, llamado Manuscrito Badiano.
Fuente: archivo personal de Emilio Quevedo V.

Capítulo I
Miasmas y microbios de la fiebre amarilla: conceptos y políticas en la segunda mitad del siglo XIX

El origen mismo de la fiebre "se pierde en la oscuridad de los tiempos y en las múltiples controversias de los historiadores".

Coleman, 1987: 13

Nacimiento y hegemonía de una explicación miasmática

Según Henry Carter, el nombre de fiebre amarilla comenzó a utilizarse en Yucatán en 1648, cuando allí se identificó por primera vez una epidemia de una enfermedad febril que teñía de amarillo la piel de los enfermos afectados por ella (Carter, 1931: 83-84) y que fue descrita por Fray Diego López de Cogolludo en 1688 (López de Cogolludo, 1868 [1688]). La epidemia también afectó a Guadalupe y a otras Antillas francesas (Du Tertre, 1667-1671: 422). Según William Coleman, quien en esto sigue a Henry Rose Carter, el temor a esta entidad nosológica se extendió rápidamente en la medida en que dicha fiebre comenzó a presentarse en varios puertos de América y Europa amenazando tanto a la expansión comercial europea en América como a la seguridad sanitaria europea misma (Coleman, 1987: 14-20).

Efectivamente, a partir de esta primera epidemia, la fiebre se extendió rápidamente a La Habana en el año siguiente y desde allí a otros sitios de América y Europa. Hacia 1700 había penetrado en Norteamérica y llegado hasta Nueva York. En ese mismo año se iniciaron las epidemias en Europa. La primera experiencia europea trágica de fiebre amarilla se presentó en el puerto de Cádiz, en el año de 1700 y, de ahí en adelante, los brotes en otros puertos europeos fueron múltiples y frecuentes, arriesgando la seguridad sanitaria europea y confirmando la idea de que era una enfermedad urbana, una enfermedad de los grandes puertos (Coleman, 1987: 18).

Después de Cádiz, esta enfermedad apareció en Lisboa en 1723 y en Málaga en 1741. A finales del siglo XVIII la incidencia de la enfermedad aumentó considerablemente debido al incremento en la actividad marítima en el Atlántico y en el Caribe, tanto con fines comerciales como militares. Cien años después de la primera epidemia europea, reapareció en Cádiz, en 1800, y se expandió a Córdoba, Granada, Valencia, Cataluña y Gibraltar hacia 1804. Finalmente, estos brotes menores terminaron con una terrible epidemia en Barcelona, que se prolongó desde 1819 hasta 1821. A partir de ese momento sucesivas epidemias volvieron a Barcelona en 1870, a Madrid en 1878 y a Gibraltar en 1828[1] (Coleman, 1987: 18).

La primera conceptualización de la enfermedad fue de carácter puramente descriptivo, basada en la sintomatología. Por lo regular, la enfermedad reconocida como fiebre amarilla comenzaba con un fuerte y súbito dolor de cabeza, dolores en la parte superior del abdomen y en la parte posterior de la cintura y debilidad generalizada. Seguían las náuseas y la sed. La lengua, enrojecida, se manchaba de blanco en el centro. Los ojos se inflamaban e irritaban. El pulso se aceleraba y la fiebre era severa. La situación se deterioraba rápidamente. El pulso se iba debilitando, el dolor agudo persistía y la orina se hacía escasa. Más o menos al tercer día, los ojos y la piel tomaban un tinte amarillo pálido que rápidamente se convertía en amarillo-verdoso. Luego las náuseas desembocaban en un vómito fuerte y constante que inicialmente era líquido y bilioso, pero que se tornaba negruzco, manifestación clínica que le daba el otro nombre a la enfermedad: enfermedad del vómito negro. Al final del tercer o cuarto día, sobrevenía una gran postración y la muerte. Muy pocos sobrevivían, pero los que lo lograban quedaban inmunes de por vida (Coleman, 1987: 5-7).

La explicación etiológica de la enfermedad estuvo, desde un comienzo, referida a la teoría que era hegemónica en ese momento en el campo de la higiene pública: la teoría miasmática. Desde los tiempos de la muerte negra —la gran pandemia de peste bubónica que atacó a Europa desde 1347 hasta 1353—, se le atribuyó a los miasmas la etiología de las enfermedades agudas, febriles y

---

1 Para una descripción más puntual de estas epidemias americanas y europeas, ver Coleman (Coleman, 1987: 14-20).

pútridas.[2] Esta teoría etiológica fue, durante los siglos XVII, XVII y los primeros dos tercios del XIX, la base de la explicación de la causa de la fiebre amarilla. De acuerdo con ella, las aguas estancadas en los puertos originaban los miasmas amarílicos que producían la enfermedad. Por lo tanto, las medidas sanitarias tomadas para atacarla fueron todas de carácter ambientalista, tendientes a garantizar la adecuada circulación del agua estancada, el drenaje de los pantanos y la circulación del aire 'inficcionado'.

Esta concepción sobre la causa miasmática de la fiebre amarilla y la idea de que se originaba en los puertos era aún dominante al inicio del siglo XIX. Según el *Nuevo tratado de medicina práctica* escrito por Robert Thomas de Salisbury, y traducido al francés por Jean Hippolite Cloquet, en 1818, se discutían en ese momento varias posibles mecanismos por los cuales se originaban los miasmas que producían la enfermedad: por importación desde las islas caribeñas a los continentes o por cambios en el entorno debido a la misma construcción de las ciudades portuarias. Dejemos hablar al propio Robert Thomas de Salisbury:

> [...] el origen de la fiebre amarilla es un punto de gran oscuridad; tenemos a ese respecto varias opiniones completamente diferentes. Algunos piensan que pasó de las islas al continente de América y otros, que fue producida por la putrefacción de sustancias vegetales y animales abandonadas en el puerto de Filadelfia. Esta última opinión es la del doctor Rush, quien notó que la enfermedad surgía en las calles adyacentes a los muelles y de allí se dispersaba al resto de la ciudad. Observando que la enfermedad se desarrolla al mismo tiempo en las ciudades de las islas americanas y en las del norte de ese mismo continente, M. Clarke cree que el establecimiento de esas ciudades causó un cambio particular en la atmósfera al cual es mejor atribuirle el nacimiento de la enfermedad que a la llegada de viajeros o de mercancías. (Thomas de Salisbury, 1818: 115)

No obstante en la segunda década del siglo XIX se dieron algunas polémicas en torno al origen de la fiebre amarilla que han sido analizadas por el historiador William Coleman. La epidemia de Barcelona en 1821 fue el acontecimiento

[2] Esta teoría 'miasmática' atribuyó a partículas pútridas que surgían de los pantanos y de la tierra podrida (miasmas) que contaminaban el aire, 'inficcionándolo', la etiología de las enfermedades agudas, febriles y pútridas. Esta teoría explicaba que, una vez suspendidos en el aire, los miasmas penetraban por los poros del cuerpo y atacaban la sangre, produciendo inflamación, fiebre y pus (Cipolla, 1993 [1989]: 18-23; Gottfried, 1993 [1983]: 225-228).

que alertó a los franceses, ingleses y españoles, quienes desde ese momento entendieron que la fiebre amarilla, enfermedad con una mortalidad muy alta, podía extenderse incluso hacia el norte de Europa. En un intento por conocer y controlar la enfermedad, tanto los franceses como los ingleses enviaron observadores a Barcelona. Los miembros de la comisión francesa sostuvieron que la enfermedad era transmitida de persona a persona, es decir, era contagiosa,[3] y que, además, era importada desde otras tierras. De ese modo, en el año siguiente, 1822, el gobierno francés promulgó una ley que implementó un sistema de vigilancia sanitaria en las fronteras y dejó de lado el drenaje de pantanos y charcos. Sin embargo, ese mismo año, el médico francés Nicolas Chervin intervino en una disputa oponiéndose a esa teoría de los observadores franceses. Chervin era un médico entrenado en París, quien posteriormente viajó a América del Norte y Antillas, en donde estudió la fiebre amarilla desde 1815 hasta 1822. Chervin sostuvo que la fiebre amarilla se debía a condiciones locales (miasmáticas) y que, por lo tanto, no era ni contagiosa ni importada. Como resultado, se opuso a la ley sanitaria expedida por el gobierno francés (Coleman, 1987: 25-26).

Posteriormente, se presentó una nueva epidemia en Gibraltar en 1828. El gobierno francés creó la Comisión de Gibraltar para estudiar esta epidemia y recomendar las medidas del caso. Dicha comisión estuvo compuesta por tres médicos. Cada uno de ellos representaba una de las teorías en pugna en ese momento acerca de la transmisión de la fiebre amarilla. El primero, Nicolas Chervin, ya mencionado, con gran experiencia y conocimiento acerca de la fiebre amarilla, representaba la teoría del no contagio y la no importación de la enfermedad. Por su parte, Pierre Charles Alexandre Louis, el segundo de los miembros de la comisión (1787-1872), un gran anatomopatólogo y estadístico que nunca había visto un caso de fiebre amarilla, constituyó la parte neutral de la comisión. Por último, Armand Trousseau (1801-1867), el tercero, clínico y brillante discípulo de Pierre Bretonneau, que, al igual que Louis, nunca había visto un caso de

---

3 Se consideraba en ese entonces a una enfermedad como contagiosa cuando esta se pasaba directamente de una persona a otra, o sea, por el contacto o la cercanía de una persona sana con una enferma. Se llamaba enfermedad infecciosa o producida por 'inficción' cuando esta se originaba por la penetración de los miasmas del entorno al cuerpo, es decir que la enfermedad no se producía por el contacto de persona a persona, sino por el contacto con el aire 'inficcionado' de miasmas de los pantanos y de las emanaciones telúricas. A estas últimas generalmente se le llamaba fiebres palustres, paludosas o palúdicas, derivadas de la palabra latina *palus,* que significa pantano, laguna, estanque (Blánquez Fraile, 1975: 1185).

la enfermedad, representaba la teoría del contagio al apoyar a su maestro en su visión biológica de la etiología de la fiebre amarilla (Coleman, 1987: 28).

Desafortunadamente, el objetivo de mantener una posición imparcial al unir a estos tres individuos no se cumplió: Louis sostuvo su opinión en forma breve y débil; Trousseau permaneció en silencio; mientras que Chervin aprovechó para imponer su teoría miasmática del no contagio, junto con sus implicaciones sanitarias. Finalmente, los tres miembros de la comisión no presentaron conclusión alguna. Tampoco realizaron ninguna discusión acerca de la transmisión (contagio versus no contagio), ni de sus posibles causas, ni sobre las medidas sanitarias apropiadas para su control. Así, Chervin, apoyado en su prestigio de conocedor de la enfermedad, logró imponer sus ideas miasmáticas anticontagionistas y antiimportacionistas acerca de la etiología de la enfermedad, contra las propuestas de Trousseau y Louis (Coleman, 1987: 29-31).

Figura 4. Litografía tomada de la revista *Puck* que muestra el tipo de polizón que los países nórdicos no estaban interesados en admitir

Fuente: F. Graetz, *Puck Magazine*, 18 July 1883. (https://babel.hathitrust.org/cgi/pt?id=mdp.39015038641539;view=1up;seq=328).

Durante los años siguientes a la epidemia de Gibraltar, las teorías defendidas por Chervin continuaron siendo hegemónicas. Este médico rechazó la posibilidad de contagio, enumerando los múltiples casos en los que no había pruebas de transmisión de persona a persona. De igual forma, negó la posibilidad de la importación de la enfermedad a través de barcos provenientes de tierras exóticas, defendiendo su teoría de la fiebre amarilla como la evolución de varias fiebres a una forma más severa. Finalmente, afirmó que la vigilancia sanitaria en las fronteras era innecesaria. Las consecuencias de estos métodos de vigilancia sanitaria (cuarentenas) para una economía liberal y sin restricciones a los mercados internacionales hicieron de Chervin el líder de la campaña anticuarentena durante la década de 1830 a 1840 (Coleman, 1987: 30-55).

En resumen, durante toda esta primera época, claramente descrita por Coleman, autor que venimos citando, consideramos que se fue configurando una especie de campo científico y político, el campo de la lucha contra la fiebre amarilla, en el cual los anticontagionistas de la primera mitad del siglo XIX fueron hegemonizando las explicaciones y acciones técnicas y políticas sobre los brotes epidémicos, en interacción con los intereses comerciales y políticos de las potencias europeas.

La idea de una enfermedad importada

Siguiendo a Coleman, a partir de la segunda mitad del siglo XIX, el concepto inicial de la enfermedad comenzó a ser enriquecido por nuevos elementos explicativos sobre su epidemiología. En 1861 se presentó una epidemia de fiebre amarilla en el puerto de Saint-Nazaire, en Francia. La epidemia fue estudiada y enfrentada por el médico François Mèllier (1798-1866). Obviamente el origen de la epidemia fue interpretado desde la teoría miasmática hegemónica, pero, a partir de un seguimiento y estudio cuidadoso de los casos, se llegó a la conclusión de que era una enfermedad importada de América, por el barco *Anne-Marie* que procedía del Caribe, explícitamente de La Habana. Se planteó entonces que los miasmas podían viajar a largas distancias, encerrados en el aire contenido en los barcos pequeños. Este era un aporte importante, pues hacía pensar que el problema no radicaba en la putrefacción de la tierra de los puertos locales, sino que el 'veneno' o 'virus' podría llegar con el aire de otras tierras. Así se explicó su no presencia en el aire local antes de la epidemia a pesar de la preexistencia de zonas pantanosas en el puerto.[4]

[4] Para una descripción amplia de esta epidemia, ver el libro de Coleman (Coleman, 1987: 59-138).

Cuatro años después (1865) se presentó otra epidemia de fiebre amarilla, esta vez en el puerto de Swansea, en Gales, la cual fue estudiada y enfrentada por el doctor George Buchanan (1831-1895). También su etiología fue explicada desde el punto de vista miasmático, pero, a partir de un seguimiento y estudio cuidadoso de los casos, llegó a la misma conclusión a la que había llegado Mèllier, de que esta fiebre era una enfermedad importada de América, en este caso, por el barco *Hecla* que también procedía de Cuba.[5]

A la descripción clásica de la enfermedad, la cual no se había modificado desde el punto de vista de su cuadro clínico, comenzó a sumarse la idea de que la fiebre amarilla europea era una dolencia importada de América, explicación que comenzó a imponerse en este campo científico y político de la lucha contra dicha enfermedad. En el *Diccionario de medicina, de cirugía, de farmacia, del arte veterinario y de las ciencias relacionadas,* de Littré y Robin, de 1872, se resume el conocimiento de la época sobre la fiebre amarilla:

> La naturaleza del agente que la produce no es más conocida que la de los otros miasmas. Ella es esporádica en algunos países especialmente en las Antillas y reina más comúnmente en forma epidémica. Su nicho esta en América pero puede ser transportada lejos de allí. Así, las naves que vienen de lugares infectados y sobre todo aquellos que traigan personas enfermas, deben ser objeto de medidas sanitarias [...] El miasma que la produce ejerce su acción irritante y séptica sobre la membrana mucosa gastrointestinal. La invasión es precedida de malestar general, de un estado de postración, de sobresaltos o de temblores en los miembros. Otras veces la enfermedad se inicia con una cefalalgia generalmente intensa, acompañada de escalofríos, dolores violentos en los miembros y sobre todo en la región lumbar. Después de estos primeros síntomas sobreviene una fiebre ardiente, se inyectan los ojos, el cuerpo adquiere una expresión de sufrimiento, de estupor y de postración característico de esta enfermedad. La lengua se pone seca, roja y saburral y se cubre de una capa de coloración negra a medida que la enfermedad avanza. Simultáneamente, aparece una sed insaciable y el epigastrio se torna doloroso a la más ligera presión. Luego vienen las náuseas que se van tornando en vómitos cada vez más frecuentes, inicialmente de aspecto bilioso, pero que

[5] Para un análisis a profundidad de esta epidemia, ver también el libro de Coleman (Coleman, 1987: 139-169).

> luego se transforman en café y, finalmente, negro. Continúa con ansiedad y a veces estupor y coma. La coloración amarilla es característica de esta fiebre [...] En los posteriores períodos de la enfermedad aparecen las petequias y las equimosis en las distintas partes del cuerpo. Los vómitos de líquido negro e infecto son cada vez más abundantes por la boca y las narices, sin esfuerzo aparente y finalmente sobreviene la muerte [...] Esta afección tiene todas las características principales de las fiebres palúdicas o miasmáticas perniciosas, con síntomas biliosos e intestinales en vez de síntomas pulmonares y cerebrales propios de otros climas. (Littré & Robin, 1872: 603)

En ese momento las fiebres eran consideradas como un grupo de enfermedades, caracterizadas por su sintomatología variada, clasificándolas, unas como asociadas a una inflamación y otras como fiebres esenciales no asociadas a la alteración de órganos específicos. Como lo señala el diccionario mencionado de Littré y Robin:

> Debemos distinguir entre las fiebres sintomáticas y las esenciales. Las fiebres sintomáticas acompañan a las inflamaciones externas o internas. Las fiebres esenciales, entendidas como independientes de los órganos [...] se dividen en tres grupos distintos 1) fiebres efímeras, que duran uno o varios días y se terminan de manera crítica, 2) las fiebres intermitentes, remitentes y pseudo-continuas, y 3) las fiebres continuas, que comprenden la disentería, el tifo, la fiebre amarilla, la peste, la fiebre puerperal y otras afecciones agrupadas bajo el nombre de piohemias, como los exantemas febriles, la viruela, la rubéola, la escarlatina, la vacuna, etc. (Littré & Robin, 1872: 603)

Así, los conocimientos nuevos sobre la enfermedad se articularon sin obstáculo al saber clásico clínico sobre esta. La epidemiología de la fiebre amarilla abrió, de esa manera, un nuevo horizonte de investigación. Así mismo, a partir de ese momento, la higiene pública se vio obligada a tener en cuenta este nuevo conocimiento proponiendo como actividad de control fundamental la vigilancia en los puertos de los buques procedentes de América y especialmente del Caribe.

Fiebre amarilla y fiebres del Magdalena

En Colombia, la fiebre amarilla también había sido descrita como una enfermedad portuaria caribeña desde que en 1651 se presentó, aparentemente por primera vez, en Cartagena. Según algunos autores, se parecía a las epidemias febriles que habían atacado a Yucatán y La Habana en años anteriores (Sotomayor Tribín, 1997: 82). Independientemente de que la enfermedad haya tocado o no costas colombianas, la fiebre amarilla no tuvo en este país un significado epidemiológico trascendente hasta la década de 1860, ya bien entrado el período republicano, cuando, al intensificarse el comercio fluvial por el río Magdalena, comenzaron a presentarse unas epidemias febriles en la hoya de dicho río, bien lejos del litoral Caribe, que los médicos comenzaron a llamar fiebres del Magdalena (García, C. M., 2006).

En efecto, en el contexto del régimen federal, respondiendo al afán de integración de la economía colombiana al mercado internacional por la vía del liberalismo librecambista, y como opción al agotamiento de la economía de la minería del oro, se fomentó el cultivo de tabaco en las riberas de río Magdalena, especialmente en la región de Ambalema. Los contemporáneos estaban convencidos de que el tabaco había generado una alta migración de poblaciones desde las regiones montañosas de climas templados y fríos hacia las zonas cálidas del centro del país, apareciendo lo que en la época se llamó los 'trabajadores de tierra caliente' (Rivas, 1946). De todas formas el movimiento de grupos humanos por el río desde las zonas altas de su cauce hasta la desembocadura se debió haber intensificado, ya que el tabaco se sacaba por el río hasta el puerto de Barranquilla, desde donde se dirigía al exterior, especialmente hacia Inglaterra, que era la mayor compradora. Como resultado, se incrementaron las enfermedades tropicales entre estos trabajadores (Briceño Ayala, 2009; García, C. M., 2006).

Según Mónica García, algunos médicos propusieron que estos cuadros febriles podrían corresponder a la fiebre amarilla, que los europeos ubicaron en el grupo de las fiebres continuas (Grisolle, citado por García, C. M., 2006: 27-32), y otros optaron por el diagnóstico de fiebres intermitentes perniciosas. Vale la pena resaltar que el médico colombiano Antonio Vargas Reyes propuso una modificación de esta clasificación sacando la fiebre amarilla del grupo de fiebres continuas y colocándola en el grupo de las fiebres discontinuas, específicamente como una variedad de las fiebres intermitentes perniciosas. Con esto al parecer quería resaltar el carácter miasmático y maligno de esta enfermedad, poniéndola al lado de la colérica, tifoidea, perineumónica, la tetánica y otras más (Vargas Reyes, citado por García, C. M., 2006: 34-40). Sobre esta base los médicos posteriores opinaron que las fiebres del Magdalena eran en su mayoría de la variedad amarilla, de carácter infeccioso, y que su causa estaba ligada a los miasmas producidos por las transformaciones del entorno y la putrefacción de materia orgánica asociada a la producción tabacalera. No obstante, los criterios nosológicos de carácter clínico con que se contaba en ese momento no permitieron llegar a un acuerdo diagnóstico y la mayoría de los galenos prefirieron construir la noción genérica de fiebres del Magdalena.[6]

Pero la fiebre amarilla no volvió a ser noticia en el país sino hasta 1880, cuando comenzó a presentarse en Bogotá una epidemia de ictericia que atacaba súbitamente y que producía un dolor en el epigastrio, provocando náuseas y vomito teñido de amarillo o verde, su duración era de tres días y cuando la persona se recuperaba provocaba inmunidad para dicha enfermedad. Debido a la sintomatología ictérica de este cuadro clínico se reactivó la discusión sobre la fiebre amarilla en los círculos de la élite médica bogotana. Se llegó a pensar si dicha epidemia y las anteriores 'fiebres del Magdalena' estaban relacionadas, pudiendo ser formas modificadas o degeneradas de fiebre amarilla que lograban invadir espacios geográficos distintos de los litorales, ubicados a altitudes sobre el nivel del mar en las que se suponía que esta enfermedad no debería presentarse.

Dicha discusión se inició a partir del hecho de que, en la sesión del 22 de febrero de 1881 de la Sociedad de Medicina y Ciencias Naturales de Bogotá,[7] Nicolás Osorio, médico especializado en Francia y miembro de la Sociedad de Higiene de París, informó de las epidemias que se estaban presentando aún en algunos pueblos del litoral del Magdalena, en el Estado del Tolima, y que habían llegado hasta Guaduas. Osorio se preguntaba si "¿es esta enfermedad una fiebre palúdica perniciosa? ¿Es la fiebre biliosa de los países cálidos?", o

---

6 Esta noción sirvió de marco de referencia por más de 30 años para explicar las patologías febriles de la hoya de este río. El lector interesado en profundizar en la noción de 'fiebres del Magdalena' y sobre los médicos que escribieron sobre el tema puede consultar el trabajo de Mónica García (García, C. M., 2006).

7 La Sociedad de Medicina y Ciencias Naturales de Bogotá había sido creada en 1873 (Obregón Torres, 1992: 51) como parte de la estrategia que los naturalistas y la profesión médica colombiana habían puesto en marcha para terminar de salir de lo que se había llamado 'la crisis de salud del medio siglo' (Miranda Canal, 1993: 58-71). Uno de los objetivos de esta Sociedad era la de erigir una medicina que tuviese en cuenta las regiones ecuatoriales, la posición geográfica, los diversos climas, las diferentes alturas sobre el nivel del mar, las costumbres y los alimentos de las diferentes regiones y todo aquello que influyera en la salud y en la enfermedad de las personas en las distintas zonas del país. Era preciso pues iniciar una actividad de investigación que permitiese fundamentar la creación de una medicina y una geografía patológica nacionales, que pudiese ser puesta al servicio de los intereses del país (Obregón Torres, 1992: 51-55).

"¿es la fiebre amarilla?", y propuso que la Comisión de Epidemias de la Sociedad las estudiara y presentara un informe (Sociedad de Medicina y Ciencias Naturales de Bogotá, 1881a: 3). En esta reunión, Manuel Uribe Ángel, médico de Medellín, señalaba: "No sé hasta qué punto pueda considerarse la fiebre del Magdalena como una degeneración de la amarilla, o sea una manifestación de ella en su mayor grado". Comentaba que algunos médicos competentes opinaban que la fiebre amarilla se habría podido presentar en lugares que no tenían las características propias de los nichos de esta enfermedad. De esa manera, respaldaba la propuesta de Osorio de que se hiciese un estudio detenido con relación a las epidemias del Magdalena y de las ictericias que se hacían sentir en ese momento en Bogotá[8] (Sociedad de Medicina y Ciencias Naturales de Bogotá, 1881a: 4). A pesar de los estudios y revisiones que Nicolás Osorio y otros miembros de la Sociedad de Medicina realizaron como consecuencia de este debate, aún no se había logrado resolver el problema sobre la posible etiología palúdica o amarílica de las epidemias febriles de la cuenca del río Magdalena que se estaban presentando en el país.

Figura 5. Nicolás Osorio

Fuente: retrato ubicado en la Decanatura de la Facultad de Medicina de la Universidad Nacional de Colombia.

[8] Es interesante ya que pareciera ser el único caso en el que, en la época, se sospechara la existencia de fiebre amarilla más allá de los litorales.

Por consiguiente, hasta ese momento, la fiebre amarilla continuaba representando una amenaza en el interior, más que en los puertos marítimos del país, particularmente en las poblaciones de las riberas del río Magdalena. Dada las estructuras de higiene de la época, como se describirán en la siguiente sección, las acciones que se diseñaron en el ámbito local para enfrentarlas contaron con la intervención espontánea de varios sectores sociales, como las comunidades religiosas y los particulares.

La fiebre amarilla y las políticas de higiene pública en el período federalista

Las tendencias federalistas que caracterizaron el período de la hegemonía liberal (1850-1886) y que se formalizaron en la Constitución de Rionegro de 1863 le dejaron al Estado central poco margen de maniobra, permitiéndole actuar solo en asuntos de defensa del país, de educación y en obras de infraestructura de importancia nacional que el capital privado no pudiera acometer. Bajo estas condiciones sociopolíticas, ante la carencia de una política centralizada de salud y en una sociedad no medicalizada, donde apenas si se estaba formando un cuerpo médico, las políticas y acciones en el campo de la higiene pública quedaron en manos de los Estados federados y de los miembros de las corporaciones municipales.

Para los Estados federados, la higiene era, al tiempo que un asunto de competencia médica, un problema de orden público. Así, la forma que tomó la política de higiene en el país, desde la Independencia y por lo menos hasta 1886, cuando se crea un Estado centralizado, fue la de la reglamentación formal de medidas de higiene en códigos de policía. Dichos códigos, más que detallar acciones de higiene pública concreta o de carácter permanente, delineaban algunos mecanismos legales que se suponían contribuirían a la toma de decisiones para enfrentar momentos críticos como las epidemias. Para estos casos, los códigos contemplaban la creación de juntas de sanidad provisionales, las cuales quedaban con la potestad de dictar las medidas que se juzgaran convenientes. Eventualmente, dichos códigos sancionaban acciones tendientes a proteger la salubridad pública, como desagües de pantanos y ciénagas,[9] medida que, en

9 Noguera Maza, V. (1865). *Código de Policía sancionado por la Convención del Estado Soberano del Magdalena, Santa Marta.* Colombia (1870). *Código Legislativo del Estado de Santander, tomo I,* Bogotá, Imprenta Medardo Rivas.

últimas, también estaba orientada a prevenir la ocurrencia de epidemias que, según la teoría entonces dominante, se asociaban a los miasmas[10] producidos en depósitos de aguas estancadas.

Hasta 1884, los métodos de control de las epidemias se basaban en tratamientos médicos como la administración de quinina, vomitivos, sangrías, limonadas gaseosas, purgantes salinos, ruibarbo y plantas medicinales (Perea P., 1881: 303-304). Las medidas sanitarias de carácter general eran tomadas por la Junta de Sanidad en Bogotá y por los códigos de policía en los Estados federados solo en los casos en que la situación lo ameritaba. Por lo tanto, estas medidas no tenían carácter permanente. En ocasiones, la Junta de Sanidad se asesoraba de la Sociedad de Medicina y Ciencias Naturales de Bogotá. Como excepción, se encontró que, en 1884, la Sociedad de Medicina y Ciencias Naturales de Bogotá estaba preocupada por las cuarentenas en las costas, pues en el acta del 16 de agosto de 1884 de dicha Sociedad, se comentaba la necesidad de recordar al gobierno la importancia de las cuarentenas en los puertos, debido a que la fiebre amarilla era una enfermedad que se presentaba o bien en las costas, en especial la Atlántica, y en los litorales de los ríos, zonas en donde el comercio era activo (Ibáñez, 1884: 148).

La Sociedad de Medicina y Ciencias Naturales desempeñó el papel de consultora en temas de higiene, tanto para el gobierno nacional como para el estado de Cundinamarca, desde su creación en 1873 y hasta el establecimiento de la Junta Central de Higiene en 1886. En su reglamento de funcionamiento, la Sociedad definió una sección de trabajo sobre "Higiene, medicina legal y farmacognosia" y estableció una comisión permanente de salubridad pública que se encargaría de estudiar las cuestiones de higiene pública que fueran sugeridas o solicitadas por las autoridades civiles (Sociedad de Medicina y Ciencias Naturales de Bogotá, 1882: 447). La colaboración entre este organismo académico-científico y un organismo del gobierno local, como la Junta de Sanidad de Bogotá, se facilitaba en tanto que ambas corporaciones compartían algunos de sus miembros (Sociedad de Medicina y Ciencias Naturales de Bogotá, 1881c: 200-201). Así, la Junta servía de vehículo informal y formal para las solicitudes que hiciera el prefecto de policía a la Sociedad, relativas a medidas que debían tomarse para

---

10 Los miasmas eran partículas pútridas que surgían de la tierra podrida y de las aguas estancadas y contaminaban el aire produciendo enfermedades agudas, febriles y pútridas.

la higiene pública de Bogotá (Sociedad de Medicina y Ciencias Naturales de Bogotá, 1886: 98).

Estas características de funcionamiento fragmentario de la higiene, con el apoyo colegiado de corporaciones médicas, coinciden con la descripción que ha dado Juan César García sobre el funcionamiento de la higiene en los Estados precapitalistas posindependentistas de América Latina. De acuerdo con él, los Estados latinoamericanos decimonónicos no intervenían centralmente en el campo de la higiene pública, salvo en forma normativa, dejando la ejecución al ámbito municipal. La inestabilidad del Estado y la atomización del poder político explicarían por qué las acciones del Estado nacional eran poco desarrolladas y por qué su intervención en asuntos especializados como la salud se diera en la forma típica de las monarquías absolutistas, esto es, mediante consejos consultivos. Estos últimos, como podría ser el caso de la Sociedad de Medicina y Ciencias Naturales de Bogotá, eran cuerpos colegiados con carácter de asesores de los ministerios de gobernación o del interior en lo relacionado con la salud de los habitantes, especialmente en casos de epidemias (García, J. C., 1994 [1982]: 99).

Dado este ordenamiento sociopolítico colombiano y considerando que para este período las fiebres de posible origen amarílico representaban para los contemporáneos más una amenaza del interior del país que de los puertos marítimos, las acciones que se diseñaron en el ámbito local para enfrentarlas contaron con la intervención espontánea de varios sectores sociales, como las comunidades religiosas y los particulares.[11] Con todo, desde la segunda mitad de la década de 1880, las epidemias movilizaron el interés de los médicos de la capital, intensificándose el debate sobre su naturaleza y sobre las medidas que el Estado debía tomar para enfrentarlas.

La teoría microbiana de la fiebre amarilla

Como indicamos antes, hacia 1800, en el saber médico internacional se había definido que la fiebre amarilla era de naturaleza miasmática, que ocurría en los puertos y sus cercanías, y que era nativa de América, de donde era exportada hacia otras regiones del mundo. En las siguientes dos décadas, las teorías bacteriológicas transformaron esta visión de la enfermedad. Los trabajos de Robert Koch y de Louis Pasteur inauguraron la teoría microbiana, a partir de la cual se

[11] Para conocer un caso típico de las acciones emprendidas contra una epidemia en este período, ver análisis que hace García sobre la epidemia de Ambalema de 1856 (García, C. M., 2006).

construyen la nueva ciencia de la bacteriología y la mentalidad etiopatológica, que explica la etiología de las enfermedades agudas, febriles y pútridas por la acción de microorganismos (Laín Entralgo, 1961 [1950]: 371-408; Laín Entralgo, 1982: 85-91). Efectivamente, en 1876, Robert Koch, investigador alemán, utilizando medios de cultivo sólidos, había logrado demostrar los postulados de su maestro, Jacob Henle, al aislar, cultivar e inocular el bacilo causante de la enfermedad del ántrax y reproducir la enfermedad en el ganado vacuno (Rosen, 1993 [1958]: 275, 286-288). Paralelamente, Louis Pasteur, después de descubrir que la fermentación era causada por seres vivos —las levaduras—, que la enfermedad del gusano de seda era el resultado del ataque perpetrado por unos hongos al gusano y de comprobar, independientemente de Koch, que el ántrax era causado por un bacilo, había presentado a la Academia de Medicina de París, el 30 de abril de 1878, una memoria sobre la teoría de los gérmenes y sus aplicaciones en medicina y cirugía. En dicha conferencia, Pasteur planteaba claramente que las enfermedades pútridas y contagiosas eran el resultado de la acción de agentes externos microorgánicos sobre el cuerpo de los seres vivos (Canguilhem, 1977: 61-62; Rosen, 1993 [1958]: 282-285).

Paralelamente, las actividades comerciales de los Estados Unidos con América Latina habían comenzado a intensificarse después de la Guerra Civil norteamericana y la fiebre amarilla se iba configurando, ante las autoridades sanitarias norteamericanas, como un serio obstáculo para el comercio. Varias epidemias se habían presentado en los puertos de América del Norte en los momentos más cálidos de los veranos. Los norteamericanos fueron identificando dos grandes focos epidémicos de la enfermedad en América, de donde se suponía que deberían provenir estas epidemias: las islas y costas del Caribe y los puertos brasileños.

Bajo la influencia de la medicina francesa, el nuevo modelo bacteriológico de Pasteur y Koch comenzó a dominar las explicaciones en el campo de la higiene pública y a aparecer en las investigaciones americanas sobre fiebre amarilla. Por ejemplo, en 1878 el gobierno norteamericano constituyó la Comisión Chaillé para que viajara a Cuba a estudiar esta enfermedad. En ese momento, Cuba era considerada como el foco predominante. El general George Sternberg, cirujano de la Armada norteamericana, conocedor ya de las teorías de Pasteur y de Koch, fue nombrado miembro de dicha comisión. Sternberg había estado en contacto con la enfermedad desde hacía varios años atrás, cuando participó en los intentos de control de las epidemias de fiebre amarilla de la Isla del Gobernador en Nueva York y de Fort Barrancas en Florida, en 1870 y 1874, respectivamente. Después de estudiar la enfermedad en Cuba, y de no lograr descubrir ningún germen causante, la comisión acogió la teoría propuesta desde 1858 por el médico Carlos Juan Finlay,[12] quien afirmaba que la fiebre amarilla era causada por la alcalinidad de la atmósfera de La Habana (Delaporte, 1989: 35-40).

En 1880, en el informe sobre la segunda epidemia de fiebre amarilla que se había presentado a bordo del vapor americano *Plymouth* se notaban ya algunas nociones nuevas con relación al origen de esta enfermedad: se sospechaba que la fiebre amarilla era producida por un germen transportable, que existía inmunidad después de la primera infección, y se propuso la teoría del *nidus,* o sea que el germen de la fiebre amarilla se desarrollaba fuera del cuerpo (Delaporte, 1989: 24-30). Con este informe, el saber norteamericano sobre la fiebre amarilla se puso a tono con el saber europeo, pero con un tinte más cercano a la concepción bacteriológica. No obstante, el saber sobre esta enfermedad no se modificó de la forma como sí ocurrió con otras como el ántrax, la tuberculosis y otras más, cuyo concepto había sido reconstituido desde las prácticas del laboratorio bacteriológico. En estas enfermedades, aunque conservaban el mismo nombre, el concepto específico sobre ellas había cambiado, tanto que casi se podría decir que se trataba ahora de una enfermedad totalmente distinta de la que se venía hablando antes del cambio.

Las teorías bacteriológicas sobre la fiebre amarilla tomaron mayor cuerpo en los años siguientes. Por ejemplo, el mexicano Manuel Carmona y Valle encontró en la sangre y en la orina de los enfermos un microorganismo al que llamó *Peronospora lutea* y le adjudicó la etiología de dicha enfermedad.[13] Por otra parte, Domingos José Freire, en Brasil, culpó al *Cryptococcus xanthogenicus* de producirla y creó una vacuna para prevenirla. También el brasileño Juan Bautista Lacerda, siguiendo los postulados de Koch, intentó reproducir la enfermedad inoculando en animales líquidos extraídos de los pacientes y trató de cultivar los 'corpúsculos animados' procedentes del organismo humano y de la atmósfera inficcionada.[14] De igual forma, muchos otros científicos siguieron por ese camino, entre ellos el mismo George Sternberg, quien creyó haber descubierto un bacilo causante de la enfermedad al que llamó bacilo X; y Giuseppe Sanarelli, quien a su vez acusó

---

12 Médico cubano-español, quien formó parte de la Comisión Chaille.

13 Con relación a las investigaciones de Manuel Carmona y Valle, ver el trabajo de Clementina Díaz de Ovando (Díaz de Ovando, 1993).

14 Con respecto a los trabajos de Lacerda, ver el libro de Jaime Benchimol (Benchimol, 1999).

al *Bacillus icteroides* (Delaporte, 1989: 72-76). George Sternberg, por su parte, realizó experimentos bacteriológicos intentando reproducir los de Carmona y Valle, Freire y Sanarelli, llegando a la conclusión de que sus resultados eran incorrectos, incluyendo los suyos propios, y que el agente infeccioso de la fiebre amarilla no había sido demostrado aún (Sternberg, G. M., 1890; Sternberg, G. M., 1895a; Sternberg, G. M., 1895b).

En Colombia, el cambio de la concepción miasmática a la bacteriológica no se dio de una forma lineal ni homogénea. La élite médica colombiana de la segunda mitad del siglo XIX se había formado en Francia debido a la situación política del país que, en 1850, llevó al cierre de las universidades.[15] Por lo tanto, no todos los médicos de la época tenían acceso a las mismas fuentes de información ni fueron entrenados de la misma manera. Como ya mostramos, en el caso de la fiebre amarilla, por ejemplo, al analizar las fuentes primarias se observa que existían tantas definiciones y clasificaciones de esta fiebre como médicos había, y que las epidemias eran diagnosticadas por unos como fiebre amarilla, mientras que por otros como otras formas de fiebre.

A finales de 1882, Carlos Michelsen Uribe, destacado naturalista graduado en la Escuela de Ciencias Naturales de la Universidad Nacional de Colombia, presentó ante la Sociedad de Medicina y Ciencias Naturales una intervención sobre "La feliz influencia que la aplicación del método experimental ejerce en el progreso científico", donde ya hacía referencia directa a las teorías bacteriológicas (Quevedo V. et al., 2010: 115 y 295). En su calidad de vicecónsul de Dinamarca en Colombia, era uno de los intelectuales más informados de lo que ocurría en la actividad científica. Además de este cargo, era jefe de la sección tercera de la Secretaría de Fomento, encargada de los asuntos de agricultura y comercio (Cáceres, 1992: 82-83), puesto que ocupaba desde 1880, profesor

---

15 Antes de continuar es importante recordar que durante el año de 1850 la profesión médica se hallaba en crisis debido a la ley del 15 de mayo, que cerró las universidades del país y abolió la exigencia de títulos profesionales. Esto generó la salida de médicos a estudiar a Europa, y en especial a Francia, para obtener sus títulos profesionales en ese país. Al regresar estos médicos, formados en el exterior desde una perspectiva anatomoclínica, fueron los líderes del gremio en Colombia. Una de sus principales acciones en este sentido fue la de fundar una nueva escuela de medicina. Nació así la Escuela Médica Privada, en 1865, creada por Antonio Vargas Reyes y Antonio Vargas Vega, la cual se incorporó a la Universidad Nacional de los Estados Unidos de Colombia en 1867. En 1873 ese mismo gremio médico fundó la Sociedad de Medicina y Ciencias Naturales de Bogotá, cuyo interés era el de crear una medicina colombiana y una higiene pública propia basada en la francesa (Quevedo V. et al., 2004: 58-59).

de la Universidad Nacional y miembro de la Sociedad de Medicina y Ciencias Naturales de Bogotá.

Desde estos cargos, organizó, en 1884, el viaje del veterinario francés Claude Vericel, poseedor de actualizada formación pasteuriana para investigar una epidemia del ganado vacuno de la sabana de Bogotá. Michelsen Uribe se encargó luego de vincular a Vericel al Instituto Nacional de Agricultura, en donde abrió una escuela de veterinaria, en la cual enseñó por primera vez, de manera sistemática, la nueva ciencia de la bacteriología. Allí se formaron los primeros veterinarios, conocedores de la bacteriología, entre ellos, Federico Lleras Acosta y Jorge Lleras Parra (Cáceres, 1992: 88; Román, 1997: 59-84).

A pesar de la conferencia de Michelsen Uribe sobre el método experimental, la concepción miasmática seguiría siendo hegemónica por un buen tiempo más. Esto se hizo patente en el enfoque y el manejo que se le dio a la epidemia de fiebres que se presentó en Cúcuta al año siguiente. Según Luís Cuervo Márquez, en su trabajo publicado ocho años después, esta epidemia fue reconocida como de fiebre amarilla por el médico Elías Estrada, conocedor del cuadro clínico de esta enfermedad gracias a que ya había presenciado epidemias de fiebre amarilla en las Antillas y en Maracaibo. Si bien algunos médicos cucuteños aceptaron que esta enfermedad era contagiosa[16] y era importada del puerto de Maracaibo, gracias al activo comercio entre las dos ciudades, facilitado por el recién construido ferrocarril que comunicaba Puerto Villamizar con Cúcuta, buena parte de los pobladores de la ciudad, incluyendo a algunos médicos, recurrieron a las concepciones miasmáticas, defendiendo su origen infeccioso.[17] Algunos pensaban que las más de mil bestias y de dos mil individuos sepultados por el terremoto de 1875 continuaban produciendo emanaciones pútridas (miasmas) que causaron la epidemia. Otros consideraban que la enfermedad se debió al predominio en ese año de los vientos del norte, que venían de las montañas del río Catatumbo, atravesando los climas malsanos de las localidades aledañas. Y, finalmente, otros atribuyeron el brote epidémico a la remoción de las tierras debidas a los trabajos del recién construido ferrocarril (Cuervo Márquez, 1891a: 41-46). Los comerciantes de la ciudad defendieron el origen infeccioso,

---

16 En la teoría miasmática se entienden como 'contagiosas' aquellas enfermedades en las que el miasma productor de la enfermedad se transmite de persona a persona.

17 En dicha teoría miasmática se entienden como 'infecciosas' aquellas enfermedades en las que el miasma productor de la enfermedad se adquiere del entorno.

enfrentando las recomendaciones originadas en las ideas contagionistas de los médicos. Cuervo Márquez insinuaba que, además del terror a la enfermedad, existieron motivaciones de índole económica, entiéndase "el interés comercial", en la base de esta confrontación (Cuervo Márquez, 1891b). No obstante, estos debates no parecieron afectar al pensamiento médico dominante sobre la fiebre amarilla de la época.

Paralelamente, después de la conferencia de Michelsen Uribe, los redactores de la *Revista Médica de Bogotá* presentaron al público nuevas informaciones sobre los descubrimientos bacteriológicos relacionados, en este caso, con la etiología de la fiebre amarilla.

Figura 6. Carlos Michelsen Uribe

Fuente: retrato ubicado en la oficina de la División de Patrimonio de la Universidad del Rosario.

Las fiebres del Magdalena y la teoría bacteriológica

Mientras las noticias sobre las teorías bacteriológicas llegaban al país, el debate sobre las fiebres del Magdalena, su causa y su posible relación con la fiebre amarilla revivió a mediados de 1880. En 1886, Gabriel Castañeda publicó en la *Revista Médica de Bogotá* un extracto sobre los trabajos de Carmona y Valle en México, quien le adjudicaba al hongo *Peronospora lutea* la etiología de esta enfermedad.[18] Carmona informaba que dicho hongo solo se encontraba en la orina, sangre y órganos de las personas enfermas. En su opinión, en esta enfermedad se disminuía la excreción de urea y esto la diferenciaba de otras fiebres. Igualmente, relataba sobre las inoculaciones de orina que estaba haciendo, inyectando las zoosporas de la fiebre amarilla en el brazo izquierdo vía subcutánea, aplicando los residuos de orina (donde se encontraba el microorganismo), como método preventivo para la enfermedad.

Por su parte, Cuervo Márquez, médico graduado de la Universidad Nacional en 1884, quien ejercía en Cúcuta, publicó en 1886 un trabajo sobre las fiebres del Magdalena destacando la controversia existente en el momento con relación a este tipo de fiebres, ya que unos las interpretaban como palúdicas y otros no veían en ellas sino la influencia amarílica. Si bien estaba convencido de que la fiebre amarilla era causada por miasmas, conocía las teorías de Carmona y Valle, Domingos Freire y Gama Lobo, en las que vio argumentos a favor de una causa química de las fiebres, debido a sustancias generadas por dichos microorganismos (Cuervo Márquez, 1886a: 121-124). Esto deja entrever un sincretismo entre la concepción miasmática y los nuevos elementos de la bacteriología.

Cuervo Márquez creía que las fiebres del Magdalena se habían comportado como una epidemia importada que había venido ascendiendo por las márgenes del Magdalena desde Mompox y Honda en 1856, posiblemente transportada en un barco que traía mercancías de Nueva York, y que había llegado hasta Neiva en 1881. De allí había pasado hasta Ambalema y Guaduas en 1857, dirigiéndose a Girardot en 1865 y Peñaliza en 1866. Los últimos coletazos de la epidemia se presentaron en Espinal entre 1870 y 1873, en Honda en 1879 y en Guaduas en 1880. Cuervo Márquez afirmaba además que, desde estos sitios la epidemia continuó extendiéndose a otros lugares, como Tocaima en 1884, regresando nuevamente a Guaduas en 1885. Por lo tanto, criticaba a los autores anteriores, quienes creían que la fiebre amarilla era una fiebre perniciosa amarilla. Más importante aún, consideraba que las fiebres del Magdalena no eran producidas por miasmas locales de origen palúdico, pues las condiciones pantanosas locales no se

[18] Se trata del libro *Leçons sur l'etiologie et la prophylaxie de la fièvre jaune,* publicado en México, en 1885 (Carmona y Valle, 1885). Dicha obra recoge lo planteado por Carmona y Valle en unas publicaciones previas realizadas en la *Gaceta Médica de México* y en la revista *Escuela de Medicina de la Ciudad de México* (Carmona y Valle, 1881a; Carmona y Valle, 1881b).

habían modificado, y, por ende, la enfermedad tenía que ser importada (Cuervo Márquez, 1886b: 185). Igualmente, propuso que habrían dos tipos de fiebres: las palúdicas, también llamadas palustres o telúricas, que eran producidas por la malaria, y se dividían en intermitentes y remitentes, las que a su vez podían ser simples o perniciosas; y las segundas, que eran las no palustres, en las que incluyó las eruptivas y las tifoideas y la fiebre amarilla (Cuervo Márquez, 1886c: 232).

A raíz de unas epidemias de fiebre en Cúcuta en 1887, el Ministro de Fomento envió a la Sociedad de Medicina y Ciencias Naturales un ejemplar del libro de Carmona y Valle (Carmona y Valle, 1885) y para que la Sociedad emitiera descripciones claras y al alcance del mayor número de personas acerca de los métodos preventivos y curativos para ser divulgados a través del *Diario Oficial*. Al poco tiempo, las epidemias de Cúcuta generaron una discusión e intervención de la Junta Central de Higiene en el asunto de las inoculaciones experimentales que estaban realizando médicos de la región (Sociedad de Medicina y Ciencias Naturales de Bogotá, 1887c: 465-466). En esta ciudad, el médico del hospital militar, Julio Uricoechea, estaba inoculado pacientes (Sociedad de Medicina y Ciencias Naturales de Bogotá, 1887c: 466) siguiendo el método de Carmona y Valle (Sociedad de Medicina y Ciencias Naturales de Bogotá, 1887b: 514-515). Si bien no tenía un microscopio adecuado, indicó que vio gérmenes parecidos a los de la fiebre amarilla. Inoculó 279 personas, asegurando que ninguna persona había padecido de fiebre amarilla y que juzgaba buena la inoculación profiláctica porque no había tenido resultados negativos (Sociedad de Medicina y Ciencias Naturales de Bogotá, 1887b: 516).

Castañeda presentó a la Sociedad un informe sobre la obra de Carmona y Valle en el cual se refirió también a las inoculaciones realizadas en Cúcuta. Revisaba cuidadosamente todos los argumentos del libro de Carmona y Valle y, basado en los trabajos de Pasteur, de Koch y en los de Ponce de León y Paliza, realizados en Culiacán (México), cuestionaba sus conclusiones y recomendaba suspender las inoculaciones, pues no tenían una base científica clara. Igualmente, recomendaba, en primer lugar, que la Junta Central de Higiene nombrase a un médico ilustrado para que estudiara la epidemia de Cúcuta y otro para que hiciese lo mismo con las del Magdalena; en segundo lugar, que se explicara al ministro de Fomento que la obra de Carmona contenía datos importantes sobre la etiología y profilaxis de la fiebre amarilla, pero que las teorías del autor y las inoculaciones preventivas que aconsejaba requerían aún de una confirmación científica; en tercer lugar, que se entregaran informes mensuales y detallados del estado sanitario de los soldados que habían sido inoculados en Cúcuta; y, finalmente, que, mientras tanto, se continuara con las medidas tradicionales de control ambiental que hasta el momento se habían venido utilizando para la prevención y manejo de las enfermedades (Castañeda, 1887: 530-543).

Luis Cuervo Márquez, que se encontraba entonces en Cúcuta, informaba que los médicos de la ciudad reconocían que la fiebre era de naturaleza amarílica y que creían que la inoculación era una medida profiláctica segura. Pero él realizó exámenes microscópicos del líquido que se inoculaba y no encontró nada que se pareciera a la *Peronospora lutea* o al *Cryptococcus xantogenicus* (Cuervo Márquez, 1887 [Cúcuta, marzo 29 y abril 14 de 1887]: 575-577). Así mismo, informó que tuvo la oportunidad de examinar el líquido que el mismo Carmona y Valle aplicaba, no encontrando tales agentes. Por último, tal y como había hecho Castañeda, no recomendó las inoculaciones (Cuervo Márquez, 1887: 577-579).

Siguiendo las recomendaciones de Castañeda y Cuervo Márquez, la Sociedad de Medicina y Ciencias Naturales de Bogotá concluyó que, dado que no había acuerdo sobre la causa de la fiebre amarilla, que no era seguro que la epidemia de Cúcuta fuera de fiebre amarilla y considerando las quejas de que las inoculaciones no funcionaban, recomendó al gobierno que prohibiera las inoculaciones (Sociedad de Medicina y Ciencias Naturales de Bogotá, 1887a: 594-595). La Junta Central de Higiene también aprobó ordenar la suspensión de las inoculaciones (Junta Central de Higiene, J., 1887: 32-33) y el Ministerio de Gobierno, apoyándose en las recomendaciones de la Junta, ordenó prohibir las inoculaciones por resolución del 15 de mayo, publicada en el N° 7050 del *Diario Oficial* (no obstante, atendiendo a la solicitud firmada por 'personas respetables' de Cúcuta, se ordenó suspender los efectos de tal resolución).

A similares conclusiones llegó Félix M. Hernández, quien había sido enviado a México por la Junta de Sanidad de San José de Cúcuta para estudiar las inoculaciones de Carmona y Valle (Hernández, 1887a: 69-72; Hernández, 1887b: 707-711). Por una parte, decía que quienes habían avalado las inoculaciones no eran personas autorizadas y, por otra, que las teorías de Carmona ya habían sido rechazadas por la Academia de Medicina de México. Así mismo, expresaba su desconfianza por los informes de Uricoechea y se felicitaba por el hecho de que no muchas personas habían podido pagar los 10 pesos que cobraban por ellas, pues, de lo contrario, habrían sido muchos más los muertos. Consideraba que sin duda la opinión de Cuervo Márquez, adversa a las inoculaciones, impidió que muchas personas hubieran incurrido en semejante calamidad. No obstante, afirmó que la epidemia de Cúcuta sí era de fiebre amarilla, aunque abundaran otras muchas clases de fiebres en la región.

Los trabajos de Cuervo Márquez y Félix Hernández, así como el informe de Castañeda y sus conclusiones y la proposición aprobada, fueron dejando cada vez más en claro que los miembros de la Sociedad de Medicina y Ciencias Naturales y los de la Junta Central de Higiene, desde una posición, cada vez más ligada a la teoría microbiana, dudaban de que las epidemias febriles que se estaban presentando en el país fueran de fiebre amarilla, con excepción de Félix Hernández. Así, se oponían a utilizar métodos que no hubieran pasado por una comprobación científica clara y exhortaban a continuar desarrollando investigaciones sobre el asunto, estimulando a su vez al gobierno para que actuase en concordancia con las exigencias de la Sociedad de Medicina y Ciencias Naturales.

Desde mediados del siglo se había venido conformando una élite médica en Bogotá que, con la idea de consolidar un cuerpo médico nacional y crear una patología y una geografía médica colombiana, giraba en torno de la nueva Facultad de Medicina de la Universidad Nacional, la Sociedad de Medicina y Ciencias Naturales y la *Revista Médica de Bogotá,* instituciones que les servían de instrumentos para lograr sus fines. Todo este proceso deja ver claramente la manera como un sector del cuerpo médico, los higienistas, participaban en el campo de la lucha contra la fiebre amarilla y cómo habían comenzado a adoptar las actitudes resultantes de las propuestas bacteriológicas. Al mismo tiempo, y como consecuencia de esto, también se hace patente la forma en que ellos se fueron configurando no solo en actores de un campo científico, sino también en sujetos políticos dentro de dicho campo, pues las mismas personas actuaban en ambos lados de la cadena: eran simultáneamente profesores de la facultad, miembros de la Sociedad y de la Junta Central de Higiene. Pero no eran solo eso. Estos higienistas eran a su vez miembros de una élite social que detentaba el poder político en el país y que, a través de esos posicionamientos, imponía su hegemonía en un campo específico, el de la salud, apropiándose del conocimiento sobre la enfermedad y de la capacidad de acción política que este generaba, a través de aparatos ideológicos del Estado, como la Facultad de Medicina y la Sociedad de Medicina y Ciencias Naturales, y de aparatos políticos del Estado, como la Junta Central de Higiene.

Esta actitud hegemónica, sustentada y justificada desde unas nociones médicas social e históricamente construidas en el encuentro sincrético entre la vieja teoría miasmática y las nuevas ideas bacteriológicas, y que condujo a una 'bacteriologización de la higiene pública', desencadenaba reacciones de resistencia por parte de los grupos locales, como en Cúcuta, afectados por las acciones políticas implementadas desde el centro, es decir, desde Bogotá. Ciertamente, el cuerpo médico local cucuteño se oponía a suspender las inoculaciones alegando su efectividad. Así, el campo de la lucha contra la fiebre amarilla, que hasta ese momento se había comportado en Colombia como un campo científico, comenzaba entonces a funcionar también como un campo político y el cuerpo médico a configurarse como el principal actor sociopolítico dentro del campo. Sus miembros discutían y tomaban posiciones con relación a las concepciones vigentes y emergentes, evaluaban las investigaciones puestas en marcha y regulaban los procesos de intervención sobre la enfermedad, a través de los organismos del Estado dominados por ellos.

La centralización de las políticas de higiene pública en Colombia

Simultáneamente a las discusiones arriba descritas sobre la naturaleza de la fiebre amarilla, el gobierno nacional comenzó a tomar decisiones en la vía de centralizar las políticas y acciones de higiene, incluidas las que se implementaron frente a posibles epidemias como la fiebre amarilla. Así, en 1886 se creó la Junta Central de Higiene y, como dependientes de ella, las juntas departamentales de higiene. Las razones y las negociaciones que condujeron al gobierno de la Regeneración a formular dicha política, como se ha mostrado en algunos de nuestros trabajos más recientes, tuvieron que ver con las tendencias centralizadoras y autoritarias que caracterizaron a dicho régimen, compartidas por un grupo de higienistas pertenecientes a la Sociedad de Medicina y Ciencias Naturales de Bogotá. Entre ellos se contaba Nicolás Osorio, adalid del proyecto y quien contactó a Nicanor Insignares, médico barranquillero y miembro de la Asamblea Constituyente, para que presentara el proyecto ante esta corporación (Quevedo, Hernández & Miranda C., 1993: 173-177; Quevedo V. et al., 2004: 63-71; Quevedo V. et al., 2010: 146-149).

Este esfuerzo centralizador en materia de higiene coincide con el proceso de ajuste de los servicios de salud de otros países latinoamericanos analizado por Juan César García. Según él, entre 1880 y 1930, estos países modificaron sus servicios de salud y crearon organismos centrales de higiene para acomodarse a las necesidades de una producción capitalista destinada al mercado exterior. Se trataba de una respuesta de las burguesías agroexportadoras nacionales a la urgencia de mantener relaciones comerciales estables ante las amenazas de clausura de puertos y cuarentenas motivadas por epidemias como el cólera, la peste y la fiebre amarilla (García, J. C., 1994 [1982]: 95).

Efectivamente, esta preocupación por el comercio internacional y la sanidad portuaria no era ajena a nuestro país. La élite decimonónica colombiana había decidido desde mediados de siglo que la mejor vía para el progreso económico y el avance en el sentido de la 'civilización' era la exportación de materias primas hacia los países en vías de industrialización. De orientación librecambista, esta élite, que dominó el Estado entre 1850 y 1878 —período conocido como del radicalismo liberal—, estimuló la producción y exportación de tabaco e interpretó el *boom* exportador de 1845 a 1869 como la demostración más clara del éxito del postulado liberal. Por lo tanto, no era extraño que, frente a la epidemia de cólera que atacó al país en 1850 y por presión del gobierno inglés, el Estado colombiano emitiera una ley ese mismo año por la que se eliminaban las cuarentenas (Borrero Mancilla, 1985).

La preocupación por el comercio internacional durante la Regeneración, en el gobierno de Rafael Núñez, se expresó en la Ley 48 del 9 de junio de 1881, por la cual se autorizaba al poder ejecutivo para restablecer las cuarentenas y para reorganizar el servicio de sanidad en los puertos (República de Colombia, 1950: 62). La amenaza del cólera, de la peste y de la fiebre amarilla, que aún seguían rondando por las costas americanas, invirtió esta vez la fórmula de los liberales de medio siglo: el ejecutivo quedaba ahora libre de restablecer las cuarentenas.

El liberalismo conservador nuñista, que matizaba considerablemente los excesos librecambistas de quienes habían dominado al país desde la mitad del siglo, tiñéndolos de un incipiente proteccionismo, quizá contribuya a explicar la decisión de proteger las costas colombianas. Pero tal vez fue decisiva también la V Conferencia Sanitaria Internacional que se celebró por primera vez en América a comienzos de 1881. Los Estados Unidos, quienes invitaron a las naciones europeas a celebrar en Washington el quinto encuentro de este tipo que los europeos venían realizando desde 1851, querían "instituir un sistema internacional de notificación sobre la situación sanitaria de los puertos" luego de que en 1878 el valle del río Mississippi se viera afectado por una epidemia grave de fiebre amarilla que se había propagado desde el sur de América a comienzos de los setenta (Organización Panamericana de la Salud, 1992: 382).

Aunque el delegado colombiano, Pío Rengifo, llegó tarde a la reunión, firmó *ad referendum* el acuerdo internacional. A partir de ese momento Colombia comenzó a acoger "los acuerdos internacionales de salud, hecho que le dio una nueva dimensión a la participación del Estado en el campo de la salud, debido a los compromisos adquiridos" (Quevedo V. et al., 2004: 62). Por esto, es posible suponer que el gobierno de Núñez estaba al tanto de los movimientos de la emergente potencia mundial y respondió al llamado de atención sobre las cuestiones de sanidad portuaria.

Comoquiera que haya sido, para producir el decreto que reglamentara la ley sobre cuarentenas, Núñez solicitó a la Sociedad, en septiembre de 1881, a través del Secretario de Gobierno, un informe sobre la cuestión de las cuarentenas y medidas de higiene de los puertos del país. En concreto, quería saber si era o no conveniente para la nación restablecer las cuarentenas en los puertos y, si lo era, cuánto tiempo tomaría la desinfección de personas y mercancías, y, finalmente, las medidas que debía adoptar el gobierno para hacer efectivas las disposiciones sanitarias que se dictasen (Calderón, 1881: 342-343).

Manuel Plata Azuero (1823-1889) fue comisionado por la Sociedad para que presentara un proyecto de resolución que sería presentado al gobierno. Plata Azuero diseñó un documento en el que tomó en consideración, según él mismo, tanto lo que recomendaban los libros, las condiciones civiles y políticas del país, así como "las exigencias de nuestro comercio cuyos intereses van estrechamente relacionados con este asunto" (Sociedad de Medicina y Ciencias Naturales de Bogotá, 1881b: 341). La Sociedad informó a la Secretaría de Gobierno que era conveniente y necesario establecer cuarentenas en los puertos en épocas en que reinaran epidemias de cólera morbus, peste, fiebre tifoidea, fiebre amarilla, viruela "u otra afección epidémica contagiosa". Igualmente, indicó los criterios bajo los cuales se deberían establecer cuarentenas, los días que deberían aislarse barcos, personas y mercancías, así como algunas instrucciones sobre la infraestructura que debía establecerse en los puertos.

Para la Sociedad, la única manera de hacer eficaz cualquier disposición sanitaria era celebrar tratados públicos con las naciones con las que el país mantenía relaciones comerciales. Para el momento, los referentes seguían siendo los principios consignados en la convención internacional acordada entre Francia y el resto de Europa el 3 de febrero de 1852, proclamados en la Convención Científica Internacional de París de 1851 y desarrollados en el decreto reglamentario del gobierno francés del 4 de julio de 1853, a propósito de una convención que esta nación estableció con Cerdeña (Gómez, P., 1881: 344-348). Todavía no había iniciado la era de las conferencias sanitarias panamericanas.

La preocupación del primer gobierno de Núñez por la sanidad portuaria y la sugerencia de la Sociedad de que el Estado colombiano debiera buscar acuerdos internacionales para abordar ese asunto son antecedentes de la política de centralización de las acciones de higiene pública que fue posible en el marco de la reforma constitucional que Núñez impulsó en 1886. El salto político que permitió el cambio constitucional podría resumirse en términos de Marcos Palacios: sin renunciar a los legados del período anterior, en los que se rompió con los vestigios del orden colonial, los regeneracionistas y Núñez en particular buscaron atraerse sectores del partido conservador cambiando el tono en las cuestiones religiosas y concluyendo que era un elemento clave de integración cultural y de cohesión social (Palacios & Safford, 2002: 456-457).

Las amenazas de los liberales radicales y las revueltas de 1885 abrieron paso a un nuevo modelo de organización estatal y a una segunda fase de la regeneración. En septiembre de 1885, el gobierno convocó un consejo de delegatarios por cada Estado, designados por los presidentes de los Estados, que se reunió en noviembre cuando se reeligió a Núñez presidente por seis años y se expidió la constitución centralista y presidencialista (Palacios & Safford, 2002: 458). Esta reforma, que tuvo como modelo el equilibrio entre liberalismo y conservatismo de la monarquía constitucional británica de ese momento estudiada cuidadosamente por Núñez[19] (de ahí su lema "Libertad y orden" plasmado en el escudo de la República de Colombia), se convirtió en el marco legal para que el grupo de higienistas conservadores afiliados a la Sociedad de Medicina y Ciencias Naturales propusiera al gobierno la creación de la Junta Central de Higiene, hecho que se materializó por la Ley 30 de junio de 1886 (Quevedo V. et al., 2010: 128-129).

Como hemos señalado en trabajos anteriores, la Junta tenía carácter consultivo, pero dictaba a su arbitrio acuerdos y reglamentaciones de forzoso cumplimiento. La Junta Central trabajaba como lo hacía la Sociedad, sin una visión político-administrativa clara de su labor; no manejaba presupuesto ni tenía fuero para hacer cumplir las normas que dictaba y su actividad no estuvo destinada a promover grandes transformaciones higiénicas, sino una modesta pero constante regulación de aspectos particulares puestos a su consideración (Quevedo V. et al., 2004: 66).

[19] Ver al respecto varios de sus artículos sobre Inglaterra escritos mientras estaba en Europa y compilados en la obra *Ensayos de crítica social* (Núñez, 1994 [1874]).

De acuerdo con Juan Cesar García, la creación en Latinoamérica de unidades burocráticas en lugar de cuerpos colegiados para el manejo de la higiene, con cierta responsabilidad ejecutiva y no solo consultiva, y con algunas atribuciones que antes estaban en el poder local, se corresponde con la principal preocupación de un Estado liberal oligárquico: la sanidad. Estado liberal, porque, según García, los países de la región adoptaron la teoría liberal del Estado (que para el caso colombiano se mantuvo, a pesar del conservadurismo del partido en el poder durante la Regeneración); y oligárquico, porque el gobierno era manejado por un grupo de latifundistas, burguesía compradora y representantes del capital monopólico que no superaban los intereses económicos de su grupo para abarcar los de los grupos subordinados, y por el rasgo autoritario del Estado derivado de la falta de consenso social. Conforme con García, este Estado oligárquico-liberal que representaba a la 'burguesía' capitalista incorporó algunas actividades médicas relacionadas con sus intereses económicos: la beneficencia pública, para la atención médica, y la sanidad portuaria (García, J. C., 1994 [1982]: 99-100).

La Junta Central de Higiene sería la concreción de esta política en Colombia, convirtiéndose en el vehículo estatal para enfrentar los obstáculos que pudieran representar las epidemias al comercio internacional. La principal amenaza exterior a la sanidad portuaria en la década de los ochenta recaía directamente en el cólera e indirectamente en la fiebre amarilla. En 1888, el gobierno de Perú se dirigió al gobierno colombiano solicitando la adhesión a los reglamentos adoptados en el Congreso Sanitario Internacional de Lima, al que asistieron representantes de Bolivia, Chile, Ecuador y Perú (Junta Central de Higiene, 1889b: 433-434).

En dichos reglamentos se declaraban como enfermedades pestilenciales exóticas la fiebre amarilla, el cólera asiático y la peste oriental (Junta Central de Higiene, 1889a: 495). Estudiado el asunto por la Junta Central de Higiene, en particular por Nicolás Osorio, dicha Junta recomendó la adhesión al proyecto de esta convención, excepto en lo relativo a la clausura de puertos (Saá, 1890: 331). Si bien la tendencia del gobierno central, con apoyo de la Junta Central de Higiene, era la de establecer cuarentenas, los gobiernos locales de Bolívar, Cauca y Panamá dictaron decretos para clausurar los puertos por el pánico causado entre la población (Holguín, 1888: 64).

Por lo tanto, las intenciones y pronunciamientos de la Junta Central de Higiene con relación a la sanidad portuaria en las dos últimas décadas del siglo XIX estuvieron motivados solo indirectamente por la fiebre amarilla, ya que la amenaza principal seguía siendo el cólera. Además, sus propuestas sobre cuarentenas y lazaretos en puertos no tuvieron impacto duradero. Tal vez, como ha indicado Juan César García, respecto a estos primeros pasos de la sanidad estatal en América Latina, el carácter colegiado de estos primeros órganos, su precariedad económica y las tensiones con los poderes municipales de las ciudades puertos, hicieron de estas juntas organismos inoperantes e incapaces de resolver los problemas de salud generados por la ampliación del comercio internacional al que se habían integrado los países de América Latina. También los habría hecho incapaces de tomar las decisiones rápidas que requería el peligro de las epidemias que interrumpían el comercio internacional (García, J. C., 1994 [1982]: 101).

El campo específico de la fiebre amarilla, a diferencia del campo de la higiene pública, seguía siendo pues hasta ese momento en Colombia un espacio de lucha científica en donde los agentes batallaban por imponer una u otra teoría etiológica de la enfermedad y unas medidas terapéuticas y de higiene, pero aún no se había consolidado como campo de lucha política, ya que la insignificancia epidemiológica de la enfermedad no lo exigía. El principal actor en el campo seguía siendo una élite de higienistas perteneciente al cuerpo médico.

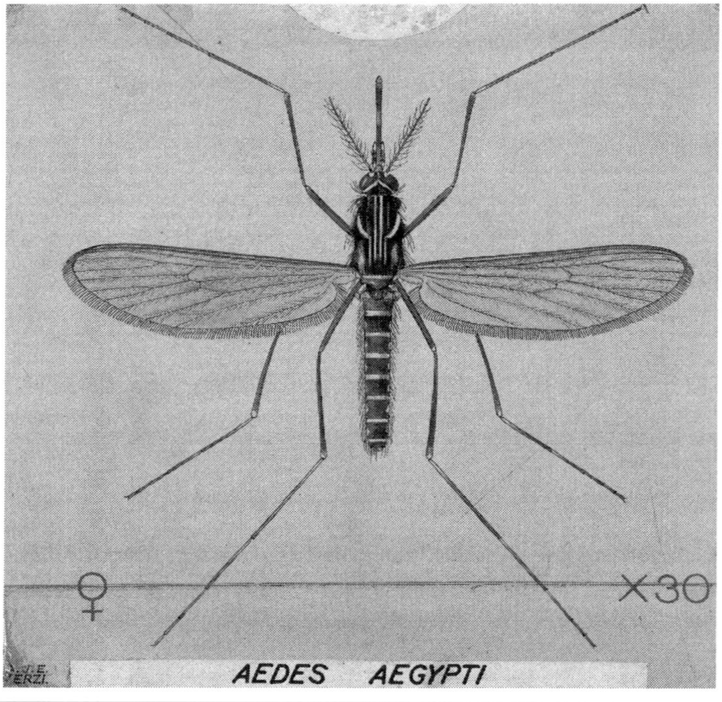

Figura 7. ***Aedes aegypti,*** **mosquito transmisor de la fiebre amarilla urbana** hembra

Fuente: Original dibujado por Amedeo John Engel (1872-1956).
Wellcome Library n.º 41477i.

Capítulo II
Teoría microbiana y teoría del mosquito en la fiebre amarilla, 1900-1906

Si llegase a comprobarse que la inoculación por el mosquito [...]
es el medio general por el cual la enfermedad se propaga [...]
tendríamos en nuestras manos los medios de evitar [...]
la extensión de la enfermedad.
FINLAY, 1965c [1881]: 260-261

Carlos Juan Finlay y la fiebre amarilla

Mientras la élite médica bogotana consolidaba su posición científico-política en el campo de la lucha contra la fiebre amarilla en el país, y comenzaba a convertir la teoría microbiana en la teoría hegemónica sobre la enfermedad, se estaba gestando un cambio en la concepción etiológica de la fiebre amarilla en el ámbito internacional, desde 1881. Como ya mencionamos atrás al hablar de la visita de la Comisión Chaillé a Cuba, el médico cubano-español Carlos Juan Finlay había realizado una serie de experimentos en 1858 que lo llevaron a proponer la teoría de que la alcalinidad de la atmósfera de La Habana era la responsable de la causa de la fiebre amarilla (Finlay, 1965 [1865]). Finlay volvió a reafirmar su teoría en su trabajo de ingreso como académico de número de la Academia de Ciencias de La Habana en 1872 (Finlay, 1965 [1872]) y en una pequeña nota complementaria a dicho trabajo enviada a la misma Academia en 1873 (Finlay, 1965 [1873]). Igualmente, cuando la Comisión Chaillé viajó a La Habana en 1879 e intentó fallidamente hallar la causa de la enfermedad amarilla desde una postura bacteriológica, Finlay insistió en su teoría de la alcalinidad y la Comisión terminó aceptándola como posible.

Pero, a finales de 1880, Finlay comenzó a dar un viraje en su explicación etiológica de la fiebre amarilla de las Antillas. Desde ese momento en adelante, este médico sostuvo que la enfermedad amaril era transmitida por un mosquito, el *Stegomyia fasciata,* que, según sus observaciones, era habitante de las regiones donde se presentaba esta enfermedad. Según Françoise Delaporte, ese giro teórico de Finlay se debió a que el médico cubano leyó, aunque no lo dijese, el artículo publicado por Cobbold el 12 de enero de 1878 en la revista médica inglesa *The Lancet,* en el cual hablaba de los descubrimientos de Patrick Manson en Amoy (China) sobre el papel que jugaba un mosquito como huésped intermediario de la *Filaria sanguinis hominis,* parásito productor de la elefantiasis. Efectivamente, desde 1877, Patrick Manson, médico británico que trabajaba en Amoy, había postulado la teoría de que el mosquito, al picar al paciente enfermo, extraía la *Filaria* del torrente sanguíneo y luego iba a morir en los lagos, durante el desove. Allí, las personas se contaminaban con las *Filarias* al tomar el agua (Worboys, 1976).[1]

De acuerdo con Delaporte, un ejemplar de la revista había llegado a Cuba en febrero de ese mismo año y *The Lancet* era una de las principales fuentes de información del propio Finlay. Este, siguiendo a Manson, formuló la teoría de que el mosquito *Stegomyia fasciata* podría ser el agente vector de la fiebre amarilla (Delaporte, 1989: 46). Esta teoría fue presentada por primera vez por Finlay en la sesión del 18 de febrero de la V Conferencia Sanitaria Internacional, celebrada en Washington en 1881. Pero la teoría fue expuesta allí de una manera relativamente críptica, pues, aunque se mencionaba la necesidad de la presencia de un agente externo que transmitiese la enfermedad del individuo enfermo al hombre sano, no se mencionó al mosquito para nada (Finlay, 1965a [1881]: 195). La propuesta no fue aceptada por los asistentes a la Conferencia (V Conferencia Sanitaria Internacional, 1965 [1881]: 198-222).

Luego, más tarde, ese mismo año, Finlay volvió a presentar su teoría ya de manera explícita ante la Real Academia de Ciencias Médicas, Físicas y Naturales de La Habana, en su sesión del 14 de agosto. El trabajo presentado se tituló "El mosquito hipotéticamente considerado como agente de transmisión de la fiebre amarilla" y en él afirmaba que

---

1 Esta teoría se modificó después de que Ronald Ross descubrió el ciclo completo del parásito de la malaria en el mosquito *Anopheles.*

> teniendo en cuenta que la fiebre amarilla está caracterizada clínica e histológicamente por lesiones vasculares y alteraciones físico-químicas de la sangre, parecía natural buscar el insecto que hubiera de llevar las partículas infectantes del enfermo al hombre sano entre aquellos que penetran hasta el interior de los vasos sanguíneos para chupar la sangre humana [...] llegué a preguntarme si no sería el mosquito el que transmite la fiebre amarilla. (Finlay, 1965b [1881]: 248)

Según el trabajo de Finlay, las tres condiciones necesarias para la propagación de la fiebre amarilla eran la existencia de un paciente con fiebre amarilla, en cuyos capilares el mosquito pudiera insertar sus lancetas e impregnarse con sus partículas virulentas durante un período adecuado de la enfermedad; la prolongación de la vida del mosquito desde que pica al paciente hasta que vuelve a picar, produciendo la enfermedad; y, por último, la coincidencia de que uno de los individuos picados por el mosquito sea susceptible de contraer la enfermedad (Finlay, 1965b [1881]: 258).

Esta teoría, que pretendía echar por tierra la explicación miasmática, no fue aceptada en un principio por los investigadores cubanos, con unas pocas excepciones, ni por los políticos locales. Finlay publicó también un artículo en inglés en 1886 (Finlay, 1886),[2] que no produjo ningún impacto a pesar de su circulación en los Estados Unidos. Este es un primer síntoma de la asimetría en las relaciones de poder entre los científicos metropolitanos y los de países periféricos. La teoría bacteriana de la enfermedad era hegemónica en ese momento en la higiene pública norteamericana y la explicación del mosquito no encuadraba en dicha teoría, y, por lo tanto, fue ignorada por los especialistas en el tema. La discusión bacteriológica en torno a la etiología de la fiebre amarilla continuó dándose. Desde 1881, Finlay había descrito esporas de hongos en los aguijones de los mosquitos y estaba proponiendo que tales hongos podrían ser los responsables de la etiología de la enfermedad, en la medida en que los mosquitos los extraían de los pacientes enfermos y los inoculaban a las personas sanas.

[2] Se trata del artículo "Yellow fever, its transmission by means of the Culex mosquito", publicado en *The American Journal of the Medical Sciences,* de Filadelfia (antes *Philadelphia Journal of the Medical and Physical Sciences,* fundado en 1820) y reproducido en el tomo I de las *Obras completas* de Finlay (Finlay, 1965 [1886]).

En Colombia, las ideas de Finlay fueron recibidas con escepticismo. La primera referencia al asunto la hizo Proto Gómez en un trabajo titulado "Los mosquitos y la fiebre amarilla" de 1887 (Gómez, P., 1887). Gómez describió las características y los comportamientos del mosquito *Culex*, los experimentos realizados por Finlay, que concluían que la fiebre amarilla tenía un límite para el desarrollo y transmisión, según la vida del mosquito: "Temperatura 60° á 90° y una altura menor de 3 á 4000 pies" (Gómez, P., 1887: 656), y que el aguijón del mosquito *Culex* era el que cargaba las esporas de la fiebre amarilla, las que se multiplicaban en su interior y, al picar, contagiaban a las personas sanas. El médico colombiano tomó explícita distancia de las afirmaciones de Finlay y simplemente dejó a la voluntad de los médicos nacionales la exploración espontánea de esta teoría en las localidades del país en donde la enfermedad reinaba (Gómez, P., 1887: 659). Al igual que estaba ocurriendo en el resto del mundo, Gómez no confiaba mucho en la teoría del mosquito.

Figura 8. Carlos Juan Finlay, médico hispano-cubano que formuló la teoría del mosquito como transmisor de la fiebre amarilla en 1881.

Fuente: Wellcome Collection.

Teoría del mosquito y la bacteriologización de la fiebre amarilla

Paralelamente al desarrollo de la teoría del mosquito, los intentos por aclarar la etiología de esta enigmática enfermedad siguieron desarrollándose desde la teoría bacteriana, que encontraba cada vez más acogida entre los médicos colombianos. Una síntesis de esos desarrollos se publicó en la tesis de grado en Medicina de Daniel Gutiérrez Arango titulada "Los microorganismos de la fiebre amarilla" (1888). Gutiérrez hizo una revisión del conocimiento previo sobre la bacteriología de la fiebre amarilla, incluyendo lo señalado arriba sobre Carmona y Valle y Domingos Freire, así como referencias a los trabajos del francés Paul Gibier. Gutiérrez afirmó que dichos trabajos no eran concluyentes. También realizó un paralelo entre la fiebre amarilla y las fiebres del Magdalena, y, finalmente, discutió en torno al tratamiento de la fiebre amarilla (Gutiérrez Arango, 1888: 274-279; Gutiérrez Arango, 1889a: 307-311; Gutiérrez Arango, 1889b: 311-316). Gutiérrez Arango, junto con Gabriel Durán Borda y Proto Gómez, repitió algunos de los experimentos realizados por Carmona y terminó observando la *Peronospora lutea* en orinas de personas sanas, concluyendo así que el mencionado hongo no era específico de la fiebre amarilla y confirmando, según él, lo erróneo de las teorías de Carmona (Gutiérrez Arango, 1889b: 352-359).

Mientras tanto, los Estados Unidos ya estaban tomando parte en la polémica sobre el origen bacteriológico de la fiebre amarilla, polémica que también se divulgó en las revistas médicas colombianas. El gobierno de los Estados Unidos comisionó al general George Sternberg, médico y bacteriólogo del ejército norteamericano, para que se trasladara a México y a Brasil para estudiar los microorganismos propuestos por Manuel Carmona y Valle y Domingos Freire, respectivamente, como causantes de la fiebre amarilla. En su informe, Sternberg comentaba que después de serias y escrupulosas investigaciones, tanto en Veracruz como en Río de Janeiro, no había podido encontrar ninguno de los microbios señalados hasta el día (Sternberg, G., 1888: 159).

No obstante, la visión bacteriológica sobre la fiebre amarilla se consolidó en la década de 1890. En 1895 se publicó un nuevo informe del mismo Sternberg, quien se estaba convirtiendo en autoridad mundial sobre ese asunto, en el cual concluyó que, si bien el agente infeccioso de la fiebre amarilla no había sido demostrado aún, él estaba convencido del origen microorgánico de esta enfermedad. En su opinión, la enfermedad tenía un origen infeccioso y, por lo tanto, confería inmunidad (Sternberg, G., 1895b: 301-320).

Otro investigador que trabajó en esa dirección y que también influyó en las discusiones en Colombia fue Giuseppe Sanarelli, médico de Montevideo. Sanarelli indicó que, si bien no se conocía el agente etiológico de la fiebre amarilla, la mayor parte de los autores coincidían en que tenía asiento gástrico. Se destacaba el parecer de João Batista de Lacerda, quien consideraba que su localización principal era el estómago, en donde se suponía que el agente elaboraba una sustancia tóxica, que era absorbida por la sangre y que daba origen a los síntomas de la enfermedad. Sanarelli ilustraba que el hecho de no haberse identificado el agente luego de muchos intentos lo llevó a encaminarse en esta empresa. Sus primeras observaciones se realizaron en febrero de 1896 en el lazareto de la Isla de Flores del Río de la Plata, en donde se atendían algunos casos de fiebre amarilla de individuos procedentes de Río de Janeiro y de Santos. Allí llevó a cabo investigaciones clínicas, anatómicas y bacteriológicas por más de un mes. Tras la revisión de varios cadáveres víctimas del tifus icteroide, determinó en ellos la presencia de varias especies microbianas; hubo un caso en el que identificó no una mezcla de especies, sino una "relativa pureza" del microbio específico, al que denominó *bacilo icteroide,* basándose en la denominación de tifus icteroide que también se daba a la fiebre amarilla. Practicó once autopsias en las cuales afirmaba haber encontrado el *bacilo icteroide,* siempre asociado al colibacilo, estafilococo o al estreptococo, y que además, sostenía Sanarelli, el agente debería ser buscado en la sangre y en los tejidos y nunca en el tracto gastrointestinal. Igualmente, y gracias a las investigaciones microscópicas realizadas en cada uno de los órganos, se consideraban 'órganos blanco' de la fiebre amarilla al estómago, intestino delgado, intestino grueso y sangre, sin hacerse ningún hallazgo patológico destacado (Sanarelli, 1890: 57-62).

En Colombia, algunos médicos intentaron integrar la concepción bacteriológica de Sanarelli a las explicaciones de las epidemias de fiebre amarilla que habían ocurrido en la década de 1880. Es el caso de la tesis de grado en Medicina de Fructuoso V. Calderón (Calderón V., 1890), quien, al tiempo que indicó que la primera epidemia de Cúcuta de 1883 se debió a la exhumación del cadáver de una persona que vino infectada desde Maracaibo, y cuyos miasmas habrían contaminado el aire de la región, decía que la enfermedad era producida por el germen descrito por Sanarelli. Este germen habría sido importado por los buques. También afirmó que esa enfermedad atacaba a los individuos de tierras frías, quienes eran afectados con mayor gravedad y que quienes habían sufrido un episodio grave o leve, y habían sobrevivido, quedaban inmunes. Igualmente, observaba que la enfermedad se limitaba a la parte baja de la ciudad y que el contagio se producía en la noche. Esta condición la adjudicaba a las explicaciones de Sanarelli de que el bacilo no sobrevivía al sol ni a la falta de humedad durante el día.

La tesis de Fructuoso V. Calderón marcaba un momento significativo en las aproximaciones conceptuales a la fiebre amarilla desde la perspectiva bacteriológica en Colombia. En primer lugar, su autor reconocía públicamente el descubrimiento de Sanarelli, confiando plenamente en él. En segundo lugar, era una clara expresión local de filiación consciente a la teoría microbiana y de confianza en sus métodos experimentales, y dejaba abierta la posibilidad de que el propio método experimental confirmara o revaluara el conocimiento actual. Al respecto decía claramente que

> [...] si es cierto que un microorganismo debe considerarse como generador de una enfermedad cuando se comprueba su existencia, cuando se cultiva con éxito en medios diversos de cultivo artificial, cuando las inoculaciones hechas con este cultivo o con sus productos reproducen el cuadro sintomático de la entidad mórbida de que se trata, ¿qué otro microbio habrá recibido como el de Sanarelli tantas pruebas y contrapruebas de su existencia, de su identidad y su poder destructor contra la raza humana? [...] Esperamos que la experimentación, el tiempo y los sabios de América y Europa sancionen la realidad de estos últimos descubrimientos, que tanto llaman la atención o que demuestren su poco valor e insuficiencia y rectifiquen sus errores. (Calderón V., 1890: 57-58)

También Eduardo Urueta en su tesis de grado de Medicina sobre la fiebre amarilla presentada para la Facultad de Medicina de Bolívar creía que el *Bacilo icteroides* descrito por José Sanarelli era el agente específico de la fiebre amarilla, pues satisfacía toda la teoría bacteriana, los principios de la ciencia y los postulados de Koch (Urueta, 1899: 10-12). Así pues, la teoría bacteriológica de Sanarelli continuaba afianzándose en el país simultáneamente con la idea de que la fiebre amarilla estaba invadiendo el interior.

Si bien hacia 1900 la teoría microbiana dominaba ya las concepciones médicas colombianas sobre la fiebre amarilla, en el terreno de las políticas y prácticas para estudiarla y combatirla poco se había avanzado. En un nuevo trabajo publicado en 1900 sobre el tema, Nicolás Osorio recordaba entonces cómo la Junta Central de Higiene, comprendiendo la gravedad del asunto, había solicitado la cooperación del gobierno para que un profesor de bacteriología llevase a cabo dichos estudios, pero aclaraba que debido a la guerra[3] no había sido posible adelantar los estudios clínicos, anatomopatológicos y bacteriológicos. Resaltaba que la fiebre amarilla existía en nuestro país y que se había hecho endémica en muchas poblaciones de nuestro litoral,[4] e insistía en que la Junta Central de Higiene debía nombrar una comisión permanente que estudiara esta enfermedad desde todos los puntos de vista, incluyendo el estudio bacteriológico, por considerarlo de la mayor importancia. Dicha comisión debería estar compuesta por médicos y por un 'bacteriologista' bien formado y familiarizado con esta clase de estudios. Sin decir de quien hablaba, se refería a que ese 'bacteriologista' no debería ser Claude Vericel, pues dicho personaje estaba muy ocupado con la docencia y no tenía tiempo para desplazarse a estos lugares. Por lo tanto, debería pensarse en traer otro extranjero para que efectuara tal trabajo (Osorio, 1900: 596-597).

En un momento en que el país comenzaba a atravesar una de las peores guerras civiles de su historia, Nicolás Osorio cerraba su artículo con una arenga a los jóvenes que se estaban enrolando en las tropas de ambos bandos, instándolos a permanecer en las aulas y solicitándoles que no participaran en la contienda, apoyándose precisamente en una frase de Pasteur: "Sean cuales fueren vuestras carreras respectivas, no os dejéis contaminar por el escepticismo desgarrador y estéril; no os dejéis descorazonar por las tristezas de ciertas horas que pasan a veces sobre una nación. Vivid en la paz de los laboratorios y bibliotecas. Preguntaos primero ¿qué hice para instruirme?, y luego ¿qué hice para mi patria?" (Pasteur, citado por Osorio, 1900: 596-597).

Esto muestra la influencia que el modelo pasteuriano y bacteriológico había alcanzado en una élite intelectual médica nacional, pues ahora era Pasteur no solamente la luminaria que guiaba la orientación técnica para llevar a cabo las investigaciones sobre la enfermedad en el país, sino también referente para justificar posiciones políticas ante los conflictos sociales: la idea positivista de la neutralidad de la ciencia iba tomando cuerpo en el país. La idea tomaba significado, pues Osorio era uno de los actores sociales más destacados, tanto en el campo de la política como en los de la medicina y la higiene pública bogota-

---

[3] Se refería a la que después se llamó Guerra de los Mil Días y que había comenzado desde el 17 de octubre de 1899.

[4] En esto coincidía con las apreciaciones de Calderón y Urueta sobre la existencia de fiebre amarilla típica en la costa Atlántica.

nas, que actuaba en el contexto de una república conservadora. Se deja ver aquí claramente una de las características más significativas de la concepción de la ciencia positivista, de la cual estaba impregnado Nicolás Osorio: la de la imparcialidad política de la ciencia o, más bien, la de su pretendido apoliticismo. Y es que, en ese contexto, la bacteriología se constituyó como una fuerza reaccionaria en sí misma, en la medida en que médicos como Charles V. Chapin, uno de los más destacados higienistas norteamericanos del período, planteaban que la reforma social promovida por los antiguos higienistas decimonónicos como panacea contra la enfermedad no tenía sentido porque lo que había que hacer era luchar contra las bacterias, cortando sus ciclos vitales, y así la enfermedad desaparecería sin necesidad de limpieza urbana o de reforma social (Starr, 1982: 190). La enfermedad no tenía pues causas sociales, sino causas de carácter biológico —los microorganismos—.

Figura 9. George Miller Sternberg

Fuente: http://www.militarymuseum.org/TorneyGeneralHosp.html

Desde estos argumentos, Osorio instaba a sus estudiantes a apartarse de la guerra y del conflicto político del momento. Recordemos que Osorio era miembro del Partido Conservador y, desde 1883, segundo suplente de José Manuel Marroquín, en el Consejo del Directorio del Partido Conservador.[5] Por lo tanto, su apoliticismo científico no escapaba a sus intenciones políticas: tratar de evitar que los estudiantes abandonaran sus estudios, evitando que se vincularan a la lucha militar contra el gobierno conservador.

Comprobación de la teoría de Finlay

En medio de las discusiones y tomas de posición bacteriológicas, en 1900, el proceso de cambio iniciado por Finlay en 1881 se reactivó como consecuencia de la alta mortandad que, debida a la fiebre amarilla, se estaba presentando entre los soldados norteamericanos que estaban asentados en Cuba después de la Guerra Hispanoamericana, de 1898.

Terminada la guerra, una vez que los Estados Unidos prácticamente tomaron posesión de la isla, las fuerzas armadas norteamericanas dieron orden al general y cirujano William Gorgas de poner en marcha una nueva guerra en La Habana: la guerra contra la fiebre amarilla. La enfermedad era descrita como endémica en la isla que parecía atacar solo a los extranjeros, incluyendo por supuesto a los soldados norteamericanos. Así mismo, La Habana era reconocida como foco de infección culpable de los frecuentes brotes que se presentaban en los Estados Unidos, tanto en el sur, incluyendo el caso de Nueva Orleans, como en el norte, entre los que se cuenta el caso de Boston (Farley, 1991: 38). Según sus biógrafos, Gorgas limpió La Habana dejándola tan "ordenada, limpia y civilizada como la Quinta Avenida" neoyorkina (Gorgas & Hendrick, 1924: 85). Pero, a pesar de las acciones militares de limpieza y saneamiento, la fiebre amarilla siguió campeándose por La Habana, sobre todo por las guarniciones de las Fuerzas Armadas norteamericanas.

En vista de la situación, George Sternberg, en ese momento ya cirujano general de la Armada, nombró al mayor general y cirujano Walter Reed, en 1899, para que comandara una comisión que fuera a estudiar la fiebre amarilla en Cuba (The Yellow Fever Commission). Reed había estado encargado de la primera comisión o junta de investigación puesta en marcha por Sternberg para estudiar las enfermedades que amenazaban el bienestar de las tropas americanas

---

5 Carta de la Junta de Delegados del Partido Conservador, Nº 61, de abril de 1883, en la que se le comunica dicho nombramiento. Archivo personal de Nicolás Osorio que reposa en la Biblioteca de la Academia Nacional de Medicina de Colombia.

y el éxito de su "misión civilizadora": la comisión contra la fiebre tifoidea en los campos de voluntarios.

Esta comisión para el estudio de la fiebre amarilla estuvo integrada por el propio Walter Reed, los médicos militares norteamericanos James Carrol y Jesse W. Lazear, y por el médico cubano Arístides Agramonte. Dicha comisión empezó sus investigaciones desde el modelo bacteriológico impuesto por Sternberg. Pero, rápidamente, sus integrantes cambiaron de rumbo y comenzaron a interesarse por la teoría del mosquito de Finlay,[6] a quien casi nadie le había puesto atención, y realizaron experimentos en ellos mismos, con la mala suerte de que uno de los miembros de la comisión norteamericana, Lazear, murió contaminado, quedando comprobada así, de manera preliminar, la teoría de Finlay de que el mosquito servía como huésped intermediario de la fiebre amarilla.

La primacía de este descubrimiento está aún en discusión. Los historiadores norteamericanos adjudican el descubrimiento a Walter Reed y a los otros miembros de la comisión norteamericana (Edelson, 1971: 63-78). Algunos, como François Delaporte, sostienen que Finlay no había podido demostrar su teoría pues le faltaba una pieza clave. No había considerado el período de diez días que el mosquito necesitaba para ser infectante. Delaporte dice que los norteamericanos solo pudieron demostrar la teoría cuando tuvieron este hecho en cuenta, después de que la Comisión de Liverpool les hablara del descubrimiento de un período de incubación de la malaria en el mosquito (Delaporte, 1989: 97-101). Jaime Benchimol no está de acuerdo con esta afirmación de Delaporte, y aduce que es casi imposible pensar que un descubrimiento como el de Ronald Ross, que tuvo tanto impacto, haya llegado a la comisión norteamericana solo a través de una comisión de ingleses pasando por casualidad por La Habana dos años después (Benchimol, 1999: 433). Los historiadores cubanos, por su parte, defienden la primacía del descubrimiento de Finlay y le dan un valor secundario a la demostración de Reed y sus colaboradores (Delgado García, 1982; Guiteras, 1965; López Sánchez, 1987; Rodríguez Expósito, 1965).

Lo cierto es que, a partir de este nuevo descubrimiento, el general William Gorgas retomó su idea de sanear la ciudad de La Habana. Pero ahora lo hizo apoyado en la demostración de la comisión norteamericana. Puso así en marcha una

[6] Delaporte propone que este cambio se dio como resultado de una conversación que tuvieron los miembros de la comisión con otra comisión de la Escuela de Medicina Tropical de Liverpool que pasó por La Habana camino a Brasil en 1900 (Delaporte, 1989: 89-101).

campaña de erradicación de mosquitos, tal como lo había propuesto y realizado Ross en África con relación a la malaria (Edelson, 1971: 76-77). De esta manera logró reducir el número de mosquitos circulantes en la ciudad y, consecuentemente, acabó con la presencia en ella de la fiebre amarilla. Igual procedimiento siguió con relación a la malaria, logrando también erradicarla de esta ciudad. El éxito de esta medida sanitaria, a pesar de sus altos costos, fue de gran importancia para el desarrollo económico de los Estados Unidos en la región del Caribe y del Pacífico. Si era posible sanear las zonas tropicales de enfermedades transmisibles, el control militar y la explotación económica de estos lugares sería un hecho. Gorgas le había abierto la puerta a la nueva propuesta imperialista norteamericana, puerta que abrió el camino que condujo a la puesta en marcha de nuevas campañas de eliminación de mosquitos y de erradicación de la enfermedad dirigidas por él en Panamá (Quevedo V. et al., 2004: 127-128), por Oswaldo Cruz (Costa, 1986: 57-61; Franco, 1969: 75-95) y Emilio Ribas (De Almeida, 2003: 116-142) en Brasil, entre otros.

Figura 10. Walter Reed, médico militar norteamericano, director de la comisión de fiebre amarilla que visitó Cuba y que demostró la teoría del mosquito de Carlos Finlay en 1900.

Fuente: Wellcome Collection.

Pero, más allá de la demostración de la teoría de Finlay, la fiebre amarilla continuó siendo entendida como una enfermedad urbana de las costas. Por lo tanto, este nuevo descubrimiento no aportaba en principio ningún elemento explicativo para las epidemias de fiebres colombianas que se presentaban lejos de los litorales y a alturas sobre el nivel del mar, no esperadas para esa enfermedad, como se mostró en el capítulo anterior. Así mismo, la teoría del papel del mosquito continuó siendo polémica y los debates en este campo científico, entre ambientalistas y contagionistas, se adentraron hasta comienzos del siglo XX, aunque algunos ya comenzaban a considerar la presencia del *Aedes aegypti* en las zonas epidémicas como condición necesaria para confirmar su diagnóstico.

La erradicación abre las esclusas del canal de Panamá

Tan pronto como los Estados Unidos, en su afán expansionista, tuvieron una línea costera en el Pacífico, en el decenio de 1840, los norteamericanos comenzaron a pensar en la necesidad de un canal que atravesara la parte más estrecha del istmo centroamericano y asegurase una vía más corta desde el Atlántico hacia el Pacífico. Se acababan de descubrir grandes cantidades de oro en California y el transporte a través del propio territorio norteamericano era difícil y peligroso por la ausencia de vías de comunicación y por los ataques de los indios pieles rojas. Así, el comercio entre las costas Atlántica y Pacífica tenía que hacerse por la larga ruta marítima que bordeaba la América del Sur por la Patagonia (Asimov, 1986: 180). Pero también los británicos, quienes estaban expandiendo sus intereses comerciales en América Central, venían pensando en la construcción de un canal en la zona. No obstante, la Doctrina Monroe, "América para los americanos", se los había impedido hasta ese momento. En 1850 los Estados Unidos iniciaron conversaciones con Gran Bretaña sobre el asunto y llegaron al acuerdo de que ninguna nación monopolizaría el canal, si este se llegase a construir (Asimov, 1986: 180).

Sin embargo, en ese momento la capacidad técnica necesaria para cavar un canal a través de una tierra tropical infestada de enfermedades aún no existía. En 1879, por iniciativa colombiana, el diplomático francés Ferdinand de Lesseps, que había dirigido la construcción del canal de Suez, trató de hacer otro en la parte más estrecha del istmo de Panamá (Asimov, 1986: 180). Para tal fin, se creó la Compañía Universal del Canal Interoceánico de Panamá. Pero Lesseps había fallado en su intento, no solo por las intrigas internacionales a que se vio sometido su proyecto (Randall, 1992: 77-83), los malos manejos y la corrupción interna de la compañía (Henao & Arrubla, 1910: 386-388), sino, también, porque la fiebre amarilla y la malaria habían diezmado a sus trabajadores (Asimov, 1986: 180-181).

Muy tempranamente, en 1881, comenzaron a morir trabajadores por fiebre, situación que los dueños de la empresa trataron de ocultar o minimizar. Responsabilizaban al comportamiento disoluto de los trabajadores mismos, al clima malsano y aun a barcos extranjeros de traer la enfermedad (McCullough, 1979: 150). De acuerdo con McCullough, en 1883, había alrededor de trece mil hombres en la lista de salarios, y la compañía registró 420 fallecimientos, un cálculo que según algunos debería multiplicarse por tres, puesto que no se registraban los fallecimientos fuera de los hospitales. Así, habrían muerto alrededor de 1300 personas ese año por enfermedades como malaria, fiebre tifoidea, viruela, pulmonía, disentería, beriberi, intoxicación por alimentos en mal estado, mordeduras de serpientes y fiebre amarilla (McCullough, 1979: 171-177, 191).

Si bien la Compañía del Canal construyó un hospital para la atención médica de los trabajadores, L'Hôpital Notre Dame du Canal, de Ciudad de Panamá, la mayoría dependía de contratistas, por lo que no tenían esa atención gratis y morían sin atención médica (McCullough, 1979: 141, 193). Según Tindall y Shi, entre 1881 y 1887, la compañía había gastado cerca de 300 millones de dólares y había sacrificado unas 20 000 vidas, cavando menos de la tercera parte del canal (Tindall & Shi, 1995: 81). La concepción de los mecanismos de transmisión de la fiebre amarilla y la idea miasmática dominante en la medicina francesa de ese momento conducían a medidas de prevención y de control de la enfermedad no muy efectivas. Hay que recordar, además, que el investigador francés Charles Louis Alphonse Laveran había descubierto el parásito de la malaria en 1880, pero todavía no se sabía cómo se transmitía ni cómo llegaba a la sangre de los enfermos.

La posesión de Filipinas, Alaska y Hawái, por los Estados Unidos, todas con costas en el Pacífico, además de la insistencia del capitán de la Marina de los Estados Unidos de América Alfred T. Mahan en la necesidad militar de construir un canal interoceánico para garantizar el poderío militar norteamericano en los dos mares (Mahan, 2000 [1890]: 61-87), despertaron nuevamente el interés de los norteamericanos por Panamá. No obstante, el tratado de 1850 con Gran Bretaña le impedía el control de la zona para la construcción del canal. Al reiniciarse las negociaciones, en 1901 se firmó el Tratado Hay-Pauncefote, por el cual los británicos aceptaban que los Estados Unidos tuviesen el campo libre para la construcción y fortificación de un canal en Centroamérica (Asimov, 1986: 181; Tindall & Shi, 1995: 81). El lugar más adecuado parecía ser Panamá, especialmente el sitio donde ya había trabajado Lesseps. Otros se inclinaban por Nicaragua, pero la presencia de volcanes en la zona hizo que la decisión se inclinara definitivamente hacia Panamá (Asimov, 1986: 181-182). Rutherford B. Hayes, presidente de los Estados Unidos, expresó en 1880 la postura oficial ante el asunto:

> Un canal interoceánico prácticamente formará parte de la línea costera de Estados Unidos. Nuestro interés puramente comercial en él es mayor que el de cualquier otro país, y sus relaciones con nuestro poder y prosperidad como nación, con nuestros medios de defensa, nuestra unidad, paz y seguridad son cuestiones de importancia primordial para el pueblo de Estados Unidos [...] Es el derecho y el deber de Estados Unidos hacer valer y mantener dichas supervisión y autoridad sobre cualquier canal interoceánico [...] según proteja nuestro interés nacional.[7]

Vencido el obstáculo de los británicos, la siguiente traba era Colombia, pues Panamá era un departamento colombiano. Los Estados Unidos aprovecharon los sentimientos de abandono que los panameños tenían con relación a Colombia y estimularon y apoyaron la independencia de Panamá el 4 de noviembre de 1903.[8] El 8 de noviembre se firmó el Tratado Hay-Bunau-Varilla en condiciones más favorables para los Estados Unidos que las que establecía el Tratado Herrán-Hay, entre Colombia y los Estados Unidos, del 22 de enero del mismo año de 1903. Pero el tercer y más grande obstáculo, contra el cual la diplomacia y la estrategia militar no tenían respuesta clara, era el de la fiebre amarilla y la malaria, que infestaban la zona y que habían hecho imposibles los intentos previos de construcción del canal. Sin embargo, la nueva estrategia, surgida de la metáfora militar aplicada a la sanidad, la campaña de erradicación, había demostrado que ambas enfermedades podían ser combatidas si las personas dormían con mosquiteros y si se destruían los recipientes de agua caseros en el caso de la fiebre amarilla, y los pantanos y lagos, en el caso de la malaria, en donde se reproducían los mosquitos (Asimov, 1986: 185).

Gorgas fue trasladado por el gobierno de los Estados Unidos a la zona del canal y a partir de 1904 llevó a cabo campañas de erradicación contra la fiebre amarilla

---

7 Mensaje especial del Presidente de los Estados Unidos al Congreso, marzo de 1880.

8 Mucho se ha escrito sobre la separación e independencia de Panamá y no se va a ahondar en el tema aquí, pues esto no es lo que nos interesa, pero pueden consultarse al respecto los textos de Henao y Arrubla, Tindall y Shi, Asimov y Degler, que venimos citando.

y la malaria en el lugar de los trabajos ingenieriles, siguiendo el mismo esquema de la campaña de La Habana. Estas campañas permitieron el saneamiento de la zona y facilitaron la construcción del canal.[9] Así, los norteamericanos iniciaron la construcción del canal de Panamá, de 82 kilómetros de largo, el 9 de mayo de 1904, y los primeros barcos pasaron por allí el 15 de agosto de 1914 (Asimov, 1986: 182-184; Tindall & Shi, 1995: 81-83). El ejemplo de Gorgas fue seguido por Oswaldo Cruz en Brasil al ser nombrado por el presidente Francisco de Paula Rodrigues Alves como director general de Higiene Pública, en marzo de 1903.

Figura 11. William Crawford Gorgas, médico militar norteamericano que limpió de fiebre amarilla a La Habana y a la zona del canal de Panamá.

Fuente: http://alchetron.com/William-C-Gorgas-1192410-W

Oswaldo Cruz había nacido en una pequeña aldea del estado de São Paulo y se había graduado de médico en la Facultad de Medicina de Río de Janeiro. Igualmente, había estudiado microbiología y patología experimental en el

[9] Para una visión más amplia de este proceso, ver el libro de François Delaporte que venimos citando (Delaporte, 1989). Hemos usado para algunas citas la versión en inglés del mismo libro (Delaporte, 1991).

Instituto Pasteur de París. Al llegar al cargo de Director de Higiene Pública puso en marcha una campaña contra la fiebre amarilla, siguiendo las propuestas de Finlay, Reed y Gorgas, drenando las aguas estancadas, atacando las larvas de mosquitos, aislando a las víctimas de la enfermedad y demoliendo todos los edificios considerados como insanos (Franco, 1969: 75-95; Mead, 1991: 107). De esta manera, la lucha contra la fiebre amarilla y la malaria en el canal de Panamá no solo abrió sus exclusas para el encuentro entre las aguas del Atlántico y del Pacífico, sino que abrió, además, las compuertas a la economía, el comercio, la ciencia y la medicina norteamericanas al resto del continente, y se inició así el desplazamiento de la hegemonía europea y el proceso de tránsito de la vida latinoamericana hacia la órbita de los Estados Unidos.

Políticas internacionales para el control de la fiebre amarilla

A través de la *Revista Médica de Bogotá*, en Colombia se difundieron las recomendaciones que, como consecuencia del descubrimiento y las conclusiones de la comisión americana, el Estado norteamericano iba a proponer en la Segunda Conferencia de Estados Americanos de México, en 1901. Los Estados Unidos tenían como propósito formar una alianza con las repúblicas del hemisferio occidental para suprimir la fiebre amarilla como parte de un paquete de medidas que querían asegurar el monopolio del comercio regional. Allí presentarían un memorándum del cirujano general Walter Wyman del Marine Hospital, en el que se bosquejaba ya un plan para el convenio internacional con el objeto de hacer salubres las ciudades marítimas. El proyecto iba dirigido especialmente contra la fiebre amarilla, y proponía la mejora sanitaria de los puertos, de los albañales, el desecamiento y consolidación de los pantanos, y la eliminación de toda infección en las casas (*Revista Médica de Bogotá*, 1901: 273).

Fue precisamente durante esa reunión de los Estados Americanos de México que, también por iniciativa estadounidense, se acordó la celebración de reuniones periódicas de los representantes de sanidad de los países americanos. Este acuerdo dio origen a la Oficina Sanitaria Internacional (OSI), madre de la actual Organización Panamericana de la Salud (OPS). A la conferencia de México asistieron como representantes de Colombia Rafael Reyes y Carlos Martínez Silva (Hernández Álvarez et al., 2002: 31 y 38).

El objetivo de estas reuniones sanitarias era desarrollar mecanismos de cooperación para mantener activo el comercio con un mínimo riesgo de difusión de enfermedades, particularmente hacia los Estados Unidos. La primera de esas reuniones se desarrolló en Washington en diciembre de 1902, en la que no participó Colombia. Con respecto a la fiebre amarilla en particular, en esta reunión se acordó el uso de las medidas empleadas en el saneamiento de La Habana, teniendo como base la idea de la transmisión por los mosquitos. Con todo, se indicaba que no debían modificarse las leyes de cuarentena hasta tanto no se conocieran más detalles sobre la importación de la enfermedad. Igualmente, se recomendó el estudio de la distribución geográfica del Stegomyia y su destrucción (Hernández Álvarez et al., 2002: 32-34). No obstante, a pesar de estas conclusiones, el asunto no pareció impactar mucho ni al Estado ni a los médicos colombianos.

Continúa en Colombia la difusión del descubrimiento del papel del mosquito

Como se mencionó antes, en los primeros años del siglo XX era claro para la comunidad médica nacional que la fiebre amarilla era una enfermedad transmisible, causada por un microorganismo aún por identificar y posiblemente transmitido por un mosquito. Efectivamente, las nociones sobre el mecanismo de transmisión propuestas por Finlay fueron integradas en el trabajo de Óscar Noguera, presentado en la Sociedad de Medicina de Barranquilla, sobre la transmisión, profilaxis y tratamiento de la fiebre amarilla. Utilizó la teoría de la transmisión del mosquito para explicar por qué la enfermedad no se propagaba a pesar de presentarse casos que probablemente llegaban de lugares donde habían adquirido la enfermedad. Esa idea se apoyaba en el cuadro realizado por Finlay en el que mostraba las relaciones entre la presencia de mosquitos y las epidemias de fiebre amarilla, en las que se observaba que la temperatura y altura a las cuales se presenta la enfermedad eran las mismas en las que podía vivir el mosquito, a la vez que la temperatura y la altura a las cuales no se observaba la enfermedad eran las mismas en las que el mosquito no podía vivir (Noguera, 1903: 169-188).

Paralelamente, los métodos bacteriológicos continuaban siendo utilizados junto con la teoría del mosquito. Demostraciones por medio del microscopio fueron motivadas por la Sociedad de Medicina y Ciencias Naturales, hecho que se evidencia en las publicaciones en la *Revista Médica de Bogotá* de los artículos de Daniel Gutiérrez Arango en 1888 y de Tomás Carrasquilla en 1903. Este mismo hecho lo confirma el trabajo de Miguel Ángel Lengua publicado en la *Revista Médica de Bogotá* en el mes de marzo de 1904. Allí se ratificaba la necesidad de realizar pruebas microscópicas. Según Lengua, el examen de la sangre evitaría errores, pues una prueba microscópica negativa para el parásito de la malaria confirmaría el diagnóstico de fiebre amarilla y la clara y pronta respuesta al tratamiento con quinina confirmaría el diagnóstico de malaria (Lengua, 1904: 232).

De manera más o menos continuada, la información sobre la comprobación de la teoría del mosquito sigue llegando al país. En julio de este mismo año, en la sección de reproducciones bibliográficas de la *Revista Médica de Bogotá,* Juan Guiteras tradujo el informe de la comisión francesa referente a los experimentos adelantados en Río de Janeiro a partir de 1901. Mencionaba que la comisión fue creada por iniciativa del Ministerio de las Colonias, soportándose en la Ley 12 de julio de 1901 y puesta bajo la dirección científica del Instituto Pasteur (*Revista Médica de Bogotá*, 1904 [1903]: 364).

En la introducción se hacía mención, además de los experimentos basados de la comisión norteamericana en Cuba, y los comprobatorios de la teoría del mosquito por Reed, Carroll y Agramonte en los Estados Unidos, de los de Guiteras en Cuba, los de Ribas y Lutz en São Paulo y los de la comisión americana enviada a Veracruz. Todos ellos aportaron a la demostración experimental de que la fiebre amarilla era causada por un germen filtrable, transmisible por la picadura del *Stegomyia fasciata* más frecuentemente durante las noches, aunque no se tenía del todo claro si era posible contraerla durante el día. Demostraron además que el mosquito solo era capaz de contagiar la enfermedad doce días después de haber picado a un enfermo.

Guiteras, en su traducción, hacía énfasis en que el interés de la comisión era demostrar detalles de la transmisión de la fiebre amarilla. Contaba que los experimentos se realizaron en 33 humanos tras fallar en la búsqueda de otro hospedero susceptible a la enfermedad. Se demostró experimentalmente, entre otras cosas, que la sangre del enfermo de fiebre amarilla contenía el agente causal hasta el tercer día de la enfermedad y nunca a partir del cuarto sin importar cuan alta fuese la fiebre; que 0,1cc de suero de un enfermo era suficiente para reproducir la enfermedad inyectándolo a un sujeto susceptible, pero no al depositarlo sobre la piel erosionada; y que el suero de un enfermo podía atravesar la bujía de Chamberland F sin dilución, pero no la bujía B. Igualmente, se demostró experimentalmente que al someter el suero virulento a 55 °C por cinco minutos se hacía inactivo y al inyectarlo podía proporcionar una cierta inmunidad que se hacía completa al aplicar una segunda inyección con una cantidad muy pequeña de virus; así mismo, que el suero de un convaleciente (después del cuarto día de enfermedad) confería inmunidad que se mantenía aun 26 días después de aplicarlo y podría tener propiedades curativas. Además, se confirmó que el *Stegomyia fasciata* solo era infectante después de doce días de haber picado a un sujeto que estuviera entre el primer y tercer día de la enfermedad. La picadura sería más peligrosa al pasar más tiempo.

Según las observaciones realizadas por la comisión francesa, ningún otro culícido diferente al *Stegomyia fasciata* era capaz de transmitir la enfermedad ni en La Habana ni en Río de Janeiro. Tampoco era posible contraer la enfermedad al tener contacto con un enfermo, sus pertenencias o excreciones, pero sí al inyectar sangre de un enfermo en un sujeto susceptible. Por lo tanto, la comisión concluyó que la fiebre amarilla solo podía contraerse en zonas donde existiese el mosquito y su profilaxis se basaba en las medidas de control de este. Determinaron períodos de incubación de hasta trece días. Adicionalmente, encontraron hongos en el *Stegomyia fasciata,* así como levaduras y esporozoarios, sin que ninguno estuviese relacionado con la fiebre amarilla, reafirmando que no se había podido conocer, a partir del mosquito o de la sangre contaminada, el agente causal de la enfermedad.

No obstante, a pesar de que esta información se divulgó en la prensa médica nacional, las políticas nacionales que se emitieron a través de la Junta Central de Higiene para enfrentar la enfermedad se fundamentaron en una mezcla de estas nuevas teorías y viejas nociones miasmáticas.

Hacia una política nacional contra la fiebre amarilla

Antes de que Colombia se suscribiera a las convenciones internacionales, la Junta Central de Higiene había tomado medidas que buscaban la desinfección de los principales puertos para prevenir la peste, el cólera y la fiebre amarilla, entre otras enfermedades. Al respecto, en 1901 la Junta solicitó la fundación de establecimientos de desinfección por calor en los principales puertos de la república, recomendando causar el menor perjuicio posible al comercio con el exterior. No obstante, no se podía llegar al extremo de eliminar la cuarentena que se había restablecido desde 1881, ni siquiera si lo solicitaban agentes del gobierno central. Por ejemplo, ante la solicitud del ministro de Relaciones Exteriores a la Junta en 1901 para que las medidas de sanidad portuaria que se adoptaran no perjudicaran las mercancías, apoyándose en algunas reclamaciones de agentes diplomáticos, esta respondió que, mientras no se establecieran lazaretos y aparatos de desinfección en los puertos, no se podía recibir ningún buque infectado. Entre tanto, recomendó airear las mercancías y exponerlas al sol por quince días

Figura 12. Comisión norteamericana de fiebre amarilla en Cuba, 1900-1902

Fuente: http://image.slidesharecdn.com/yellowfever-091004005543-phpapp01/95/yellow-fever-15-728.jpg?cb=1254617841

(Junta Central de Higiene, 1901: 306-310). Para el momento, cuando aún se debatía la posible transmisión de la enfermedad por un mosquito, persistían las medidas de control teñidas de ideas miasmáticas.

Superada la Guerra de los Mil Días y los conflictos políticos posteriores, llega a la Presidencia de la República el general Rafael Reyes (1849-1921) con el apoyo del Partido Conservador. El gobierno de Reyes, conocido como el Quinquenio y que se extendió entre 1904 y 1909, tuvo que enfrentar serios problemas: la miseria y decadencia de vastas zonas afectadas por la guerra, la recuperación económica nacional, el diseño de acuerdos políticos que equilibraran las viejas rencillas partidistas, el control o desmonte de los poderes locales y el refuerzo del centralismo estatal (Palacios, 1983: 265; Tovar Zambrano, 1989: 37). Siguiendo con la tendencia iniciada por los regeneracionistas, el programa económico de su gobierno fue una especie de compromiso inevitable entre el librecambismo y el intervencionismo (Palacios, 1983: 265), consiguiendo un éxito relativamente mayor que el de sus predecesores.

De acuerdo con el historiador colombiano Bernardo Tovar Zambrano, fue la reorganización de las rentas lo que permitió a la administración de Reyes incrementar los ingresos del Estado, cubrir en parte el déficit fiscal y fomentar las empresas. Los mayores ingresos permitieron a Reyes adelantar un vasto plan encaminado al aumento de las vías de transporte que se consideraban claves en el desarrollo económico nacional. La red ferroviaria se incrementó en un 50 %, se amplió la construcción de carreteras y caminos, y se mejoró la navegación por el río Magdalena. Con la construcción de estas vías se estimuló el desarrollo de la economía exportadora, dada su orientación centrífuga. Los mayores ingresos también permitieron actualizar en parte la deuda externa con el fin de obtener empréstitos extranjeros, considerados claves para el desarrollo de exportaciones de petróleo y banano (Tovar Zambrano, 1989: 38-39).

Mientras eso ocurría en el plano nacional, en el ámbito internacional surgían nuevas propuestas para las políticas de higiene pública. En la Conferencia Sanitaria de Washington, de 1905, se promulgaron unas resoluciones relativas a la policía sanitaria, las cuales fueron presentadas para su aprobación por los gobiernos americanos en la Conferencia de Estados Americanos, celebrada en Río de Janeiro, en 1906. A esta última asistió Rafael Uribe Uribe (1859-1914), quien entonces actuaba como representante del país en el Cono Sur. Enterado de la propuesta, Uribe Uribe informó al Ministro de Relaciones Exteriores colombiano sobre las resoluciones adoptadas en esa reunión y fue así como esa cartera presentó un proyecto de ley a la Asamblea Nacional Constituyente para que se aprobara la Convención Sanitaria de Washington de 1905 (Hernández Álvarez et al., 2002: 39-40).

A pesar del distanciamiento y la tensión con los Estados Unidos, como consecuencia de su intervención en la separación de Panamá, en 1903, el Estado colombiano tenía clara conciencia de las ventajas que traería la normalización de las relaciones con esta nación, hasta el punto de que el gobierno de Reyes hizo de este propósito el eje de su política internacional. En ese sentido, Reyes se interesó por sanear las relaciones con los Estados Unidos, pues entendía que para la economía cafetera y la burguesía ascendente esa relación era definitiva. Esta diplomacia fue determinante para que el Estado colombiano comenzara a incorporar la iniciativa norteamericana de reglamentar la sanidad portuaria, traduciéndola en forma de ley y movilizando recursos y personal para estos movimientos (Hernández Álvarez et al., 2002: 36).

Estos nuevos reglamentos, si bien mantenían su actitud dual ante la etiología de la enfermedad (miasmática y bacteriológica), incorporaban los recientes conocimientos sobre la transmisión de la fiebre amarilla por el mosquito. Así, la política contra la fiebre amarilla durante el Quinquenio de Reyes repitió la lógica del período regeneracionista: aunque la enfermedad no pareciera percibirse como una amenaza inminente en los puertos de las costas, las presiones internacionales, en particular de los Estados Unidos, para involucrar a los Estados latinoamericanos en la firma de convenios sobre sanidad portuaria terminaron por generar instrumentos jurídicos nacionales orientados a cumplir dichos convenios.

Mientras que el Estado colombiano respondía a estas presiones internacionales para establecer convenios de sanidad portuaria que buscaban sobre todo mantener limpios los puertos de fiebre amarilla, la enfermedad seguía amenazando el interior del país en las riberas del Magdalena y poblaciones intermedias, y era más tangible para el cuerpo médico nacional que para el Estado. Pasó así desapercibida para las autoridades nacionales. En este caso, el gobierno dejó en manos de la Junta Central de Higiene su manejo. Ciertamente, en la *Revista Médica de Bogotá* se reportó en 1903 que la fiebre amarilla había subido de las orillas del río Magdalena, siguiendo la línea del ferrocarril de Girardot y había llegado hasta Anapoima, donde se habrían encontrado muchos casos mortales (*Revista Médica de Bogotá,* 1903: 830), pero, al parecer, esto no trascendió más allá de dicha notificación.

Como consecuencia del desinterés estatal sobre la situación de la fiebre amarilla en el interior del país, los entonces redactores de la *Revista Médica de Bogotá,* José María Lombana Barreneche y Carlos Michelsen Uribe, interesados en el problema de la fiebre amarilla y el paludismo que reinaba en las costas y en las tierras altas que bajan al valle del Magdalena, publicaron en enero de 1905 revisiones de cómo se había eliminado, en otros lugares del mundo, la malaria y la fiebre amarilla (Lombana Barreneche, 1905: 161). Se hacía un llamado al cuerpo médico del país acerca del informe que el médico Del Río, jefe del servicio sanitario especial contra la fiebre amarilla en Veracruz (México), presentó al Sr. Presidente del Consejo Superior de Salubridad de ese país sobre los trabajos ejecutados en el mes de agosto de 1904 en dicho puerto. Los objetivos del servicio sanitario de Del Río eran el aislamiento de los atacados por la fiebre amarilla (para evitar el contacto con el *Stegomyia*) y la destrucción de las larvas. El aislamiento se llevaba a cabo en un departamento especial de los hospitales, a prueba de picaduras, y se iniciaba en el momento en que se detectaba la fiebre en los pacientes. Para el control de larvas se petrolizaban diariamente de 80 a 100 depósitos de agua. Las medidas tomadas en Veracruz consistían en visitar a los *no inmunes* para vigilar el inicio de síntomas, inspeccionar los depósitos de agua, mejorar la higiene de las habitaciones y evitar la formación de charcos. Lombana Barreneche concluía su artículo resaltando la necesidad de crear un servicio sanitario no solamente costero análogo al de Veracruz, sino también en el interior del país (Lombana Barreneche, 1905: 164-165). Los editorialistas de la *Revista Médica de Bogotá,* representantes de la élite del cuerpo médico bogotano, continuaron publicando artículos extranjeros que le dieran fundamento a la propuesta de una política para el control de la fiebre amarilla basada en la teoría del mosquito.[10]

Ante estas publicaciones de la Academia Nacional de Medicina, la Junta Central de Higiene modificó consecuentemente las normas de lucha contra la enfermedad, antes de carácter miasmático, para ajustarlas a la nueva 'teoría del vector'. El Acuerdo 5 de 1905 sobre profilaxis de la fiebre amarilla centrada en la eliminación del vector fue la expresión de dicho cambio. Este acuerdo or-

---

[10] Por ejemplo, en el mes de octubre del mismo año de 1905, publicaron un artículo escrito por Albert S. Ashmead, médico de Nueva York, a propósito de la obra de Finlay-Reed, "quienes probaron absolutamente, que los mosquitos son los principales y aun los únicos agentes de transmisión de la enfermedad" (Ashmead, 1905: 71). Consideraba este autor que esta mortífera enfermedad no tardaría en desaparecer gracias a la inteligente aplicación de medidas restrictivas fundadas en los conocimientos recién adquiridos. Aseguraba que una ligera electrización del agua que contenía las larvas de los mosquitos las destruía y que ese era "el método científico de acabar con la malaria y la fiebre amarilla en el hombre" (Ashmead, 1905: 75). Advertía Ashmead que era necesario destruir los huevos del *Anopheles* cuando yacían en el barro de un pozo, debido a que el mosquito malárico era capaz de crear y desenvolver especies nuevas a través de sus huevos infectados con un agente evolucionado llamado *Plasmodium malariae*. De acuerdo con este investigador, el *Plasmodium,* al llegar accidentalmente al cuerpo del *Stegomyia* (a través del hombre), podía convertirse en el germen de la mortal fiebre amarilla, verificándose una progresión insectífera en evolución que aún no ha sido creada: una generación de otro veneno humano del que no habría competencia para juzgar científicamente (Ashmead, 1905: 75).

denaba que debían destruirse los zancudos *Stegomyia fasciata* por medio de la fumigación, en las casas en que hubiere un caso sospechoso de la enfermedad:

> Cuando en una casa se presente un caso de fiebre amarilla, confirmado o sospechoso, se procederá á la desinfección con el objeto de destruir los zancudos (*Stegomyia fasciata*). Esto se hará por medio de fumigaciones sucesivas en cada una de las piezas de la casa. Las fumigaciones se harán del modo siguiente: debe impedirse, en primer lugar, que los zancudos salgan de las piezas. Todas las rendijas u orificios de las puertas y ventanas se taparán con tiras de papel [...] Hecho esto se quemará en cada pieza polvo de piretrum (polvo insecticida), tabaco ó flor de azufre, en la proporción de tres litros por cada 100 metros cúbicos, lo cual se hará colocando la sustancia en una ancha vasija de barro, y empapándola en alcohol para quemarla. Inmediatamente que se prenda fuego, se cerrarán bien las puertas, las que no volverán a abrirse sino después de seis horas, por lo menos. Transcurrido este tiempo se barren las paredes, cielos rasos, pisos, etc., etc., para recoger los zancudos que quedan adormecidos para quemarlos. Antes de barrer las piezas deben rociarse con licor de Van Swieten. Para facilitar la recolección de zancudos, se practicará lo siguiente: se deja una abertura en la parte superior de una ventana o puerta, la cual se tapa con un vidrio o un papel fuerte aceitado. Debajo de esta abertura se coloca horizontalmente, en un pequeño bastidor, un pedazo de papel humedecido. Al principiar la fumigación, los mosquitos y demás insectos se dirigirán á ese punto, y allí pueden recogerse para incinerarlos [...]. (Leyva Pereira, 1910: 78-79)

Durante la fumigación debían dejarse los muebles y la ropa. Esta fumigación, que debía realizarse también en las casas vecinas, se complementaría con la petrolización de los depósitos de agua para la contención de las larvas, en la proporción de un litro para cada tres metros cuadrados, que debía renovarse cada quince días durante tres meses (Junta Central de Higiene, 1932 [1905]: 135).

Con relación a los enfermos se reglamentaba que

> todo enfermo de fiebre amarilla, ó que se sospeche que pueda estarlo, se colocará bajo un mosquitero, desde el momento que se sospeche la existencia de la enfermedad, para evitar que los zancudos lo piquen y propaguen la fiebre amarilla [...] Fumigadas que sean las piezas, se trasladará á una de

> ellas al enfermo, bajo el mosquitero, y se procederá á fumigar el local que él ocupaba. La pieza que continué ocupada por el enfermo será protegida por mallas finas de alambre o con telas de algodón, que impidan la entrada de los zancudos [...] Las personas que, por carecer de recursos, no puedan someterse á las prescripciones de este acuerdo, deberán llevarse á un local ú hospital especial, que se destinará exclusivamente para esto y donde se harán efectivas estas prescripciones. (Leyva Pereira, 1910: 80)

Este acuerdo de 1905 marca el punto de inflexión de las políticas contra la fiebre amarilla, que dejan definitivamente atrás cualquier acción fundamentada en nociones miasmáticas y que se apoyan en la nueva teoría del vector y en las medidas de higiene inspiradas en ella. En dicho acuerdo se insinuó también una forma de acción y organización para actuar durante las epidemias que solo se consolidaría en la segunda década del siglo XX, cuando se firmarían acuerdos internacionales al respecto. Por ejemplo, se contemplaba que la población debía dividirse en secciones vigiladas con inspectores a quienes se encargaría de la petrolización, pero se dejaba a los particulares toda la responsabilidad de ejecución y financiación de las medidas de fumigación (Junta Central de Higiene, 1932 [1905]: 136).

Al respecto, Lisandro Leyva Pereira comentaba que "las autoridades encargadas de hacer cumplir estas disposiciones dividirán la población en secciones vigiladas por inspectores á quienes se distribuirá el petróleo, indicándoles los lugares en que debe emplearse, y á quienes se instruirá convenientemente en este acuerdo, que deben hacer cumplir" (Leyva Pereira, 1910: 80).

Llama la atención que el acuerdo de 1905 considerara estas medidas aplicables a cualquier población en que ocurriera la enfermedad y no solamente en los puertos (Leyva Pereira, 1910: 78). Con ello se estaba quizá prestando atención a la experiencia colombiana desde el siglo XIX sobre la presencia de la enfermedad en el interior del país y sin importar que se considerara la fiebre amarilla como una enfermedad de puertos.

Para el caso de la profilaxis en los puertos, el acuerdo contemplaba la aplicación de medidas particulares de desinfección de los buques con el aparato Clayton o con piretro, así como la obligatoria vigilancia de 5 a 6 días de los pasajeros (Junta Central de Higiene, 1932 [1905]: 138).

> Cuando algún puerto fluvial llegue un vapor que se sospeche o se sepa que proviene de lugar en que hay ó á habido recientemente fiebre amarilla, se quemará azufre o piretrum en los camarotes, depósitos, etc. etc., para destruir los zancudos que haya á bordo. Esto mismo se procurará hacer en las demás embarcaciones de procedencia sospechosa [...] Los pasajeros de tales vapores ó embarcaciones menores que desembarquen serán sometidos á vigilancia médica por cinco ó seis días. Si presentaren algunos síntomas de fiebre, se les hará reducir á sus habitaciones y colocarse bajo un mosquitero hasta la cesación de toda manifestación febril. (Leyva Pereira, 1910: 81)

Con relación a las medidas profilácticas en los puertos marinos

> [...] todo buque que provenga de un puerto donde haya fiebre amarilla, ó que en el curso de la travesía haya tocado puertos ó parajes en que haya fiebre amarilla [...] se someterá a las prescripciones siguientes: el médico de la sanidad del puerto practicará una visita de inspección rigurosa de los pasajeros y de la tripulación. Si hubiere á bordo algún enfermo de fiebre amarilla ó que sea sospechoso, se colocará bajo un mosquitero ó toldillo bien cerrado, y solamente así podrá desembarcar. Se le trasladará a un pabellón ó local destinado para este objeto y donde se le mantendrá bajo el mosquitero. [...] Los pasajeros sanos podrán desembarcar cambiando antes sus vestidos por otros que hayan sido sometidos á la estufa de desinfección ó al aparato de Clayton. (Leyva Pereira, 1910: 81-82)

El aparato Clayton era un fumigador de gas sulfuroso que se usaba en buques franceses para destruir las ratas y producir desinfección. Se componía de un horno donde se producía gas por la combustión de azufre. El gas así formado alcanzaba temperaturas altas, por lo que era necesario enfriarlo a través de un condensador alimentado por agua fría. Un ventilador, movido por un motor, aspiraba el gas sulfuroso y lo impulsaba por un tubo de caucho al exterior. El ventilador tomaba aire del lugar. Se estipulaba que la concentración de anhídrido sulfuroso en la atmósfera fuera de un 3 %, lo cual se comprobaba por un dosímetro especial que venía con el aparato y que lo verificaba con base en la solubilidad del agua. Esta concentración debía mantenerse durante dos horas para desratizar. Si se deseaba desinfectar, debía subirse la concentración al 8 % y mantenerse por doce horas. El control de la fumigación dependía del comportamiento de testigos:

se colocaban ratas o cultivos húmedos y secos de microbios que debían morir después de la operación (Tapia, 1914: 450-451). Con estas medidas, el gobierno colombiano pretendió poner al día sus políticas de control de la fiebre amarilla con los adelantos del nuevo conocimiento con relación a esta enfermedad.

Complementariamente, en el año de 1906, la *Revista Médica de Bogotá* sacó a la luz pública un breve resumen de las medidas de higiene publicadas por la Oficina Colonial británica, que prometían suprimir la enfermedad completamente (*Revista Médica de Bogotá,* 1906: 212-217). Se basaban en el control del vector. Recomendaban mantener los recipientes y fuentes de agua tapados, dormir protegido por mosquiteros, hacer circular el aire en las casas, descubrir los casos iniciales en una epidemia para dictar las medidas necesarias y realizar fumigaciones con sustancias químicas como azufre, peritre y alcanfor.

Para 1906, el conocimiento sobre el papel del mosquito en la transmisión de la fiebre amarilla había sido asimilado por la élite del cuerpo médico colombiano, que se expresaba a través de la *Revista Médica de Bogotá*. Aunque aún no se había podido demostrar el germen causante de la fiebre amarilla, existía plena confianza en que algún día se lograría identificar con la afinación de los métodos diagnósticos de laboratorio y se estaba trabajando en ello. Esta élite médica que giraba en torno a la Academia Nacional de Medicina estaba ya, en la primera década del siglo XX, rechazando definitivamente la teoría miasmática en la explicación de las enfermedades contagiosas e infecciosas. Así mismo, como se ve claro en el artículo de Lombana Barreneche, ese grupo comenzaba ya también a proponer medidas y posibles políticas de control de la enfermedad, basados en esta nueva concepción.

La élite del cuerpo médico colombiano continuaba siendo pues, para ese momento, el principal actor sociopolítico del campo de la lucha contra la fiebre amarilla, controlando el capital simbólico (el nuevo saber) y el capital político que de él se derivaba (la imposición de unos mecanismos de control específicos de la enfermedad). Vale la pena recalcar que esa élite estaba comandada en el campo por un grupo de médicos, quienes se identificaban como higienistas. Entre ellos se contaban los ya conocidos Nicolás Osorio, Proto Gómez y Carlos Esguerra, quienes venían desarrollando los estudios mencionados. Participaban además otros actores nuevos, como José María Lombana Barreneche y Luis Zea Uribe. De todas formas, Carlos Michelsen Uribe seguía estando en el centro de la discusión y de las decisiones políticas, en la medida en que actuaba como redactor de la *Revista Médica de Bogotá* y como miembro del gobierno.

Capítulo III
La 'fiebre amarilla de los bosques': Roberto Franco y la fiebre de Muzo, 1906-1910

La epidemia que estudiamos en las minas de Muzo en 1907
[...] es contraída en el bosque y no en la vecindad de las habitaciones.
FRANCO FRANCO, TORO VILLA & MARTÍNEZ SANTAMARÍA, 1911: 195

¡Fiebres en Muzo!

En 1906 se presentó una epidemia de fiebres en las minas de esmeraldas situadas en la región bañada por el río Minero, cercano al pueblo de Muzo, ubicado en el occidente del departamento de Boyacá. En ese momento la discusión médica sobre la posible etiología amarílica de algunas epidemias del interior del país —en la ribera del Magdalena y en el frente de construcción de los ferrocarriles— no había podido resolverse claramente. Sin embargo, ya el mosquito *Stegomyia fasciata* estaba comenzando a ser reconocido por algunos de los médicos del país como el responsable de la transmisión de la fiebre amarilla.

El río Minero, afluente del río Carare, corre por un estrecho y profundo cañón, en una zona montañosa y muy abrupta, localizada en la vertiente occidental de la cordillera Oriental. Su cabecera tiene 815 metros de altitud, una temperatura media de 24 °C y su precipitación pluvial es de 3 metros al año. Según Augusto Gast Galvis, la zona se encontraba completamente aislada, sin vías de comunicación con el valle del río Magdalena. Esta situación geográfica hacía difícil pensar en ese momento que la epidemia pudiese haber sido importada de una zona aledaña (Gast Galvis, 1982: 26-27).

De acuerdo con el médico Gabriel Toro Villa, este tipo de epidemias eran desconocidas en la región de Muzo antes de 1885, año en que se había presentado en esta zona una epidemia que había diezmado la población de las veredas y había causado la fuga de los sobrevivientes (Toro Villa, 1913: 113). Según Gast Galvis, desde entonces estas epidemias febriles de Muzo se fueron volviendo endémicas, con algunos momentos de recrudescencia (Gast Galvis, 1982: 26-27).

Como consecuencia, el día 28 de febrero de 1907 se llevó a cabo una reunión en la gerencia del Sindicato de Mineros de Muzo,[1] en Bogotá. Una junta médica, compuesta por José María Lombana Barreneche, Juan Evangelista Manrique y Roberto Franco, fue citada a esta reunión con el objeto de indicar las providencias que deberían tomarse para combatir la epidemia de fiebres que había aparecido en las minas. En dicha junta se decidió organizar una misión médica que se trasladara al lugar para determinar la naturaleza de la epidemia y, de acuerdo con sus estudios, indicara las medidas que se debían tomar para combatirla. El Sindicato aceptó la idea y se comisionó a Roberto Franco para dirigir los trabajos (Franco Franco, 1907: 94).

Roberto Franco Franco

¿Quién era Roberto Franco y por qué se le eligió para coordinar dicha misión? Roberto Franco (1874-1958) había nacido en Chimbe,[2] el 1° de junio de 1874 (Cáceres & Cuéllar-Montoya, 1998: 89; Sanmartin Barberi, 1989: 31), un año después de la creación de la Sociedad de Medicina y Ciencias Naturales de Bogotá (Obregón Torres, 1992: 51). Fue precisamente en el ambiente de constitución de un 'cuerpo médico colombiano', proceso del cual hizo parte la creación de dicha Sociedad, en el que Roberto Franco comenzó a constituirse como médico, mientras estudiaba en la Facultad de Medicina de la Universidad Nacional de Colombia, entre 1891 y 1897, año en que se graduó (M. J. A., 1904). Su trabajo de tesis de grado fue dedicado al cólera (M. J. A., 1904), enfermedad que aún estaba de moda, pues, desde 1831, se venían presentado varias pandemias mundiales. Entre 1849 y 1850, esta pestilencia había azotado varias regiones del país y, en 1891, en el momento en que Franco iniciaba su carrera de Medicina, la

1 Este no era un sindicato como lo entendemos hoy, sino una sindicatura, es decir, una oficina de administración de las minas de Muzo.

2 Chimbe es una vereda del municipio de Albán (Cundinamarca).

séptima pandemia que se había extendido por varias regiones del Asia, Europa y América estaba tocando su fin (Quevedo V., 1992: 8-11). Aunque esa última vez la pandemia no había tocado el territorio nacional, era demasiado poderosa y atractiva como para ignorarla en el proceso de construcción de una patología nacional. En esta tesis, Franco insistía sobre la necesidad de las actividades de laboratorio para el estudio y diagnóstico de las enfermedades infecciosas.

Luego de graduarse viajó a Francia, donde volvió a estudiar medicina en la Facultad de Medicina de París, iniciando allí sus estudios en 1898 (M. J. A., 1904). La imagen de París como 'Meca' de la medicina hacía parte del ideario de los médicos de la época. París no solamente respondía a los ideales técnicos de los médicos a partir del momento en que la medicina anatomoclínica había desplazado al antiguo humoralismo hipocrático-galénico, sino también a los ideales estéticos y a los gustos de una sociedad burguesa en consolidación, que miraba la vida parisina como 'la que debería ser'. Allí, en la 'Ciudad Luz', Franco estudió seis años más de medicina.[3] Según M. J. A., Franco continuó sus estudios en el Instituto Pasteur, en donde habría asistido al curso de Bacteriología en los años de 1901 a 1902 con los distinguidos profesores Roux, Metchnikoff, Laveran, Nocard y Borel (M. J. A., 1904). Esto mismo lo afirma Sanmartin agregando el nombre de Sergent (Sanmartin Barberi, 1989: 31).[4]

---

3 Realizó sus estudios clínicos en los servicios de los profesores Potain, Duplay y Grancher: Clínica Médica en el primero, Estudios Quirúrgicos en el segundo y Enfermedades de los Niños en el último. Estudió el sarampión, la difteria y la escarlatina en los pabellones de aislamiento del Hôpital des Enfants Malades, con los profesores Comby, Marfan y Mery, respectivamente. Estudió las afecciones urinarias en el hospital y obstetricia con el afamado doctor Pinard. En el Hospital de San Luis, en la clínica del profesor Fournier, y con su antiguo jefe de clínica, Dr. Gastou, estudió las enfermedades de la piel, y en esta misma especialidad siguió el curso de las lecciones del Dr. Brocq (M. J. A., 1904).

4 Si bien tanto M. J. A. y Sanmartin aseveran que Franco estudió en el Instituto Pasteur de París, este es un aspecto que aún no hemos podido comprobar, porque ninguno de los dos autores cita fuentes primarias ni bibliográficas al hacer esa afirmación. En el prefacio de su tesis de grado sobre el tifus exantemático, Franco agradece a varios de sus profesores por sus enseñanzas y consejos durante su aprendizaje de la medicina que no incluyen a miembros del Instituto Pasteur de París. Menciona a Duplay, Grancher, Marion y Hallé, jefes de clínicas en las que realizó sus prácticas. Reconoce haber sido alumno del profesor Pinard, a quien agradece sus excelentes y prácticas lecciones. Hace lo mismo con todos los profesores del Instituto de Medicina Colonial, especialmente al profesor Blanchard por sus enseñanzas en parasitología, y a Jeanselme, profesor agregado, por sus lecciones sobre enfermedades de la piel. Igualmente, reconoce a Wurtz, profesor agregado, por sus lecciones clínicas, por su ayuda para permitirle examinar en su laboratorio las piezas que trajo de su viaje a Túnez y por los consejos que le dio para la redacción de la tesis.

Asistiendo a la cátedra de Parasitología que dictaba el profesor de la Facultad de Medicina de París Raphael Blanchard (M. J. A., 1904), Franco había fortalecido la idea de la importancia de la parasitología y del laboratorio para comprender mejor las enfermedades tropicales (Franco Franco, 1903: 8). La introducción del uso del microscopio como herramienta de investigación y de diagnóstico, protagonizada por la bacteriología y la mentalidad etiopatológica, marcaba la diferencia con la medicina clínica anterior. En el estudio de las enfermedades tropicales, el microscopio era la herramienta que permitía observar aquellos seres minúsculos llamados parásitos para confirmar o no la presencia de la enfermedad y hacer realmente preciso el diagnóstico diferencial. Franco había adquirido en Francia el entrenamiento teórico y práctico necesario para su adecuado manejo.[5]

Después de terminar su formación en la Facultad de Medicina de París, en 1903, Franco adelantó estudios durante un año más en el recién creado Institute de Medecine Coloniale.[6] Por destacarse como el mejor estudiante de esa promoción, recibió luego una bolsa viajera (una beca) que le permitió realizar una pasantía por el Hospital Sadiki de Túnez, estudiando, bajo la guía de Charles Nicolle, jefe del Instituto Pasteur de esta ciudad, una epidemia de tifo exantemático (Franco Franco, 1903: 9). Esta experiencia la utilizó como tema de su tesis de grado en la Universidad de París (Franco Franco, 1903), recibiendo su diploma de médico el 3 de diciembre de 1903 (Sanmartin Barberi, 1989: 31). Terminados sus estudios en Francia, se matriculó en la Escuela de Medicina Tropical de Londres,[7]

Finalmente, agradece a Brunswick le Bihan, médico jefe del Hospital Sadiki de Túnez, por la buena voluntad con que lo acogió y por la liberalidad con que le facilitó todos los elementos del hospital para su trabajo; a Nicolle, jefe del Instituto Pasteur de Túnez, por su apoyo y asesoría en el trabajo; y al profesor Brouardel, director del Instituto de Medicina Colonial, por haber aceptado ser el presidente de su tesis. Pero no hay ninguna mención a ningún investigador del Instituto Pasteur de París.

5 Los instrumentos, que, como decía Bachelard, pertenecen al saber formalizado y cosificado, son en sí mismos concepciones científicas condensadas y objetivadas, y se requiere apertrecharse de mucha teoría y mucha práctica cotidiana para manejarlos adecuadamente (Bourdieu, 2003: 76-77).

6 La medicina colonial era para los franceses el equivalente, con algunas sutiles diferencias, a la medicina tropical de los ingleses.

7 La Escuela de Medicina Tropical de Londres había sido fundada por Patrick Manson, en 1899. Allí se desarrolló la enseñanza y la investigación sobre la etiología de las enfermedades tropicales desde una perspectiva eminentemente clínica y, por lo tanto, individual. Este enfoque

donde realizó una corta pasantía.[8] Según M. J. A., estando en Londres en febrero de 1904, Franco hizo parte del comité colombiano que viajó al Segundo Congreso Médico Latinoamericano, el cual se llevó a cabo en Buenos Aires. Al asistir a este congreso y a las excursiones y visitas a las distintas instituciones y programas higienistas que funcionaban muy adecuadamente en esta ciudad, y que durante el congreso fueron programadas, Franco tuvo la oportunidad de ver una organización sanitaria modelo en acción (M. J. A., 1904).

Después de terminar sus estudios y de su viaje a Buenos Aires, Roberto Franco regresó a Bogotá en 1904 (M. J. A., 1904) y, coherente con el interés que había adquirido en Europa por la medicina tropical y la parasitología, comenzó a luchar por que se institucionalizara la medicina tropical en nuestro país. Esto lo hizo, básicamente en cinco frentes: creación de la cátedra de Medicina Tropical en la Facultad de Medicina de la Universidad Nacional; organización de sesiones de medicina tropical en los congresos médicos subsiguientes; participación en la Junta Central de Higiene y en la Academia Nacional de Medicina; creación de la Sociedad de Medicina Tropical y su *Revista de Medicina Tropical;* y realización de algunas investigaciones sobre enfermedades tropicales en Colombia.

A su llegada a Bogotá, Roberto Franco fue nombrado miembro de la Junta Central de Higiene, con Luis Felipe Calderón, Carlos Michelsen y Pablo García Medina, y fue designado profesor de Anatomía de la Facultad de Medicina. Sin embargo, rápidamente y por iniciativa suya logró que el consejo de la Facultad de Medicina aprobara en diciembre de 1904 la creación de la cátedra de Medicina Tropical, de la que fue titular desde 1905 y hasta 1940. Instaló en su casa los elementos de laboratorio traídos de París e inició sus trabajos de investigación

---

se apoyó en los estudios etiológicos desarrollados por la parasitología y la teoría microbiana (Worboys, 1976).

8 Aunque Carlos Sanmartin afirma que Roberto Franco fue discípulo de Patrick Manson y de Ronald Ross en la Escuela de Medicina Tropical de Londres (LSHTM) (Sanmartin Barberi, 1989: 31), es necesario precisar que Ross no enseñaba en ese momento en la escuela de Londres, sino en la de Liverpool. Hemos consultado los libros de registro de la Escuela de Medicina Tropical de Londres y, aunque allí aparece registrado Roberto Franco, y aunque en el *syllabus* de la escuela de esa época aparece Manson dictando un curso, por la información registrada en dichos libros no es posible saber si Franco asistió a dicho curso o a otros. Franco solo estuvo cuatro meses en la escuela y no obtuvo ningún título (London School of Hygiene and Tropical Medicine, 1899-1904). Tampoco se ha podido corroborar que Franco hubiese estado en la escuela de Liverpool.

apoyado por Federico Lleras Acosta.[9] Logró además que se iniciaran los trámites en la facultad para la adquisición de un laboratorio bacteriológico de apoyo a la cátedra (Osorio, 1904: 763). Esta clínica empezó a funcionar en 1905 como adjunta a la clínica de patología interna, que era conducida entonces por Ismael Gallego (Calderón Reyes, 1905b: 795). Roberto Franco aplicó en su cátedra el enfoque clínico para el estudio de las enfermedades tropicales que aprendió en París y Londres.[10]

Hacia finales de 1905, Franco estableció un laboratorio "destinado a las investigaciones de las clínicas", cuyos instrumentos fueron comprados a Eliseo Montaña gracias a la donación que hicieron los filántropos Santiago Samper, José María Samper y Joaquín Samper (Calderón Reyes, 1905a). Según Franco, este laboratorio, que desde ese momento se llamó 'Laboratorio Samper', fue el primero desde donde se estudiaron las enfermedades tropicales y lo señaló como el que marcó el inicio de la colaboración del laboratorio en los estudios clínicos en nuestro medio:

> Fundé el laboratorio de la clínica de enfermedades tropicales, y allí se estudiaron por vez primera las enfermedades de esa índole que dominan el país. Se hizo el estudio de la piretología colombiana sobre el paludismo, la fiebre espiroquetal, el dengue y muchas otras enfermedades transmitidas por mosquitos o parásitos chupadores de sangre. Este pequeño laboratorio que yo fundé constituyó el principio de la colaboración del laboratorio a la clínica entre nosotros. Entonces se iniciaron, por insinuación mía al profesor Federico Lleras, los laboratorios particulares que se ocupan de esos mismos estudios. (Franco Franco, 1925: 18 y 22)

En este laboratorio trabajaron bajo la dirección de Franco, Gabriel Toro Villa y Jorge Martínez Santamaría, entre otros. Ellos participaron en las investigaciones que posteriormente allí se llevaron a cabo sobre varias enfermedades tropicales.

---

9 Federico Lleras Acosta había sido discípulo de veterinaria de Claude Vericel y había aprendido con él las técnicas de la moderna bacteriología.

10 Esto hace pensar que no estudió medicina tropical con Ronald Ross, pues su enfoque estaba más cercano a la medicina clínica francesa y al modelo de la medicina tropical enseñada por Patrick Manson. Ross estaba enseñando y poniendo en práctica un enfoque sanitarista de la medicina tropical en la Escuela de Liverpool, con el cual no se compaginaba la propuesta de Franco.

Franco era pues en ese momento el hombre más preparado en Bogotá para dirigir la misión que estudiaría la reinante epidemia de fiebres de Muzo de 1906. Eligió como compañeros de trabajo a sus dos discípulos, Jorge Martínez Santamaría y Gabriel Toro Villa (Franco Franco, 1907: 94). Los tres investigadores conocían muy bien el estado del arte de la investigación sobre la fiebre amarilla y estaban enterados de los descubrimientos de Carlos Juan Finlay y Walter Reed sobre el papel que desempeñaba el mosquito en su transmisión (Franco Franco, Toro Villa & Martínez Santamaría, 1911), así como de los trabajos de erradicación de la enfermedad que William Crawford Gorgas y Oswaldo Cruz habían puesto en marcha con éxito en La Habana en 1901 (Strode et al., 1951: 11) y en Río de Janeiro en 1903 (Costa, 1986: 57-61), respectivamente.

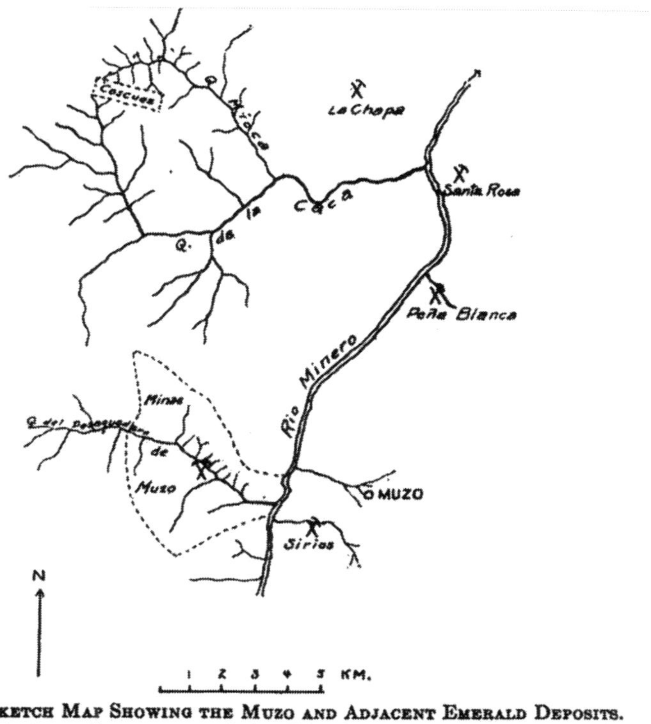

Fig. 2.—Sketch Map Showing the Muzo and Adjacent Emerald Deposits. (The Muzo preserve, the property of the Colombian government, is inclosed by broken lines.)

Figura 13. Mapa del río Minero, en la región de Muzo (Boyacá), en donde ocurrieron los casos de la epidemia de fiebre de 1906-1907.

Fuente: tomado de Pogue, Joseph E. (1917). "The emerald deposits of Muzo, Colombia". En *Transactions of the American Institute of Mining Engineers. Vol. LV.* Arizona Meeting, September, 1916. (http://www.palagems.com/emerald-colombia/).

¡La Misión Médica se va a Muzo!

Ya definidos los miembros de la Misión, estos emprendieron la consecución de los elementos necesarios para sus estudios, luchando con las dificultades que implicaba el hecho de ser esta la primera vez que en el país se organizaba esta clase de investigaciones, llevando el laboratorio a las investigaciones de campo, siguiendo el modelo pasteuriano.[11] Como lo decía Franco en su informe al Sindicato de Muzo:

> Palpamos entonces una vez más la falta que hace en nuestra Facultad de Medicina un laboratorio de parasitología en donde se encuentren reunidos los instrumentos y los útiles que sirvan de auxilio a trabajos de esta naturaleza. Con los pocos elementos que pudimos conseguir en los laboratorios oficiales y principalmente en algunos particulares, *emprendimos el viaje llevando para las investigaciones nuestro microscopio.*[12] (Franco Franco, 1907: 94)

Al partir para la mina, los miembros de la Misión llevaban la idea de que reinaba allí el paludismo en gran escala. Tal fue la opinión emitida en la junta médica en la que se decidió la organización de la misión que les había sido encomendada. Allí fue aceptada como posible la naturaleza palúdica de la epidemia, no obstante, se dieron algunas razones que permitían pensar que tambien podría tratarse de fiebre amarilla o de una fiebre recurrente. En la junta se aceptó que solo el microscopio podría sacarlos de la duda (Franco Franco, 1907: 95).

La Misión llegó a la mina de Muzo el día 9 de marzo de 1906, y después de elegir su alojamiento y un local para el laboratorio, sus miembros se instalaron protegiéndose hasta donde era posible de los moquitos, pues, además de que eran muy numerosos en la vecindad, ellos los consideraban causa principal de la epidemia febril, ya fuese esta palúdica o amarílica. Durante seis semanas

---

11 Al respecto ver el trabajo de Bruno Latour sobre el laboratorio de Pasteur (Latour, 2001 [1983]).

12 La *cursiva* es nuestra para resaltar desde ya la importancia que Franco le daba al uso del microscopio. Las razones las analizaremos más adelante, aunque debemos recalcar que ya cuando hablamos de su formación científica destacamos el hecho de que él aprendió en Francia a valorar el rol que el microscopio desempeñaba como elemento diferenciador de la vieja práctica anatomoclínica y la de la mentalidad clínica etiopatológica, para la cual el microscopio era el instrumento diagnóstico por excelencia, basada como estaba en los métodos de la bacteriología, disciplina en la cual el microscopio era la herramienta de trabajo básica.

que permanecienron allí, se dedicaron a investigar la naturaleza de las fiebres, a determinar sus causas y a recoger mosquitos y otros parásitos de la región, cuya clasificación y examen consideraban de importancia (Franco Franco, 1907: 94-95).

En los primeros días de residencia en la mina, los miembros de la Misión tomaron diariamente quinina y se la hicieron administrar a los trabajadores, siguiendo las recomendacicones de la junta médica. No obstante, en la medida en que fueron estudiando los casos que se presentaban, sus dudas con respecto a la naturaleza palúdica de la enfermedad se fueron acrecentando hasta que llegaron a convencerse de que ninguno de sus enfermos estaba sufriendo de paludismo. La misión científica permaneció en Muzo hasta junio de 1907. Durante ese tiempo, sus miembros realizaron el estudio clínico de 21 casos de fiebre, el estudio necrópsico de tres de ellos, la observación microscópica de la sangre de todos los enfermos y el estudio de los mosquitos y demás parásitos seleccionados de la zona. El microscopio jugó su papel diferenciador:[13] los estudios microscópicos mostraron que en ninguna de las muestras de sangre de los casos estudiados estaba presente el "hematozoario de Laveran",[14] lo cual permitió descartar el paludismo como causa de la epidemia[15] (Franco Franco, 1907b: 95-96).

Franco, al hacer el informe de la epidemia presentado al Sindicato de Trabajadores de Muzo, y haciendo gala de su posicionamiento profesional como poseedor de un nuevo saber que lo diferenciaba de la mayoría de los médicos del país en ese momento, insistía en el papel jugado por el uso del microscopio:

> El microscopio ha sido nuestra principal guía, y creemos que siempre que de fiebres se trate, y especialmente de fiebres de los climas cálidos, es él el que

---

13 Valga la pena anotar que, en ese momento, el microscopio solo se usaba con criterio microbiológico para observar las bacterias y parásitos en las muestras de sangre de los pacientes y no para estudios histológicos, por lo tanto, los estudios necrópsicos de los casos de fiebre amarilla, que en este trabajo son también claramente descritos, son de carácter macroscópico.

14 Nombre con el cual se designaba en ese momento al *Plasmodium* o parásito causante del paludismo o malaria, en honor al investigador francés Alphonse Laveran, quien lo descubrió en 1880 (Rosen, 1993 [1958]: 298).

15 Franco estaba al día en los conocimientos sobre el paludismo: en las notas de clase tomadas por Franco en París, en 1902, está explícita la clasificación de los hematozoarios, los distintos tipos de *Plasmodium,* así como la clasificación de los mosquitos y el ciclo vital del *Plasmodium* tanto en el hombre como en el mosquito (Franco Franco, 1902).

> puede decidir de su naturaleza, el único que da indicaciones terapéuticas precisas, datos de pronóstico de primera importancia y el que en consecuencia dirige la etiología, la profilaxis y el tratamiento en todos los casos. Guiándonos únicamente por los datos clínicos probablemente habríamos confundido unas con otras las distintas fiebres, y habríamos tomado como palúdicos enfermos en quienes no obraba como agente causal ningún hematozoario. (Franco Franco, 1907: 95)

En ese sentido, Franco también dejó claro que conocía los tipos de fiebre con las cuales se debería hacer el diagnóstico diferencial. Además de descartar el paludismo, Franco anotó que los casos podrían tratarse de dos tipos de fiebre "es la una la verdadera fiebre amarilla, y la otra la fiebre spirochoetal o recurrente; es trasmitida la primera por un culicidio del género *Stegomyia,* y diseminada la segunda por un acarino de la familia de los argacideos y del género ornithodorus" (Franco Franco, 1907: 96).

Pero nuevamente el microscopio jugó su papel diferenciador. Dejemos hablar al propio Franco refiriéndose a la fiebre espiroquetal:

> Ignorada completamente entre nosotros y confundida con el paludismo y con la fiebre amarilla en nuestras tierras calientes, ha venido el microscopio a demostrarnos su existencia, y desde el año pasado, en que tuvimos ocasión de encontrar en las láminas de sangre de un enfermo la spirocheta que la determina, emprendimos su estudio y nos ha sido dado observar ya muchos casos. Cuatro de los que encontramos en la epidemia de Muzo pertenecen a esta fiebre, que sin el microscopio hubiéramos confundido con los otros. (Franco Franco, 1907: 102)

Así pues, el análisis al microscopio de las muestras de sangre dejaba en claro que en Muzo no había paludismo (o malaria, como se le llamaba también a esta enfermedad) y que solo cuatro de los casos eran de fiebre espiroquetal. El diagnóstico estaba definido, se trataba de fiebre amarilla: "Siendo la fiebre amarilla la que forma la parte más importante de la epidemia, tanto por el número de individuos atacados como por el de víctimas que hace, empezaremos por ella a indicar las medidas de profilaxis que juzgamos necesarias" (Franco Franco, 1907: 96).

'Fiebre amarilla de los bosques'

Lo curioso era que "de los diez y siete enfermos observados como afectados de esta fiebre,[16] nueve permanecían de día y de noche en el interior de la montaña, cuatro estaban solamente de día en los trabajos de los bosques y los cuatro restantes, sólo por corto tiempo y de un modo accidental, pasaban por estos lugares" (Franco Franco, 1907: 97-98).

Por otra parte, el estudio de los mosquitos de la región mostró que los de los bosques eran "los más numerosos, los más nocivos y los principales responsables de la epidemia" (Franco Franco, 1907: 99). La mayor parte de los mosquitos

> [...] recogidos en la vecindad de las habitaciones de la Dirección, de la casa de empleados y de las casas de los trabajadores, son simulidios o coretrinos, y muy escasos culicidios; al contrario, los recogidos en el bosque y en los lugares de donde procedía la mayor parte de nuestros enfermos, eran casi todos culicidios y apenas reconocimos unos pocos anofelinos. Este hecho está de acuerdo con la observación clínica y nos explica la falta de hematozoario en la sangre de los enfermos [...] Consideramos como responsables de la transmisión de la fiebre amarilla a los mosquitos que existen en el bosque, y admitimos igualmente que la inoculación pueda hacerse tanto de día como de noche. (Franco Franco, 1907: 97-98)

Al contrario de lo que confirmaban los descubrimientos de Reed y de Finlay, quienes afirmaban que la fiebre amarilla era transmitida por un mosquito urbano que vivía en los resquicios de las paredes y techos de las casas, estas observaciones de Franco y sus discípulos demostraban que en Muzo "la generalidad de las veces la infección es recibida en el bosque" (Franco Franco, 1907: 101) y no en la zona de las habitaciones.

De esta manera, los miembros de la Misión llegaron a la conclusión de que la epidemia era fundamentalmente de fiebre amarilla, pero que se trataba de una forma de fiebre amarilla no urbana, sino de los bosques, y que era transmitida no solo por el *Stegomyia fasciata,* también llamado *Stegomyia calopus,* sino también por otros culicidios que picaban tanto durante el día como en la noche, cuando los trabajadores se dedicaban al trabajo en los bosques o dormían allí. Esta era,

---

16 Los otros 4 de los 21 mencionados tenían fiebre espiroquetal.

pues, la primera mención a la posibilidad de la existencia de un tipo de fiebre amarilla diferente a la de carácter urbano.

Las propuestas de manejo para contener la fiebre amarilla emitidas por los miembros de la Misión Médica en 1907 incorporaron algunas medidas similares a las indicadas en el Acuerdo de 1905, analizado en el capítulo anterior, particularmente con relación a la contención del mosquito en los sitios de vivienda de los trabajadores. Pero, al mismo tiempo, propusieron otras nuevas medidas: dado que Franco postuló que posiblemente los trabajadores podrían haber adquirido la enfermedad en los bosques, cerca de sus sitios de trabajo y a través de un mosquito que podía viajar cortas distancias, propuso cortar arbustos a 300 metros a la redonda e impedir el trabajo de mineros que no estuviesen inmunizados por un ataque previo de la enfermedad (Franco Franco, 1907: 99).

En julio de 1910, Franco, Martínez y Toro volvieron sobre el asunto. Durante las Sesiones Científicas del Centenario,[17] organizadas por la Academia Nacional de Medicina entre el 26 de julio y el 2 de agosto de ese año, estos investigadores presentaron un trabajo titulado "Fiebre amarilla y fiebre espiroquetal, endemias y epidemias de Muzo, de 1907 a 1910", publicado en 1911 (Franco Franco, Toro Villa & Martínez Santamaría, 1911), en el cual rediscutieron, ya de una manera más técnica y dirigiéndose más directamente al cuerpo médico, el asunto de la 'fiebre amarilla de los bosques', recopilando los hechos expuestos en el *Informe al Sindicato de Mineros de Muzo,* de 1907. Allí insistieron nuevamente en la importancia del microscopio como herramienta diagnóstica. Refiriéndose a lo discutido en la junta médica inicial, recalcaron: "Emitimos en esa junta nuestra opinión sobre la necesidad que hay de los exámenes microscópicos para decidir de la verdadera naturaleza de las fiebres de nuestros climas calientes" (Franco Franco, Toro Villa & Martínez Santamaría, 1911: 169). Ampliaron esta recopilación con el análisis detallado de cada uno de los casos estudiados, así como con la descripción de los estudios necrópsicos y de laboratorio practicados, tanto en los casos de fiebre espiroquetal como en los de fiebre amarilla. Complementariamente, hicieron una revisión del conocimiento que sobre ambas enfermedades existía hasta el momento, ligándolo a sus conclusiones, lo que mostraba nuevamente que los tres investigadores estaban al día en el estado del arte del

[17] Se refiere al Centenario del Primer Grito de Independencia de Colombia (20 de julio de 1810).

saber contemporáneo sobre ambas enfermedades (Franco Franco, Toro Villa & Martínez Santamaría, 1911: 169-195).

Con relación a los análisis clínicos que, a diferencia del *Informe al Sindicato de Muzo,* en este trabajo son detalladamente descritos caso por caso, los autores compararon los cuadros clínicos de la fiebre amarilla y de la fiebre espiroquetal, y concluyeron que, si se escogían casos en los que se reunieran todos los síntomas y se comparaba el conjunto de todos los síntomas de la enfermedad con el cuadro térmico, no era posible confundir las dos fiebres:

> El principio con raquialgia muy fuerte, la inyección conjuntival muy marcada, la falta de tumefacción del bazo y del hígado, la disminución rápida de la cantidad de orina, la caída rápida pero no brusca de la temperatura, deben hacer pensar en la fiebre amarilla. Por el contrario, el predominio de los dolores musculares en los miembros, la aparición precoz de vómitos, la repetición de los calofríos, la tumefacción de las vísceras abdominales (bazo e hígado), la mayor disnea o ansiedad y la caída brusca de la temperatura, deben inclinar el diagnóstico a favor de la fiebre espiroquetal. El estudio de la orina también suministra datos de mucho valor para el pronóstico. La disminución de su cantidad y la existencia de albúmina hacen juzgar que se trata de fiebre amarilla, sin que por eso la demostración de tales signos haga excluir la fiebre espiroquetal, que también puede producirlos.
>
> Si por el contrario, tomamos como ejemplo un caso de los que con frecuencia se presentan, en que los síntomas no se encuentran reunidos, y si en vez de analizar toda la evolución de la enfermedad, la consideramos en el principio de su marcha; si observamos únicamente uno de los accesos de fiebre espiroquetal que puede constituir por sí sólo todo el mal, la diferencia es más difícil y la confusión casi inevitable. (Franco Franco, Toro Villa & Martínez Santamaría, 1911: 191)

Pero volvía a insistir:

> El examen microscópico de la sangre da la verdadera clave del problema, y desde que se examina con un pequeño aumento una lámina coloreada por el Leishman, se puede juzgar, por el número de leucocitos, si es de fiebre amarilla o de espiroquetal; en efecto, es la primera la que disminuye el número

> de glóbulos blancos, en tanto que la segunda produce siempre una hiperleucocitosis [...].
>
> Pero no es el número de glóbulos ni su porcentaje el que puede resolvernos el problema, y sólo la presencia de la espiroqueta, o su ausencia, comprobada por un examen detenido de varias láminas, [es] la que nos permite sentar definitivamente el diagnóstico. (Franco Franco, Toro Villa & Martínez Santamaría, 1911: 191-192)

Figura 14. Roberto Franco Franco, a su llegada de París en 1904

Colección Personal de Emilio Quevedo V.

Completaba Franco el análisis comparativo de ambas enfermedades hablando del segundo período clínico de estas:

> [...] cuando se observa la remisión de la temperatura, encontramos otros síntomas que pueden guiarnos para el diagnóstico: la aparición de la icteria y de las hemorragias corresponden a esta época de la evolución de la fiebre, y si es verdad que pueden encontrarse en ambas, son más raras en la espiroquetal

> que en la amarilla, y la presencia del vómito negro y de enterorragias que se traducen por melena, son casi exclusivamente de esta última. La disociación entre la curva del pulso y la temperatura puede encontrarse igualmente en el curso de las dos pirexias, pero es incomparablemente más frecuente en la amarilla que en la espiroquetal. La icteri[ci]a intensa que aumenta progresivamente es también más frecuente en la amarilla. (Franco Franco, Toro Villa & Martínez Santamaría, 1911: 192)

Por otro lado, en las autopsias de los casos de fiebre amarilla, que en este trabajo fueron también claramente descritas, quedaba claro que los análisis realizados eran de carácter macroscópico y que no se utilizaron de forma sistemática los estudios microhistopatológicos. Además de las hemorragias intestinales y de la ictericia del mesenterio, el hallazgo más significativo fue el aumento de tamaño del hígado, su color amarillo verdoso y su degeneración grasa (Franco Franco, Toro Villa & Martínez Santamaría, 1911: 177, 208, 216 y 221).

No obstante, Franco y colaboradores lanzaron la hipótesis de que las semejanzas entre las dos enfermedades podrían hacer pensar que se trataba de dos fases de una misma enfermedad, producidas por un mismo germen, aunque transmitidas por dos vectores diferentes. Según esta idea, la espiroqueta podría ser el germen causal de ambos cuadros clínicos, siendo invisible en el *Stegomyia* durante la fiebre amarilla y visible en el *Ornithodoros* en la fiebre espiroquetal.

Finalmente, las conclusiones fueron aún más enfáticas que las del *Informe al Sindicato de Muzo:* afirmaron abiertamente que la epidemia de las minas de Muzo de 1907 estaba compuesta por fiebre amarilla y fiebre espiroquetal, asociadas; que la fiebre amarilla era contraída en el bosque y no en la vecindad de las habitaciones, y era transmitida por el *Stegomyia calopus,* y probablemente también por otros culicidios. Que la inoculación se hacía durante las horas del día cuando los trabajadores estaban ubicados en las minas, donde predominan los mosquitos transmisores. Sobre la fiebre espiroquetal la comisión concluyó que era producida por una espiroqueta vecina de la espiroqueta *duttoni,* cuyo agente transmisor era un acarino del género *Ornithodoros* (*Ornithodoros turicata*), muy análogo al *Ornithodoros moubata,* transmisor de la espiroqueta *duttoni* en el África Central. Finalmente, que la diferenciación entre ambas fiebres solo era posible por medio del examen microscópico de la sangre: la presencia en ella de la espiroqueta es signo seguro de que se trata de fiebre espiroquetal (Franco Franco, Toro Villa & Martínez Santamaría, 1911: 195-196).

Roberto Franco y el conocimiento contemporáneo sobre la fiebre amarilla

Tal como hemos anunciado atrás, Roberto Franco y sus colaboradores conocían muy bien el proceso de desarrollo de los conocimientos sobre la fiebre amarilla hasta ese momento, los descubrimientos de Finlay, Reed y colaboradores, y los resultados de las campañas de Gorgas, como lo expresaba el propio Franco:

> Hasta el año de 1900, en que se organizó la misión americana que tenía por objeto estudiar la fiebre amarilla en La Habana, no teníamos nociones exactas respecto al germen que produce esta enfermedad, y desde el criptococus xantogénicus hasta el bacilo icteroide de Sanarelli, todos fueron rechazados como no específicos. Verdad es que aun no sabemos cuál sea el germen invisible, pero en cambio, poseemos nociones de mucho valor sobre su modo de transmisión y sus emigraciones [...] La misión americana, compuesta por Reed, Carrol, Agramonte y Lazear, ha llegado a las siguientes conclusiones:
>
> El microbio de la fiebre amarilla existe en la sangre de los enfermos durante los tres primeros días de enfermedad.
>
> El microbio de la fiebre amarilla es un microbio invisible.
>
> El agente de transmisión de la fiebre amarilla es un mosquito: el estegomia fasciata; pero este no se hace realmente infectante sino a partir del duodécimo al decimoctavo día después de que ha picado un enfermo amarílico.
>
> Un ataque de fiebre amarilla producido por piquete de estegomia infectante confiere inmunidad contra la inoculación de prueba hecha con verdadera sangre amarilla infectante.
>
> El período de incubación de la fiebre amarilla experimental ha variado de cuarenta y un horas a cinco días y diecisiete horas.
>
> Los efectos de los enfermos no desempeñan ningún papel en la transmisión de la fiebre amarilla.
>
> La fiebre amarilla puede ser impedida por la destrucción de los estegomias y por la protección de los enfermos contra los piquetes de mosquitos. (Franco Franco, Toro Villa & Martínez Santamaría, 1911: 186)

Estos conocimientos fueron contrastados por Franco y sus colaboradores, al menos para la presentación del trabajo de las Sesiones Científicas del Centenario en 1910, con los producidos "por otra misión americana en La Habana; por el

Instituto de Washington, encargado del estudio de la fiebre amarilla, en Veracruz; por una comisión brasilera en São Paulo, y por la misión francesa, compuesta de Marchoux, Salimbeni y Simona, que siguieron sus investigaciones en Río de Janeiro durante cuatro años" (Franco Franco, Toro Villa & Martínez Santamaría, 1911: 186). Además de corroborar las conclusiones anteriores, estos grupos llegaron a la conclusión de que "la fiebre amarilla no puede afectar un carácter infeccioso sino en las regiones que poseen el estegomia fasciata [...] Ningún otro culicida sino el estegomia fasciata concurre a la infección de la fiebre amarilla" (Franco Franco, Toro Villa & Martínez Santamaría, 1911: 188).

Es claro pues que Franco, Martínez y Toro estaban al día con relación a los conocimientos de su época con respecto a la fiebre amarilla. Eran conscientes de que las conclusiones que habían enunciado en sus dos trabajos sobre las fiebres de Muzo estaban acordes con el saber contemporáneo sobre la enfermedad. No obstante, en sus conclusiones había un elemento nuevo con relación al conocimiento existente: la presencia y el contagio de la enfermedad en los bosques, pues, como ya hemos dicho, desde su primera aparición epidémica en Yucatán en 1648, la fiebre amarilla había sido considerada siempre como una enfermedad de brotes de carácter urbano, una enfermedad epidémica de los grandes puertos marítimos. En el caso colombiano, la afirmación de la existencia de una epidemia de fiebre amarilla en una ciudad del interior del país, alejada de las costas, no era extraña a los médicos locales y confirmaba la idea, de la cual al menos algunos de ellos ya estaban convencidos: que ya la fiebre amarilla había colonizado el interior del país desde la época de las llamadas 'fiebres del Magdalena' y que no era solamente una enfermedad de los puertos marítimos, sino también de los puertos fluviales del interior del país (García, 2006). El elemento que sí era nuevo entonces era el hecho de que la enfermedad se contagiase en los bosques y no en la zona de las habitaciones, afirmación que se configuraba como contradictoria con el saber que, sobre la transmisión de dicha enfermedad, era hegemónico hasta ese momento.

Con relación al papel de los mosquitos, la postura de Franco no era tan clara. En el trabajo presentado a las Sesiones del Centenario, publicado en 1911, afirmaba que la enfermedad era transmitida por el *Stegomyia fasciata* o *calopus,* y probablemente también por otros culicidios, pero en el informe de 1907 no se menciona que la Misión hubiese visto al *Stegomyia fasciata* o *calopus,* específicamente. Solo hablan de que la mayor parte de los mosquitos "en la vecindad de las habitaciones de la Dirección, de la casa de empleados y de las casas de los trabajadores, son simulidios o coretrinos y muy escasos culicidios; al contrario, los recogidos en el bosque y en los lugares de donde procedía la mayor parte de nuestros enfermos, eran casi todos culicinos y apenas reconocimos unos pocos anofelinos" (Franco Franco, 1907: 97).[18]

Más allá de esta comunicación científica, Franco y su grupo de colaboradores no volvieron a preocuparse de manera significativa por la fiebre amarilla de los bosques ni por poner en marcha un programa de estudios de laboratorio sobre la etiología de esta enfermedad. Cabe señalar al respecto que Franco no tenía una formación integral de investigador, como la que tenían quienes se formaban como tales en el Instituto Pasteur de París en esa época. Anne Marie Moulin ha planteado que los miembros del movimiento sanitarista 'pastoriano' vindicaron la teoría microbiana de la enfermedad, la implementación de las nuevas técnicas bacteriológicas y una nueva visión de la epidemiología de campo (Moulin, 1992: 307-308).

Roberto Franco compartía estos criterios, no obstante, la concepción de Franco de la medicina tropical y colonial estaba más cerca del estudio clínico y el tratamiento de pacientes individuales, desde el modelo mansoniano y del de los etiopatólogos franceses, así como del manejo de las epidemias, al mejor estilo de lo que en Inglaterra comenzaba a llamarse 'sanitarismo tropical', que de la investigación básica misma. Según Moulin, los 'pastorianos', en cambio, conformaban una red de investigadores permanentes, constantemente vinculados al Instituto Pasteur de París a través de los Institutos Pasteur creados en otros países y que coordinaba la investigación microbiológica en todo el mundo. Los estudiantes extranjeros del instituto parisino retornaban a sus lugares de origen, pero mantenían el lazo con sus tutores metropolitanos y continuaban desarrollando investigaciones bacteriológicas (Moulin, 1992: 311).

No fue este exactamente el caso de Franco. Él era más bien un buen clínico, formado en lo que en la medicina francesa comenzaba a configurarse como la "mentalidad etiopatológica" (Laín Entralgo, 1961 [1950]: 371-408; Laín Entralgo, 1982: 85-91). Por lo tanto, Franco era consciente del papel fundamental que las pruebas de laboratorio desempeñaban en la comprobación de los diagnósticos

[18] Hasta ahora no hemos podido encontrar un diario de campo de la Misión que nos permita aclarar si realmente vieron el *Stegomyia calopus* o *fasciata,* o lo que vieron fueron otros culícidos y si la afirmación que se hace en el artículo de 1911 es porque ese es el conocimiento dominante o porque realmente esté basado en la observación directa de dicho mosquito.

clínicos, al tiempo que contaba con una buena formación en los procedimientos y medidas sanitarias recomendadas por la higiene pública francesa del momento. Por otra parte, es necesario señalar que, para ese momento, en Colombia no había todavía una tradición en investigación y que, al final de cuentas, el objetivo de la misión liderada por Franco era fundamentalmente identificar la enfermedad y dar las recomendaciones terapéuticas y preventivas del caso.

Por eso, en vez de continuar con un programa de investigación a largo plazo sobre la fiebre amarilla en Colombia, una vez hecho el diagnóstico de la epidemia, los miembros de la Misión Médica se dedicaron simplemente a recomendar las medidas preventivas y terapéuticas necesarias para enfrentar dicha epidemia (Franco Franco, 1907: 89-10 y 103-104), y a asesorar la lucha médica contra la fiebre amarilla en Muzo hasta 1910. Según comenta Gabriel Toro Villa, bajo la asesoría de la Misión a la dirección médica de la empresa, se iniciaron en la zona de Muzo trabajos de protección mecánica y de profilaxis, con tan buen resultado que se pudo dominar la enfermedad en muy poco tiempo (Toro Villa, 1913: 125).

Superada ya la epidemia de Muzo, la fiebre amarilla no parecía ser una importante amenaza para la vida ni la economía del país. Había otros problemas de salud más significativos para los médicos y para los políticos, como la tuberculosis y, sobre todo, la lepra,[19] enfermedades que atraían la atención de los higienistas y del gobierno nacional.

Impacto inicial de los trabajos de Franco y colaboradores

Es interesante anotar el poco impacto que inicialmente tuvo la innovadora pero aislada conclusión de los trabajos de Franco y su grupo de la existencia de una forma de 'fiebre amarilla de los bosques'. En el ámbito nacional, la publicación del informe de 1907 (Franco Franco, 1907) y del artículo de 1911 (Franco Franco, Toro Villa & Martínez Santamaría, 1911) no parece haber producido ninguna reacción significativa inmediata en el cuerpo médico colombiano de la época, pues no apareció ninguna publicación que lo comentase, contradijese o respaldase en las pocas revistas seriadas que se publicaban en ese momento en el país.

---

[19] Con relación a la importancia de la lepra en Colombia y su medicalización, ver los trabajos de Diana Obregón (Obregón Torres, 1996; Obregón Torres, 2002).

Tampoco en la literatura médica internacional de la época apareció ningún comentario sobre el tema. Esto último es comprensible porque los trabajos del grupo fueron publicados en español y en el ámbito de lo local, en la *Revista Médica de Bogotá* (Franco Franco, 1907) y en las memorias de las Sesiones Científicas del Centenario (Franco Franco, Toro Villa & Martínez Santamaría, 1911), mas no en ninguna revista extranjera que tuviese circulación internacional. No tenemos noticia de que Franco o alguno de sus colaboradores hubiesen presentado su trabajo en algún congreso internacional que permitiese su divulgación más allá de las fronteras nacionales. Por lo tanto, ninguno de los investigadores extranjeros dedicados al tema tuvo conocimiento en el momento de los resultados de estos trabajos. Si bien Pío Renjifo había asistido como representante de Colombia a la Quinta Conferencia Sanitaria Internacional en Washington en 1881 y el propio Franco representó a Colombia en un Congreso Médico Panamericano en Buenos Aires, durante su viaje de regreso a Bogotá, en 1904, la circulación del conocimiento científico a través de la participación en congresos apenas estaba comenzando a ser incorporada como parte de la cultura científica del cuerpo médico colombiano de la época. Incluso, en el ámbito local solo se habían realizado hasta el momento un Primer Congreso Médico Nacional en Bogotá en 1893 y las mencionadas Sesiones del Centenario en 1910. En estas condiciones, el descubrimiento de Franco y colaboradores quedó momentáneamente suspendido en el aire.

Xavier Polanco ha enunciado la categoría de "ciencia-mundo", trasladando al terreno de los estudios sobre la ciencia el concepto de "economía-mundo",[20] entendiéndola como el tipo de condiciones y de organización de la ciencia y la

[20] El concepto de "economía-mundo" fue propuesto por Wallerstein (Wallerstein, 1989) basándose en las propuestas sobre la larga duración de Fernand Braudel. Según Wallersetin, las "economías-mundo" son estructuras de larga duración (Braudel, 1979), entendidas no como los procesos generales de la economía mundial, sino como los procesos concretos de las economías de solo una porción de nuestro planeta, en la medida en que cada una de ellas conforma un todo económico; según él, estas economías-mundo se definen por una triple realidad: en primer lugar, cada una de ellas ocupa un espacio geográfico determinado, poseyendo, por lo tanto, unos límites que la explican y que varían, aunque con cierta lentitud; en segundo lugar, cada una de ellas tiene siempre un polo, un centro representado por una ciudad dominante o capital económica, y pueden existir incluso de forma prolongada dos centros simultáneos; y, finalmente, toda economía-mundo se divide en zonas sucesivas: el corazón, las zonas intermedias y las zonas periféricas o marginales. El concepto es nuevamente retomado por Braudel y permite superar la concepción de periferia propuesta por la 'teoría de la dependencia' como simple espacio geográfico subdesarrollado, para comprenderlo en sus relaciones de interdependencia con el centro de dicha "economía-mundo" (Braudel, 1985).

tecnología en una economía-mundo concreta (Polanco, 1990), como la "economía-mundo europea" o la "economía-mundo norteamericana". Este concepto ayuda a entender, de una nueva forma, el problema del nulo impacto de los trabajos de Franco en el contexto de la 'mundialización de la ciencia'.

Figura 15. Gabriel Toro Villa, codescubridor de la fiebre amarilla de los bosques con Roberto Franco Franco y Jorge Martínez Santamaría.

Fuente: tomada de Álbum del Segundo Congreso Médico de Colombia reunido en Medellín en 1913. Medellín, foto Rodríguez (archivo personal de Emilio Quevedo V.)

Por un lado, la "economía-mundo" europea había sido hegemónica durante todo el siglo XIX, al menos en el hemisferio occidental y buena parte del oriental, desde que el Imperio británico inició su expansión hacia el Asia. Londres era aún el centro económico de dicho complejo político económico y París, el centro cultural. Para el momento en que Franco y colaboradores publicaron se pueden identificar unas relaciones de hegemonía entre las comunidades científicas metropolitanas y periféricas de dicha "economía-mundo", estableciendo dos centros fundamentales de interacción científica, al menos en el campo de la medicina y de la salud: París para la higiene pública y privada y para los estudios bacteriológicos, y Londres para la medicina tropical. Es claro que Franco y colaboradores estaban al día en los conocimientos de punta emanados de dichos centros con relación a la bacteriología, la parasitología, la medicina tropical y la higiene.

Por otro lado, los años que siguieron a la Guerra Civil norteamericana, 1865-1914, fueron testigos del incremento absoluto de la producción estadounidense hasta 1929, que superó con creces el de las mayores potencias del mundo, convirtiéndose en la primera potencia industrial del planeta (Degler, 1986 [1959]) y que requirió de la explotación de los recursos naturales y materias primas propias y de las de otros continentes, así como de la apertura de amplios mercados internacionales. Para 1907, los Estados Unidos habían ya comenzado pues una carrera expansionista, tanto desde el punto de vista económico como político en América Latina, y estaban empezando a desplazar al capital europeo, tanto en el campo de la producción como en el del comercio latinoamericano.

Así mismo, sus comunidades científicas iniciaban una conquista del espacio cultural y científico latinoamericano. Expresiones claras de ese fenómeno en el campo de la lucha contra la fiebre amarilla eran tanto el papel preponderante que había jugado George Sternberg en el cuestionamiento de las teorías etiológicas de la fiebre amarilla de carácter bacteriológico que habían sido enunciadas en México y Brasil, como el rol de la comisión americana en la demostración de la 'teoría del mosquito' de Finlay, el papel de William Gorgas en la erradicación de la fiebre amarilla de La Habana y de Panamá, así como la influencia de estos científicos y sanitaristas en sus colegas latinoamericanos, entre ellos Oswaldo Cruz y Emilio Ribas, en Brasil. También era claro que Franco y colaboradores estaban enterados de los conocimientos y técnicas producidas por estas comunidades científicas norteamericanas.

Paralelamente, Marcos Cueto ha acuñado el término de "excelencia científica en la periferia" (Cueto, 1989: 27-30), para anotar que también en los países que conforman la periferia de una "economía-mundo" se puede hacer ciencia de calidad. Cueto contrapone el concepto "ciencia en la periferia" al de "ciencia periférica".[21] Con los conceptos de "excelencia científica" y de "ciencia en la

21 Este último había sido utilizado por los seguidores de la teoría de la dependencia, como Francisco Sagasti (Sagasti, 1973: 47-59), Oscar Varsavsky (Varsavsky, 1974), Amilcar Herrera (Herrera,

periferia", quiere resaltar que no toda la ciencia de los países 'atrasados' es marginal al acervo mundial del conocimiento y que el trabajo científico tiene en estos países sus propias reglas, que deben ser entendidas no como síntomas de atraso o modernidad, sino como parte de su propia cultura y de las interacciones con la ciencia internacional (Cueto, 1989).

Es en este contexto en que puede entenderse el sentido de los trabajos de Franco y colaboradores. Poseedores del bagaje de conocimientos aportados por los desarrollos de la ciencia de punta, tanto la hegemónica "ciencia-mundo" europea como la naciente ciencia-mundo norteamericana, y aplicándolos con el rigor por ellos exigido, lograron producir conocimiento de excelencia al identificar un nuevo tipo de comportamiento de la fiebre amarilla. Implementaron medidas acordes para su control y, como era el uso en la época, publicaron sus resultados.

Pero la ciencia en la periferia no solamente se relaciona con la producción de conocimiento de excelencia a nivel local. Existe el fenómeno que podríamos llamar "limitantes de la excelencia científica en la periferia",[22] y es que las relaciones de poder entre las comunidades científicas centrales y periféricas no se expresan solo en la imposición de saberes y conocimientos producidos en el centro y en la apropiación por parte de las comunidades científicas centrales de los conocimientos producidos en las periferias, sino también en la ignorancia de la literatura producida en la periferia y en el desconocimiento de los idiomas locales.

Este proceso está mediado además por las condiciones económicas determinadas por los procesos de interdependencia, en los cuales los altos niveles de productividad de los países centrales, que favorecen altos niveles de vida y de desarrollo social, permiten el surgimiento de revistas y la publicación de textos científicos que por su alta calidad técnica y por sus mecanismos de financiamiento tienen la posibilidad de circular en todos los espacios de una "ciencia-mundo",

---

1971) y Jorge Sábato (Sábato, 1975), para implicar que la ciencia de los países atrasados y dependientes era marginal al sistema internacional del conocimiento, en términos de recursos, número de investigadores y en la calidad y cantidad de los temas estudiados, basándose en indicadores elaborados en los países industrializados, que reflejan una participación latinoamericana muy pobre en la producción científica mundial.

22 Emilio Quevedo agradece a Gilberto Hochman, investigador en historia de la salud pública de la Casa Oswaldo Cruz de Brasil, por sugerirle este concepto al leer un resumen de este trabajo que fue presentado como avance de resultados parciales al Simposio Internacional Perspectivas Latinoamericanas en Historia de la Salud Global, realizado en Toronto, del 4 al 6 de mayo de 2005.

imponiendo su lenguaje, su idioma y sus conocimientos. Pero, así mismo, el fenómeno contrario ocurre con las revistas y publicaciones surgidas en la periferia.

Las condiciones de interdependencia y de atraso económico impiden el adecuado financiamiento de las iniciativas editoriales y, por estas razones, la inconstancia en las publicaciones y la imposibilidad de ponerlas a circular en el ámbito internacional hacen que lo que en ellas se publique sea desconocido e ignorado por las comunidades científicas centrales. Por más que la ciencia en la periferia pueda ser excelente, si sus resultados no interesan directamente a los poderes económicos, políticos o científicos centrales, para resolver problemas que son de urgencia sentida por ellos, difícilmente van a lograr el reconocimiento de estas comunidades centrales.[23]

Aunque los planteamientos de Franco y colaboradores fueron revolucionarios con respecto del saber establecido en ese momento sobre dicha enfermedad, no dejaron pues de ser las conclusiones aisladas de un grupo de médicos periféricos que no impactaron a la comunidad científica internacional.

Igualmente, el hecho de que Franco y sus colaboradores, después de participar en la Misión Médica de Muzo, no continuaran investigando el problema de la 'fiebre amarilla de los bosques' y reflexionando sobre el tema les impidió sacar conclusiones más avanzadas sobre el significado que su descubrimiento podía tener para transformar la concepción epidemiológica dominante sobre la fiebre amarilla. Pero no era un problema de voluntarismo o no. Su ubicación como científicos periféricos les hacía pensar en prioridades y en ese momento la anemia tropical o uncinariasis se aparecía ante los ojos de ellos como un problema más significativo para las relaciones entre salud y progreso en el país. Ante la falta de recursos para la investigación, los agentes que luchan en el campo de la higiene pública tienen que tomar opciones.

Así pues, en su momento, este primer descubrimiento de la 'fiebre amarilla de los boques' no pasó de ser un simple hallazgo curioso y sin trascendencia significativa para el conocimiento dominante sobre esta enfermedad en el ámbito internacional. Para dicho conocimiento la fiebre amarilla seguía siendo una enfermedad urbana, de los puertos, que atacaba solo a los seres humanos

23 Este fue el caso típico de la teoría del mosquito de Finlay, que, aunque formulada en 1881, solo hasta que en 1900 las necesidades de la supervivencia de las tropas norteamericanas en Cuba hicieron patente la necesidad de resolver de una vez por todas el problema de la fiebre amarilla en las Antillas, los norteamericanos se tomaron en serio los planteamientos del médico cubano.

y que era transmitida por el *Aedes aegypti*. El saber sobre la fiebre amarilla, que desde los descubrimientos de Finlay y de la comisión americana en Cuba desplazó la hegemonía de la teoría miasmática de origen europeo en el campo de la fiebre amarilla, no logró ser cuestionado por los descubrimientos de Franco y sus colaboradores.

Se hace patente un primer espacio de asimetría entre un saber hegemónico metropolitano y un saber periférico, que no controla medios de expresión que puedan impactar el campo, pero que además es producido en condiciones materiales diferentes de las del saber metropolitano y, por eso mismo, no logra impactar el campo. Las condiciones mismas de lucha dentro del campo están pues atravesadas por las redes de poder ideológico que se establecen entre las comunidades científicas centrales y periféricas en el marco de la "ciencia-mundo" de una "economía-mundo".

Desde el punto de vista de los desarrollos políticos en el campo en Colombia, a pesar de la experiencia histórica sobre la fiebre amarilla en el interior del país, el juego de fuerzas sociopolíticas de las primeras décadas del siglo XX terminó por favorecer la teoría y los intereses de aquellos actores preocupados por las relaciones comerciales internacionales, como el gobierno colombiano, los comerciantes, la Oficina Sanitaria Internacional, el Estado norteamericano y los médicos-higienistas, con excepción del grupo de Roberto Franco.

Así, las medidas contra la fiebre amarilla, amarradas a las políticas internacionales de sanidad, fueron más contundentes y sistemáticas en los puntos clave de dichos intereses: los puertos. Esto generó incluso una burocracia particular para atender la sanidad de estos. La fiebre del interior del país no generó acciones especiales como sí lo hiciera su posible ocurrencia en puertos marítimos, ni tampoco una burocracia particular; cuando se presentaba, se dudaba de su naturaleza o se buscaba una vía de entrada del exterior. Todo ello explica el énfasis de dichas políticas en el control de puertos durante el período 1907-1923.

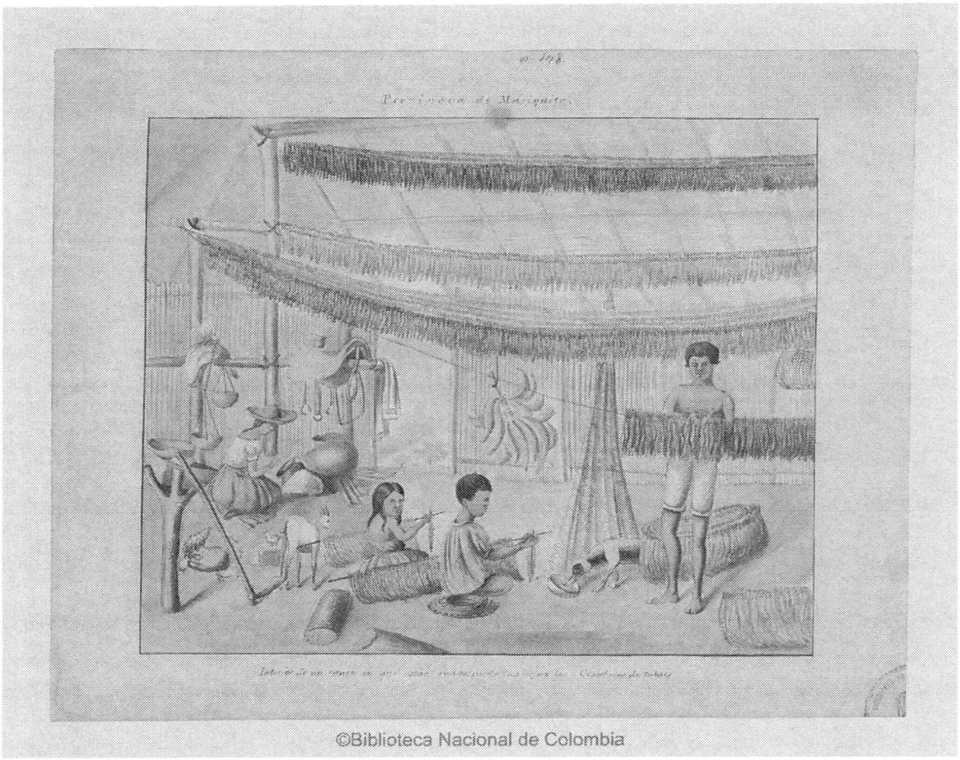
©Biblioteca Nacional de Colombia

Figura 16. Interior de un canei en que están ensartando las hojas los cosecheros de tabaco: provincia de Mariquita. Conocidos en el siglo XIX como 'trabajadores de tierra caliente', sufrían las llamadas 'fiebres del Magdalena', entre las cuales estaba, indiferenciada, la fiebre amarilla.

Fuente: Prince, Henry (1852). Comisión Corográfica. Imágen tomada del fondo gráfico de la Biblioteca Nacional de Colombia.

Capítulo IV
Nuevas normas y nuevos brotes (1910-1915)

Las naciones civilizadas que tienen intereses comerciales en Colombia [...] tienen los ojos fijos en el país [...] y particularmente una de ellas no dejará pasar la ocasión de ejercer, so pretexto de saneamiento de los puertos, una acción mucho más efectiva.

Aparicio, 1915: 370-371

Aplicando la norma internacional: las convenciones sanitarias y la ley colombiana

Por Ley 17 del 21 de agosto de 1908, el Congreso colombiano aprobó la Convención Sanitaria de Washington del 14 de octubre de 1905, firmada por los delegados de Colombia al Tercer Congreso Sanitario Internacional Panamericano de México, celebrado el 2 de diciembre de 1907 (República de Colombia, 1932a [1908]: 4). La Convención, que estimaba conveniente codificar todas las medidas destinadas a resguardar la salud pública contra la invasión y propagación de la fiebre amarilla, peste bubónica y cólera, se tradujo en el país en esta ley que ordenaba la creación de un servicio de policía sanitaria marítima y terrestre, y la construcción de estaciones sanitarias en los principales puertos (República de Colombia, 1932a [1908]: 2-3). La ley siguió al pie de la letra lo que la Convención recomendaba. Por ejemplo, se exigía la notificación a todos los países una vez apareciera cualquiera de esas enfermedades (lugar, fecha, número de casos y acciones tomadas), información que debía enviarse a los agentes consulares de los países afectados. Finalmente, se solicitaba a los gobiernos que se hiciera obligatoria la notificación de los casos relacionados con estas enfermedades (República de Colombia, 1932a [1908]: 6-7).

En particular para la fiebre amarilla, la Convención —y, por lo tanto, la ley colombiana— estipuló que se declararía contaminada una región cuando se presentara un caso de fiebre no importada y se consideraría no contaminada luego de 18 días después de la última muerte o de la curación del último caso (República de Colombia, 1932a [1908]: 8). La Convención era enfática en indicar que las mercancías no podían transmitir la fiebre amarilla, excepto si eran capaces de conducir mosquitos. Por ello, la ley ordenaba que ninguna mercancía debiera ser sometida a desinfección. Solo podían desinfectarse la ropa interior, vestidos y ropa de cama usada, independientemente de que se demostraran contaminadas o no (República de Colombia, 1932a [1908]: 9-10).

La creación de un cuerpo burocrático de sanidad portuaria y terrestre contemplado en la ley fue otra propuesta de la Convención de Washington. Esta recomendaba colocar un servicio médico regular y de vigilancia médica permanente del estado sanitario de las tripulaciones y de la población de los puertos, así como también la construcción de locales de observación protegidos con malla, laboratorios bacteriológicos, servicio de agua potable y mecanismos de extracción de desechos y basuras. Igualmente, se reglamentaba sobre sanidad terrestre, incluyendo las vías de los ferrocarriles (República de Colombia, 1932a [1908]: 18).

La Convención contemplaba con detalle el manejo de los buques infectados, esto es, aquellos que hubiesen tenido uno o más casos durante la travesía, y respecto a los buques sospechosos, esto es, aquellos barcos que hubiesen estado cerca de un puerto infectado y donde se hubiera podido subir el mosquito (República de Colombia, 1932a [1908]: 12). En ambos casos, debía hacerse inspección médica, aislamiento de los enfermos o febriles (más de 37,6 °C) y observación de los sanos por seis días. El buque debía anclar a 200 metros de la costa. Siempre que fuera posible, debía fumigarse el buque contra los mosquitos antes de la descarga o asignarse esta tarea a personal inmune del puerto (República de Colombia, 1932a [1908]: 20).

Como se ve, todas estas medidas de control están centradas en los puertos, basadas en la epidemiología hegemónica sobre la fiebre amarilla. Por lo tanto, el actor sociopolítico 'Estado' seguía siendo indiferente ante las epidemias del interior del país, como la epidemia de Muzo que Roberto Franco exploró en 1907 y que se analizó en el capítulo anterior. El Estado, sometido a la presión política y económica de los actores internacionales, se plegaba definitivamente a los mandatos de dichos actores, con el fin de no quedarse aislado del comercio internacional. Este caso deja ver cómo la asimetría se expresa no solo en el terreno del concepto, sino también en el ámbito de lo político.

Fiebre amarilla en el Valle del Soto en 1910

Nuevamente, entre 1910 y 1911, se presentó una epidemia febril en el Valle del Soto, en el departamento de Santander. Esta epidemia fue diagnosticada y manejada como fiebre amarilla por un grupo de médicos encabezados por aquellos que hacían parte de la Junta de Higiene de Bucaramanga, capital de Santander: David Mac Cormick, Andrés Gómez y Gregorio Consuegra (Mac Cormick, 1913: 140). La epidemia inició en abril de 1910 en Girón, pasó a Bucaramanga el año siguiente y enseguida se presentó simultáneamente en Florida y Rionegro, y, por último, en Piedecuesta, con diferencia solamente de días (Mac Cormick, 1913: 139).

Si bien desde 1906 se habían reportado casos de fiebre en San Vicente de Chucurí, y en Girón, en 1910, y que no pudieron ser confirmados como de fiebre amarilla, solo hasta 1911 se presentó en Bucaramanga un caso identificado como de fiebre amarilla por el médico Julio Vanegas. Dicho caso fue revisado luego por varios médicos de la ciudad, surgiendo de allí una divergencia de opiniones: se habló de fiebre amarilla, de ictericia grave, tifoidea biliosa, paludismo bilioso, fiebre hemoglobinúrica, envenenamiento inconsciente por el fósforo o el arsénico y hasta de una picadura de serpiente no sentida por la víctima, pero cuyo punto de inoculación no se pudo encontrar (Gómez, A., 1912: 60). Igualmente, David Mac Cormick y Gregorio Consuegra observaron casos de una fiebre sospechosa con cefalalgia, vómitos biliosos, albuminuria e ictericia típica. Dos individuos, recién llegados de la población de Salazar, habían muerto presentando fiebre y vómito con sangre, cerca de la Plaza de Mercado. Como consecuencia de estos casos, la Junta de Higiene de Bucaramanga decidió informar al gobierno para que tomara las medidas preventivas ante la inminencia de una epidemia (Gómez, A., 1912: 61).

El pequeño grupo de médicos encabezado por Mac Cormick se dedicó a la destrucción de criaderos de mosquitos *Aedes aegypti,* apoyados en la teoría de Finlay y Reed, y siguiendo las medidas tomadas por Gorgas en La Habana y en Panamá, logrando extinguir el brote epidémico (Mac Cormick, 1913: 141). Efectivamente, Mac Cormick resaltaba que a finales de 1906 la población de Bucaramanga había ya expresado su malestar por la aparición de un nuevo mosquito, con rayas en el cuerpo y anillos blancos en las patas, que picaba durante el día produciendo mucho escozor, que fue reconocido por los médicos como *Stegomyia fasciata* y que el médico Pablo E. Villar, en una conferencia pública sobre los mosquitos propagadores de las enfermedades promovida por la Sociedad de Medicina en 1908, había denunciado como "la vanguardia de la fiebre amarilla" y había indicado las medidas por tomar para enfrentar al maligno huésped (Gómez, A., 1912: 61; Mac Cormick, 1913: 142).

Al extenderse la enfermedad a las poblaciones vecinas ya mencionadas, la epidemia revistió caracteres significativos. Por ejemplo, en Piedecuesta, hubo días en los que se presentaron más de sesenta casos y la mortalidad fue considerable. Sin embargo, los médicos dudaban del diagnóstico, pues los casos no eran del todo típicos y en esta zona predominaba la fiebre tifoidea. Por otra parte, el médico Sorzano, uno de los que enfrentó la epidemia en dicha población, aseguraba haber observado casos indiscutibles de fiebre recurrente espiroquetal (Gómez, A., 1912: 64).[1] Ante la duda diagnóstica, Andrés Gómez, de común acuerdo con los otros médicos de la Junta, decidió realizar estudios de laboratorio para descartar la presencia del hematozoario de Laveran (paludismo) y la espiroqueta de Obermeyer (fiebre recurrente). Trasladó Gómez su microscopio al hospital en donde se estaba atendiendo a los enfermos de fiebre amarilla y a la casa de algunos de ellos, y procedió a examinar la sangre fresca de los pacientes durante el primer, segundo y tercer día del episodio febril. Efectivamente, en ninguno de los casos encontró el hematozoario ni la espiroqueta2 (Gómez, A., 1912: 64).

---

1 Este diagnóstico podría hacer pensar que Sorzano hubiese leído a Roberto Franco. No obstante, el artículo de Gómez no se refiere a Franco directamente en ningún momento y, además, no trae bibliografía, y, por lo tanto, no se puede comprobar esta suposición.

2 Esta actitud diagnóstica de usar el microscopio y contrastar sus hallazgos con la anatomía patológica podría hacer pensar que Gómez había leído los trabajos de Franco y colaboradores publicados en la *Revista Médica de Bogotá* y en la publicación de las Sesiones Científicas del Centenario, aunque no los citara (no era costumbre en los trabajos de la época ser muy rigurosos con las citas bibliográficas). Pero es difícil afirmarlo con seguridad, pues no mencionaba para nada a Franco ni a la epidemia de Muzo. Por otra parte, David Mac Cormick tampoco mencionaba a Franco ni a la epidemia de Muzo por ningún lado. Estos médicos, Mac Cormick y Gómez, dejaban traslucir la actualización de su conocimiento con relación a los avances científicos metropolitanos y, aunque no sabemos dónde se formaron, es claro que en ese momento conocían ya los descubrimientos

Así mismo, en las autopsias se encontraron lesiones compatibles con aquellas consideradas para ese momento como características de la fiebre amarilla, tales como coloración ictérica de los tegumentos, impregnación amarilla del líquido cefalorraquídeo, hipertrofia de la mucosa gastrointestinal con equimosis punteadas, sangre alterada negra en el estómago y los intestinos, hígado con degeneración grasa en su parénquima y riñones hipertrofiados, amarillentos con congestión glomerular (Gómez, A., 1912: 65). Por lo tanto, una vez descartada la fiebre recurrente y el paludismo en todas su formas (incluyendo la ictericia hematúrica y la tifoidea biliosa), quedaba solo la atrofia parenquimatosa del hígado como entidad con la cual había que hacer el diagnóstico diferencial. A esta altura de la cuestión, Andrés Gómez se inclinaba a aceptar que se trataba de fiebre amarilla, debido a la coincidencia de la presencia del *Stegomyia* y a la cercanía de Bucaramanga con regiones en donde esta era endémica (Gómez, A., 1912: 66).

A partir de estos datos, Andrés Gómez afirmaba categóricamente que, a pesar de la benignidad que la había caracterizado, la epidemia ante la cual se encontraba presente se trataba de fiebre amarilla, igual a la que se había presentado previamente en "el golfo de México, Guayana, Maracaibo y Cúcuta, y a la que flageló a Colón, La Habana y Panamá, antes de que las medidas civilizadoras de la higiene hubieran destruido completamente los mosquitos propagadores de la enfermedad" (Gómez, A., 1912: 67).[3] Según Mac Cormick, la epidemia fue exclusivamente urbana y no hubo un solo caso de fiebre en las personas que se protegieron bien contra los mosquitos (uso de toldillos y mallas en puertas y ventanas) siguiendo las recomendaciones de estos médicos. La enfermedad no se propagó a los lugares vecinos en donde no había *Stegomyias*. El cuadro clínico y anatomopatológico de los pacientes estudiados coincidió con el cuadro típicamente conocido en ese momento como fiebre amarilla, incluyendo la degeneración grasa del hígado en los casos graves. El ejercicio de diagnóstico diferencial de la epidemia realizado por Mac Cormick, además de que daba cuenta del nivel de conocimientos que tenía sobre el asunto, mostrando que también se encontraba al día con relación al saber sobre la enfermedad, dejaba en claro

de Laveran y el uso del microscopio como instrumento útil para el diagnóstico diferencial y para identificar los hallazgos anatomopatológicos de la enfermedad.

3 Esto también deja ver que sabía de los trabajos de Gorgas en La Habana y en Panamá.

que la epidemia en cuestión había sido de fiebre amarilla y que la región estaba infestada de *Stegomyia fasciata* o *calopus* e infectada del 'virus'[4] amaril (Mac Cormick, 1913: 143-144).

Pero más interesantes son las observaciones sobre el origen de la epidemia: en primer lugar, Mac Cormick consideraba que esta se contagiaba por intermedio de los mosquitos y solamente por medio de ellos; y, en segundo lugar, que el foco originario de la epidemia de Bucaramanga muy probablemente había sido la ciudad de San Vicente de Chucurí, más alejada de los puertos, por estar ubicada más al centro del departamento y en zona rural, en donde, según Mac Cormick, la enfermedad era endemoepidémica desde hacía varios años (Mac Cormick, 1913: 142-144). Mac Cormick presentó el trabajo que venimos citando (Mac Cormick, 1913) en el Segundo Congreso Médico de Colombia, en 1913, describiendo esta epidemia y su manejo, y planteando estas conclusiones, pero los otros médicos no le pusieron atención a la trascendencia de estas. Es de resaltar que Mac Cormick no citaba a Franco en ninguna parte de su trabajo. Al igual que Roberto Franco, en el caso de la epidemia de Muzo, Mac Cormick postuló la presencia de fiebre amarilla en una zona rural.

Ante la alarma de los médicos, el gobierno local de la ciudad de Bucaramanga dio la orden de establecer un hospital para atender a los enfermos de fiebre amarilla, el 15 de mayo de 1911.[5] El sostenimiento de dicho hospital se logró mediante una serie de auxilios y donativos. Sin embargo, Julio Valdivieso, gobernador de Santander, después de dos meses de la creación de este hospital ordenó su cierre y sugirió que los enfermos se trasladaran al hospital de caridad de esta misma ciudad, para destinar los recursos a este último. El desvío de los recursos fue respaldado por el médico Julio Vanegas,[6] quien, según artículo publicado en el periódico liberal local *El Iris,* "rodeó la idea de mil conveniencias, de otras tantas economías y en su afán de componer el

[4] En ese momento se usaba la palabra virus en su acepción griega de 'veneno' y no en el sentido moderno. Por lo tanto, ante la presencia de una enfermedad contagiosa o infecciosa posiblemente causada por un agente desconocido o invisible al microscopio, a este se le daba el nombre de 'virus'.

[5] Decreto 150 de 1911, por el cual se ordena establecer un hospital para los enfermos de fiebre amarilla. *Gaceta de Santander,* 3 de junio, Bucaramanga: 285.

[6] "Médico especial para la epidemia nombrado por decreto". Decreto 257 de 1911, por el cual se dicta una medida con motivo de la epidemia. *Gaceta de Santander,* 20 de agosto, Bucaramanga.

asunto, declarar que casi no había fiebre amarilla en Bucaramanga".[7] A más de las implicaciones del traslado de los enfermos y del desvío de los fondos, otro artículo del mismo periódico agregaba que el hospital de caridad era, al igual que la cárcel, un foco permanente de tuberculosis, por lo que resultaba probable que los enfermos que se trasladasen saliesen recuperados de fiebre amarilla, pero contagiados de tuberculosis.[8]

No obstante, a pesar de estas denuncias publicadas en el periódico *El Iris,* el hospital de fiebre amarilla fue cerrado.[9] Como se afirmaba en un apartado del mismo medio titulado "Premio y castigo",[10] el gobernador premió con un aumento de sueldo a Julio Vanegas, quien le había respaldado en su decisión de clausurar el hospital, mientras que le canceló el contrato a Gregorio Consuegra, quien se había opuesto a la ejecución de tal medida.

Figura 17. Asistentes al Segundo Congreso Médico de Colombia,
celebrado en Medellín entre el 19 y 26 de enero de 1913.

Fuente: archivo personal de Emilio Quevedo V. Fotografía tomada de Academia Nacional de Medicina (1913). Segundo Congreso Médico de Colombia, Escuela Tipográfica Salesiana, Bogotá: 1.

7 "¿Defensa?" (1911). *Iris. Periódico Liberal.* 26 de agosto. Bucaramanga.

8 "Contra Bucaramanga" (1911). *Iris. Periódico Liberal.* 12 de agosto.

9 Decreto 286 de 1911, por el cual se clausura el hospital de sanidad. *Gaceta de Santander,* 17 de septiembre, Bucaramanga.

10 "Premio y castigo" (1911). *Iris. Periódico Liberal.* 2 de septiembre.

La fiebre amarilla en el temario del Segundo Congreso Médico colombiano en 1913

El Segundo Congreso Médico de Colombia se llevó a cabo en Medellín, entre el 19 y 26 de enero de 1913, bajo los auspicios de la Academia Nacional de Medicina. La junta organizadora, presidida por Pablo García Medina, le dio a la medicina tropical y a la higiene un lugar preeminente dentro de los temas por tratar en dicho evento científico (Academia Nacional de Medicina, 1913a: IV). Para la Academia, la organización del congreso se concebía como una tarea trascendental para la nación, no solo desde el punto de vista del fortalecimiento de la comunidad científica colombiana, sino también como plataforma política para impulsar reformas institucionales en el campo de la higiene nacional (Academia Nacional de Medicina, 1913b: 5).

En efecto, de este congreso surgió la propuesta, y luego la Ley 33 de 1913, que creó el Consejo Superior de Sanidad, el cual vino a reemplazar la ya existente Junta Central de Higiene. Esta nueva organización sanitaria, apoyada en los conocimientos científicos de la época, especialmente en la bacteriología y la medicina tropical, contó ya con un poder más definido que el de la Junta Central de Higiene, y con un presupuesto propio. Tuvo además una función legisladora y controladora de la higiene pública en el ámbito nacional (Quevedo V. et al., 2004: 139-141).

La Sección de Medicina Tropical del congreso se llevó a cabo el 20 de enero de 1913 y sus presidentes fueron Roberto Franco Franco, David Mac Cormick y Gabriel Toro Villa. Allí se presentaron varios trabajos sobre fiebre amarilla (Carrasquilla H., 1913: 152-158; Cuervo Márquez, 1913: 131-137; Mac Cormick, 1913: 138-151; Toro Villa, 1913: 123-130). Curiosamente, Roberto Franco no presentó ninguna ponencia en este congreso.

El trabajo de Toro Villa, el cual hemos citado extensamente atrás, hacía un recuento de las epidemias de fiebre amarilla en América y en Colombia desde las épocas de la Colonia hasta las epidemias del siglo XIX en el Magdalena y daba por sentado que todas las que antes fueron llamadas fiebres del Magdalena habían sido epidemias de fiebre amarilla. Se refirió a la epidemia de fiebres de Muzo y a la Misión Médica dirigida por Roberto Franco, de la cual él hizo parte. No obstante, no hizo ningún hincapié significativo en el descubrimiento de la 'fiebre amarilla de los bosques'. En lo que sí insistía era en que "quedó plenamente demostrado que era la verdadera fiebre amarilla la que hacía estragos y que al lado de ella se encontraba la fiebre espiroquetal, descrita por primera vez en Colombia por Franco" (Toro Villa, 1913: 125).

A partir de ese relato histórico de las epidemias de fiebre amarilla en Colombia, Toro Villa concluyó que las ciudades del litoral podrían considerarse como los focos originarios de esa enfermedad, y decía que desde ellos se había ido extendiendo hacia el interior del país, formando focos secundarios, no menos mortíferos que los primeros. Consideraba que la vía de propagación había sido sobre todo el río Magdalena, comparándolo con lo sucedido con el Mississippi para los Estados Unidos y el Amazonas para el interior de Brasil. Planteaba, además, que con el Orinoco, el Caquetá y el Putumayo, podría llegar a pasar lo mismo en un futuro. Toro Villa conocía las concepciones etiológicas de carácter bacteriológico, la teoría del mosquito de Finlay y su comprobación por la misión norteamericana (Toro Villa, 1913: 125-130). No obstante, Toro Villa no tomó una posición combativa con relación al descubrimiento de la fiebre amarilla de los bosques. ¿Querría esto decir que los propios investigadores del grupo de Franco no tenían conciencia de la importancia y del significado de su descubrimiento? La ausencia de más fuentes primarias y de un diario de campo nos impiden hacer más análisis de los ya hechos hasta aquí.

Por su parte, el trabajo de Tomás Carrasquilla H., de Bogotá, se limitaba a repetir un recuento histórico de las epidemias de fiebre amarilla en América y en Colombia, y a exponer el conocimiento europeo sobre el tema, sin aportar nada nuevo con relación a lo ya expuesto por Luis Cuervo Márquez en su libro de 1891 (Cuervo Márquez, 1891a), por Roberto Franco en el trabajo de 1911 y por su antecesor expositor, Toro Villa. Solo mencionaba que "a partir del año de 1900 no han faltado en varios puntos del país epidemias de fiebre amarilla; la más notable de ellas fue la de Muzo, muy bien estudiada por el doctor Roberto Franco F." (Carrasquilla H., 1913: 157). Sin embargo, no mencionaba para nada el descubrimiento de la fiebre amarilla de los bosques.

Igualmente, Cuervo Márquez hacía una historia de las epidemias y los conocimientos sobre la fiebre amarilla, basándose en buena parte en su libro de 1891. De pasada, en un solo párrafo, menciona que Franco encontró el *Stegomyia* en Muzo, con la particularidad de que este mosquito se encontraba preferentemente en los bosques (Cuervo Márquez, 1913: 134). No obstante, tampoco resaltó la importancia del descubrimiento de la 'fiebre amarilla de los bosques'.

Finalmente, el trabajo más significativo era el de David Mac Cormick sobre la fiebre amarilla en el Valle del Soto. En ese trabajo relataba los pormenores de la epidemia que, como ya mencionamos, azotó la región entre 1910 y 1912. Mac Cormick hacía el análisis de su contagio por el *Stegomyia,* resaltaba los elementos que lo llevaron a él y a otros médicos de Bucaramanga al diagnóstico de fiebre amarilla, las resistencias que encontraron a dicho diagnóstico de parte de los comerciantes y de algunos médicos de la ciudad, y describía las medidas higiénicas que se tomaron en ese momento. Es importante resaltar aquí que Mac Cormick insistía en que el origen de la epidemia estuvo en zonas endémicas del interior del departamento de Santander, especialmente en San Vicente de Chucurí.

De los trabajos presentados en este congreso, se puede deducir que el significado del estudio de Franco y colaboradores aparentemente continuaba invisible. Aunque en su análisis Mac Cormick no vinculaba sus conclusiones sobre la posible endemicidad de la fiebre amarilla en el interior del departamento de Santander con las conclusiones de Franco sobre la ocurrencia selvática de la fiebre amarilla en Muzo, es claro que había una coincidencia entre las afirmaciones de ambos investigadores que iba en contravía del pensamiento hegemónico en el ámbito internacional sobre la epidemiología de esta enfermedad.

El Estado continúa fortaleciendo su posición con relación al control de los puertos

Mientras se organizaba el Segundo Congreso Médico, los médicos-higienistas continuaron su labor como agentes políticos en el campo de la lucha contra la fiebre amarilla, enmarcada dentro de las ideas epidemiológicas dominantes que solo reconocían su origen portuario y su extensión hacia el interior de los países por las vías fluviales cercanas. Apoyados en la ley de 1908 que sancionaba las medidas de la Convención Sanitaria Internacional, así como en la Ley 109 de 1912, por la cual se aprobaba la convención sanitaria suscrita en París en el mismo año (República de Colombia, 1932b [1908]: 22-44), los médicos-higienistas lograron movilizar recursos de la nación para establecer la infraestructura burocrática de policía sanitaria y emprender la construcción de estaciones sanitarias en algunos puertos del país. Se crearon los cargos de inspectores de sanidad, uno para el Atlántico y otro para el Pacífico, así como los de médicos de sanidad para los principales puertos (Vengoechea, 1914: 64-65) y comenzaron a construirse estaciones sanitarias en la segunda década del siglo en Puerto Colombia, Santa Marta y Buenaventura. Para 1914 el personal sanitario de los puertos estaba conformado por un inspector de sanidad del Atlántico y médicos de sanidad en los puertos de Puerto Colombia, Cartagena, Santa Marta, Riohacha, Buenaventura, Tumaco y Arauca (Junta Central de Higiene, 1914: 97). Siguiendo la política de comunicación entre naciones, el inspector del Atlántico mantenía correspondencia con los cónsules colombianos y oficinas sanitarias del exterior y mantenía informada a la Junta Central de Higiene de la situación sanitaria no solo de los puertos del Atlántico, sino de los puertos del mundo (Junta Central de Higiene, 1914: 64-65).

En 1913 se inauguró la Estación Sanitaria de Puerto Colombia (Junta Central de Higiene, 1914: 64-65) y, en 1915, la de Santa Marta (García Medina, 1915: 8). Aunque la ley de 1908 estipulaba la creación de una estación sanitaria en Buenaventura, para 1914, esta aún no se había creado, a pesar de la permanente amenaza de invasión de la peste bubónica desde Ecuador. Las dificultades parecían estar en que, por Ley 77 de 1912, ya no era el Ministerio de Gobierno sino el de Obras el que se encargaría de la construcción de las estaciones sanitarias y en contrato con una compañía extranjera, mientras que el de Gobierno se encargaría del servicio médico. En tanto el Ministerio de Obras concluía las gestiones con una casa inglesa para la construcción de la estación de Buenaventura, el Ministerio de Gobierno dispuso la compra de un aparato Clayton como medida de protección del puerto, el cual reemplazaría uno inservible que, al parecer, ya existía allí desde 1907, llevado por orden de la Junta Central de Higiene (Academia Nacional de Medicina, 1915; Consejo Superior de Sanidad, 1914b: 139-142).

La naciente burocracia, que se creó para enfrentar la sanidad de puertos, condujo a que el Consejo Superior de Sanidad, por Resolución 3 del 6 de abril de 1914, eliminara el poder que aún tenían las Juntas de Salubridad *ad hoc* que se establecían en las ciudades, para dictar medidas sanitarias sobre aislamiento, cuarentena, lazaretos y desinfección de puertos en caso de epidemias. Era un paso en el sentido de obligar a las otras instancias de higiene a reconocer la especificidad y el poder del Consejo Superior de Sanidad para manejar estos asuntos, soportados por una política internacional y por el Estado colombiano. De acuerdo con el Consejo Superior de Sanidad, las únicas medidas válidas al respecto serían las emitidas por los decretos ejecutivos, las resoluciones del Ministerio de Gobierno, los acuerdos y resoluciones de la Junta Central de Higiene aún vigentes y de los del Consejo Superior de Sanidad y de las Juntas Departamentales de Higiene y funcionarios de sanidad (Consejo Superior de Sanidad, 1914c: 252). Igualmente, el Consejo Superior de Sanidad estipuló, por Acuerdo 5 del

12 de marzo de 1914, entre otras, que los médicos de puertos harían las visitas "rigurosamente uniformados" con vestido blanco compuesto de pantalón y blusa cerrada hasta el cuello, cachucha blanca con visera de goma y zapato blanco, debiéndose bordar en el hombro izquierdo de la blusa una cruz de malta debajo de un ancla. La cachucha debería tener una inscripción que dijera *Médico de sanidad* colocada debajo del escudo de Colombia (Consejo Superior de Sanidad, 1914a: 178).

En una carta que Pablo García Medina, director del Consejo Superior de Sanidad, dirigió al Senado en 1914, donde cursaba un proyecto de ley sobre saneamiento de puertos, se resume la concepción de los médicos higienistas sobre el significado de medidas como estas para el país. García Medina señalaba que la 'civilización' y el comercio universal exigían el saneamiento de los lugares de comunicación entre las naciones. Así, la higiene internacional conciliaba, según su perspectiva, los intereses del comercio universal con los de la salud. Estos argumentos le sirvieron como excusa para demandar del Estado colombiano inversión en la infraestructura de las ciudades portuarias además de las medidas de sanidad específicas. El problema para él era que los defectos de las condiciones sanitarias de ciudades como Cartagena, Barranquilla, Santa Marta, Buenaventura y Puerto Colombia obligaban a que se siguiera aplicando cuarentena a los buques que salían de puertos colombianos, con notable perjuicio de pasajeros y del comercio. Según García Medina, esto sucedía, en primer lugar, a pesar de que el estado de salud de los puertos dependientes de estas fuera satisfactorio; en segundo lugar, de que Colombia se hubiera adherido a las convenciones sanitarias internacionales; y, en tercer lugar, de que se hubiese creado un cuerpo de policía sanitaria, construido una estación en el Atlántico y emitido medidas de sanidad de puertos (García Medina, 1914: 279).

García Medina recordaba que estar saneado, según la Oficina Sanitaria Internacional de Washington (creada en 1902 y muy ligada a las convenciones sanitarias internacionales), significaba tener agua potable, acueducto, excusados, alcantarillas, ausencia de pantanos, disposición de basuras, medidas que estaban lejos de cumplirse a comienzos del siglo XX en la mayoría de ciudades colombianas. La oficina consideraba sospechoso de fiebre amarilla todo puerto de América Latina que no estuviese saneado, por lo que toda persona debía someterse a cuarentena de cinco días, período de incubación de la enfermedad (García Medina, 1914: 280-281).

El tema era aún más acuciante en vísperas de la apertura del canal de Panamá en ese mismo año. Al respecto, García Medina señalaba que, si no se trabajaba sobre el saneamiento de las ciudades anteriormente mencionadas, todos los buques colombianos que salieran de Santa Marta, Puerto Colombia y Cartagena serían detenidos en Colón, y a los que salieran de Tumaco o Buenaventura, los pararían en Panamá. Por esta misma razón, ningún buque extranjero iba a querer anclar en nuestros puertos (García Medina, 1914: 281).

Como lo sugería García Medina, la vía diplomática para solicitar a los Estados Unidos o a las autoridades panameñas la eliminación de la cuarentena resultaba imposible "por obvias razones" (García Medina, 1914: 280). En 1914, Julio Aparicio, entonces secretario del Consejo Superior de Sanidad, señalaba que "las naciones civilizadas que tienen intereses comerciales en Colombia y temen los prejuicios que pueda ocasionarles el abandono en que forzosamente hemos dejado nuestros puertos, tienen los ojos fijos en el país, esperando venir en nuestra ayuda si nosotros no afrontamos esa situación y particularmente una de ellas no dejará pasar la ocasión de ejercer, so pretexto de saneamiento de los puertos, una acción mucho más efectiva" (Aparicio, 1915: 370-371).

Aparicio quería presionar al gobierno para que asumiera las obras de sanidad aún pendientes en los puertos del pacífico (Tumaco y Buenaventura) evocando cómo los Estados Unidos podían usar como pretexto, para una poco viable o ya cumplida intervención militar, el saneamiento de estos puertos. Las relaciones colombo-estadounidenses vivieron durante las dos primeras décadas del siglo XX el período más crítico de su historia por la separación de Panamá en 1903. Estas dudas de los médicos-higienistas hacían eco del clima político interno frente a ese asunto: la prensa cuestionó duramente la pérdida de Panamá y la intervención norteamericana, exigiendo que los Estados Unidos reconocieran su actuación injusta y la inocuidad del gobierno colombiano. Para algunos, incluso la indemnización que se acordó como pago por la pérdida era moralmente inaceptable. Si bien los gobiernos del período estaban interesados en normalizar las relaciones, debían actuar con cautela, pues podía resultar políticamente muy costoso. Así, hasta 1920, las relaciones diplomáticas con los Estados Unidos se centraron en el tema de la indemnización por la pérdida de Panamá. No obstante, esto no impidió que se avanzara en las relaciones económicas entre los dos países, sentándose la base para la dependencia económica del país en relación con los Estados Unidos y, antes bien, obligaba a que las autoridades de higiene estuvieran al tanto de los movimientos en materia de sanidad internacional del país del norte. Aquí se hacen patentes las relaciones de poder centro-periferia que se expresan no solo en el terreno de lo conceptual, científico-técnico y sanitario, sino, también, en el ámbito de lo político.

En la contraparte nacional, los intereses estadounidenses encontraban eco en la política económica de la élite agroexportadora, cuya existencia dependía del éxito del sector externo, en particular de la exportación del café, y de las consecuencias económicas de la economía cafetera, economía que comenzaba a consolidarse en esos años. Después de 1910, el país inició la inserción estable y duradera a la economía mundial por la consolidación de las exportaciones de café. De acuerdo con algunos historiadores, el hecho económico decisivo de las primeras décadas del siglo XX fue la expansión cafetera sustentada no en el sistema de haciendas de los Santanderes y Cundinamarca, sino en la pequeña producción parcelaria del occidente del país. Este hecho tuvo impacto en la ampliación del mercado interno de bienes agrícolas e industriales, al tiempo que, con la separación de los procesos de producción y comercialización del grano, hubo mayor resistencia del café a las fluctuaciones de los precios internacionales, dando mayor estabilidad no solo al sector cafetero, sino al conjunto de la economía nacional (Bejarano, 1994: 177-178). Siendo los Estados Unidos el principal comprador del grano, no resultaba extraño entonces el interés de los gobiernos por mejorar las relaciones con ese país, ni sus esfuerzos por cumplir con las convenciones sanitarias internacionales, lideradas por norteamericanos, particularmente lo relacionado con los puertos marítimos por donde se realizaba el comercio internacional.

La fiebre de Tacamocho en 1915

En agosto de 1915, durante la construcción del ferrocarril de Antioquia, se presentó una nueva epidemia febril en un campamento en medio de la selva a 9 kilómetros de Puerto Berrío, un puerto en el departamento de Antioquia, sobre el río Magdalena, a más de 800 km del mar. Se presentaron 5 casos, de los cuales 2 fueron mortales. Teniendo en cuenta el cuadro clínico y los hallazgos de autopsia, el médico Emiliano Henao, director del Servicio Médico del Ferrocarril, diagnosticó "infección febril indeterminada", para no alarmar al público, pero comentó que los síntomas se parecían a los de fiebre amarilla, aunque faltarían los enfermos de la puerta de entrada de la enfermedad.

Dudaba de que pudiera ser una fiebre de carácter palúdico, pues desde que se iniciaron los trabajos de construcción del ferrocarril se había optado por la administración sistemática de quinina a todos los trabajadores como medida preventiva. Así mismo, Henao no encontró el hematozoario de Laveran en las muestras de sangre de ninguno de los casos. No obstante, le envió, para su estudio, muestras de tejido de las autopsias tanto a Gabriel Toro Villa, quien en ese momento ya trabajaba en Medellín con Juan Bautista Montoya y Flórez, así como a Andrew Balfour, director del Instituto Wellcome de Investigaciones Médicas de Londres. Los primeros en responder fueron Toro y Montoya, quienes, fundamentados en los conocimientos de entonces y en las conclusiones de Franco y sus colaboradores, determinaron que se trataba de fiebre amarilla (Henao M., 1917: 5071-5076).

En un principio, Henao no había encontrado *Aedes aegypti* en la zona, pero, basándose en un comentario expresado por Patrick Manson, en alguna de sus publicaciones previas, de que podría haber otros vectores de la enfermedad distintos del *Stegomyia,* el director del Departamento Médico del Ferrocarril estuvo de acuerdo con el diagnóstico de fiebre amarilla hecho por Toro y Montoya. Más tarde, Henao y su equipo de trabajo encontraron algunos *Aedes* en la zona, de los cuales enviaron varios a Balfour, quien respondió en 1915, comentando que, clínicamente, la epidemia parecía ser de fiebre amarilla, que los insectos recolectados eran *Stegomyias* y que el Dr. Stevenson estudiaría las muestras de sangre y de tejidos. No obstante, el estallido de la Primera Guerra Mundial interrumpió las comunicaciones con Londres y la opinión de Stevenson no llegó en ese momento (Henao M., 1917: 5079).

Además de estos argumentos, para justificar su diagnóstico de fiebre amarilla, Henao trae a colación dos situaciones más, planteadas por Balfour en un artículo de la época: en primer lugar, que en la isla de Trinidad había ocurrido un brote de fiebre amarilla en ausencia de *Stegomyia* y, en segundo lugar, que tanto la epidemia de Trinidad como otras ocurridas en algunos puntos de Brasil coincidieron con un considerable aumento de la mortalidad de los *monos cotudos* o rojos de la América tropical. Basado en estas observaciones, el propio Balfour propuso que estos monos podrían ser el reservorio de la enfermedad (Balfour, 1915, citado por Henao M., 1917: 5077). Así mismo, Balfour había propuesto que las epidemias aisladas del interior de Colombia, especialmente las de Muzo, pudieran ser explicadas por esta hipótesis (Henao M., 1917: 5077).

Finalmente, el 13 de junio de 1916, llegó el informe de Stevenson diciendo que por los hallazgos anatomopatológicos el caso estudiado por él no parecía ser de fiebre amarilla, a menos quizá que el curso de la enfermedad hubiese sido muy agudo para que ocurrieran cambios en el hígado. Henao sabía que en ese caso el curso lo fue, comentando que la enfermedad de ese paciente específico había durado 36 horas (Henao M., 1917: 5079). Henao tomó las medidas del caso para controlar la epidemia. Como consecuencia no se presentaron más casos y Henao, que era un médico práctico, encargado del manejo de todos los problemas de salud de los trabajadores del ferrocarril, y no un investigador, publicó su informe en un boletín interno del ferrocarril, de circulación local y restringida, y no se interesó por poner en marcha ninguna otra investigación sobre el tema.

Es claro, entonces, que en 1907 Roberto Franco había planteado la existencia de una fiebre amarilla originada en los bosques; que en 1911 Mac Cormick había propuesto que la epidemia del Valle del Soto podría haber tenido su origen en la zona rural; y que, ahora en 1915, Henao había propuesto algo similar. La epidemia de Tacamocho había rescatado las afirmaciones de Franco, para insistir en que las epidemias que ocurrían fuera de los puertos del Caribe eran de fiebre amarilla.

Figura 18. Andrew Balfour

Fuente: Wellcome Trust. (https://commons.wikimedia.org/w/index.php?curid=9521604).

Por otra parte, Patrick Manson y Andrew Balfour, representantes del saber europeo sobre la enfermedad y especialistas en la investigación de las enfermedades tropicales del Imperio británico, llamaban la atención sobre algunos aspectos, como la presencia de la enfermedad en ausencia de *Aedes aegypti* en algunas regiones y la posible relación con el aumento de la mortalidad de los monos de las regiones infectadas, hechos que parecían mostrar la coincidencia entre el conocimiento europeo y las afirmaciones de los médicos colombianos. Sin embargo, esta coincidencia tampoco se hizo pública en el ámbito internacional. Así pues, las observaciones de Emiliano Henao, por haber sido publicadas en un medio de difusión local y en idioma español, aunque se apoyaron en las conclusiones de Franco y en las avanzadas hipótesis de Andrew Balfour, tampoco lograron modificar el saber epidemiológico de la enfermedad, ni desequilibraron las fuerzas en juego en el campo.

La epidemia de fiebre amarilla de Buenaventura en 1915

A finales de julio de 1915, en la población de Remedios, a 38 km de Buenaventura, había muerto el presbítero, doctor Bernardo Campelo, de una enfermedad febril calificada por los médicos locales como fiebre amarilla. Este había permanecido pocos días antes en el puerto de Buenaventura, teniendo lugar la aparición de la fiebre tres días después de su regreso. Para finales de septiembre de 1915, en la ciudad de Cali, departamento del Valle del Cauca, se describieron tres defunciones de fiebre amarilla en pacientes a quienes se les había hecho el diagnóstico previo y que provenían de Buenaventura. Si bien las autoridades sanitarias del puerto no reportaron casos, sí lo hicieron las autoridades del servicio de higiene de Cali que, con la Junta Central de Higiene, procedieron a la observación y ejecución de las medidas profilácticas. Para el 23 de octubre, y tras la aparición de nuevos casos, se confirmaba la epidemia de fiebre amarilla con 29 casos masculinos, 8 femeninos, y una mortalidad de 22 pacientes, 18 hombres y 4 mujeres (García Aguilera & Córdoba, 1918: 113-114).

Junto a esta epidemia, se presentó otra en el caserío de Caldas, ubicado a 82 km del puerto y comunicado por el ferrocarril del Pacífico. Según Pablo García Aguilera, el brote epidémico surgió debido al incumplimiento de las medidas organizadas y a la presencia de *Stegomyias* infectados. El primer caso de fiebre amarilla en esa localidad apareció en los últimos días del mes de noviembre de 1916, llegando a un total de 55 casos, frente al total de 37 de Buenaventura (García Aguilera & Córdoba, 1918: 114).

Como antecedente, en noviembre de 1914 se habían reportado dos casos de fiebre amarilla en Tumaco y una epidemia en Barbacoas en julio de 1915. Con estos datos, Pablo García Aguilera y Julio Córdoba establecieron una relación entre la época de aparición de la fiebre amarilla en Tumaco, Barbacoas y el caso de Remedios, que no se limitaba solo a esta región. Entre las poblaciones mencionadas existía un franco comercio realizado por embarcaciones menores, sin itinerario definido y con una vigilancia sanitaria defectuosa. Además, el circuito comercial se extendía a su vez desde Tumaco con el pueblo ecuatoriano de Esmeraldas y, desde este, con Guayaquil, por lo que se terminó llegando a la conclusión de que la fiebre de Buenaventura "fue el último eslabón de una cadena tendida desde este puerto hasta el de Guayaquil".[11]

Según Pablo García Aguilera y Julio Córdoba, el puerto de Buenaventura se encontraba ubicado en la bahía del mismo nombre, con una extensión aproximada de 3 km y a 500 del canal de Panamá. Tenía una temperatura media de 26°C, vegetación escasa, reducida a manglares, palmeras y plantas acuáticas. En el puerto se presentaba tan solo una estación lluviosa y carecía de corrientes de agua dulce permanente, obligando a los habitantes a abastecerse de agua lluvia almacenada (García Aguilera & Córdoba, 1918: 112).

Simón Jiménez, en su tesis sobre saneamiento de Buenaventura, describía este puerto como una población carente de excusados y alcantarillados, donde la basura se depositaba en diferentes sitios dando lugar a muladares: "Es imposible imaginar una población que esté en peores condiciones sanitarias" (Jiménez Bonilla, 1918: 14). Si bien las descripciones mostraban una ciudad con desastrosas condiciones sanitarias, se esperaba que Buenaventura, en los años siguientes, llegase a ser el puerto más importante del país, pues desde allí partía el ferrocarril del Pacífico que lo comunicaba con la próspera región del Valle del Cauca, de donde se extraía el carbón que utilizaban los buques que atravesaban el canal de Panamá.

Ante la situación de insalubridad en Buenaventura, desde el 26 de enero de 1915 la alcaldía de la ciudad había tomado medidas a través del Decreto 13, en

11 Anteriormente se reconocía como focos permanentes de la enfermedad a los puertos marítimos del golfo de México y del mar de las Antillas (Cuba, Martinica en Jamaica, Veracruz, Colón, Maracaibo y La Guaira, etc.) y en el Atlántico a Río de Janeiro, Santos, y toda la costa Pacífica de Panamá y Guayaquil. Si bien para este momento podrían considerarse como inactivos todos estos focos, en Guayaquil la fiebre amarilla continuaba presente como foco endémico.

el cual se dictaban normas sobre ornato y salubridad del puerto. La opinión pública, expresada en los periódicos de la región, también recogía la preocupación general tanto por la amenaza representada en las epidemias de fiebre amarilla como por las difíciles condiciones sanitarias del puerto de Buenaventura. El bisemanario de intereses generales *La Información* publicó durante el mes de febrero de 1915 un par de artículos dedicados al problema de la salubridad en el puerto que presentan ilustraciones sobre la inquietud por la fiebre amarilla y por las condiciones mismas de saneamiento en la población.

Uno de ellos, publicado el 18 de febrero del año en mención, rechazaba el hecho de que el puerto de Buenaventura se identificara como epicentro de la fiebre amarilla, en las siguientes palabras:

> No obstante la mala fama de Buenaventura en toda la república y en el exterior, como de un puerto insano, dónde [sic] sólo basta llegar para adquirir enfermedades endémicas y aún [sic] la muerte en pocas horas, no es aventurado asegurar, que sus condiciones sanitarias aventajan en mucho a otros puertos y a algunas capitales del interior. La verdad es que aquí las epidemias de tifo, disentería y la temible fiebre amarilla no desvelan a nadie porque [...] se hallan muy lejos de nosotros.[12]

Paradójicamente en el mismo número del bisemanario, otro artículo publicado en dos entregas, el 21 de febrero de 1915, ilustraba las deficientes condiciones sanitarias del puerto, sobre las que se pensaba que podían favorecer la expansión de epidemias de fiebre amarilla. El autor anónimo comentaba, por ejemplo, las deficiencias sanitarias del matadero de Buenaventura, deficiencias que podrían haber contribuido en el proceso de expansión de la epidemia: "Notamos también que, debajo del tablado hay un verdadero foco de microorganismos, producto del estancamiento de aguas sucias, sangre coagulada y otras materias orgánicas. Esto proviene de la falta de caños o desagües para que corran las suciedades que caen del matadero [...] A la Alcaldía han llegado denuncios de esta especie".[13]

---

12 "Por el prestigio sanitario" (1915). *La Información. Bisemanario de Intereses Generales*. 18 de febrero. Buenaventura.

13 "La salubridad pública y las carnes" (1915). *La Información. Bisemanario de Intereses Generales*. 21 de febrero.

Al analizar esta epidemia, García Aguilera y Córdoba dejaban claro que entendían la fiebre amarilla como una enfermedad pestilencial que se establecía en un territorio determinado y que atacaba a sus habitantes con intensidad variable, de carácter endémica, cuando se establecía por un tiempo indefinido en una región, y de carácter epidémico, cuando su presencia era accidental. Respecto a la primera, consideraban que esta no podía ser indefinidamente endémica, ya que las condiciones necesarias para la existencia y el desarrollo de la fiebre amarilla se encontraban sujetas a determinadas características que variaban: la susceptibilidad del ser humano y su procedencia, la presencia del mosquito, la temperatura del medio y la presencia de aguas estancadas.

Además, sumaban el hecho de que, en una población dada, dentro de un tiempo variable, todos los pobladores llegarían a ser infectados por el *Stegomyia* y, consecuentemente, inmunizados por un ataque inicial de fiebre amarilla, quedando la enfermedad reducida. Si un nuevo aporte de inmigrantes no inmunizados llegaba a esta localidad, estos representarían la recrudescencia de la enfermedad dentro de las características de la epidemicidad. Desde esta perspectiva, era claro para estos médicos que en Guayaquil y en el litoral pacífico colombiano los habitantes procedentes de las alturas donde no había zancudos eran por excelencia los que poseían la receptividad a la fiebre amarilla; mientras que los habitantes de los valles cálidos o litorales, plagados de zancudos, presentaban mayores medios de resistencia a la infección y eran denominados aclimatados (García Aguilera & Córdoba, 1918: 108-109).

Ante el panorama de esta epidemia, el gobierno de Colombia, por solicitud de la Junta Central de Higiene, autorizó al Agente Postal de Colombia en Panamá para contratar una comisión de expertos con el fin de sanear el puerto, compuesta por un médico de sanidad, un ingeniero sanitario y un jefe de trabajos. El contrato fue realizado con los médicos Edgar P. Beberley y Joseph A. Corrigan, este último inspector de sanidad de la zona del canal (Jiménez Bonilla, 1918: 18). La comisión estuvo en Buenaventura desde marzo hasta junio de 1916 (García Aguilera & Córdoba, 1918: 118).

Dicha comisión estuvo dividida en cuatro cuadrillas: una de carpinteros, otra de aseo, una tercera de petrolizadores y, finalmente, una de fumigadores. En su informe a la Junta Central de Higiene, la comisión afirmó: "Actualmente, la reproducción del moquito es nula, y la fiebre amarilla está extirpada; mas como este se reproduce en los depósitos de agua, la destrucción de los depósitos es la única medida permanente y preventiva contra la fiebre amarilla", quedando como indicaciones de la comisión la necesidad de una buena provisión de aguas, un servicio adecuado de alcantarillas y desagües, y la destrucción del 85 % de las viviendas de la población y su nueva construcción sobre los principios sanitarios (Jiménez Bonilla, 1918: 21-22).

Dentro de las medidas organizadas por la Dirección Departamental de Higiene, mediante el Cuerpo de Sanidad de Cali, se incluyeron el cumplimiento del Acuerdo 5 de la Junta Central de Higiene sobre la profilaxis de la fiebre amarilla, el cumplimiento de las disposiciones sanitarias ordenadas por la Dirección Departamental de Higiene, así como la orden a las autoridades administrativas, sanitarias y a las directivas del ferrocarril de no otorgar pasajes a ninguna persona que no estuviera provista del certificado sanitario, en el cual constara no estar apestado de fiebre amarilla.

Estas determinaciones fueron seguidas a todo lo largo del ferrocarril hasta la estación terminal en Cali (García Aguilera & Córdoba, 1918: 116). Se estableció un hospital de aislamiento en Buenaventura, una campaña contra los mosquitos, la fumigación de las casas, petrolización de los pozos y la fumigación de los vagones del ferrocarril (Jiménez Bonilla, 1918: 19).

Para 1915 ya el gobierno había creado el cargo de inspector sanitario para el Pacífico por la amenaza permanente de peste bubónica y fiebre amarilla, que principalmente venían de Ecuador. La situación sanitaria de Tumaco también había sido una preocupación constante de los médicos higienistas, existiendo, desde antes de que estallara la epidemia, un decreto del gobierno, el 406 del 2 de marzo del mismo año, por el cual se construiría la estación sanitaria de Tumaco, que sería igual a la de Santa Marta, pero con un pabellón para aislamiento de atacados de fiebre amarilla (García Medina, 1915: 55).

Según el informe de la Junta Central de Higiene de 1917, que recogía las actividades de dicha institución desde el 1° de agosto de 1916 hasta la fecha de su expedición, la epidemia de fiebre amarilla en Buenaventura fue importada de unos de los puertos de Ecuador y quedó controlada desde el mes de junio de 1916 (García Medina, 1917b: 579). Esta epidemia, que fue diagnosticada como de fiebre amarilla, muy seguramente provino de Ecuador, como lo explicaron los médicos de la época y de la región. Estuvo aislada de los procesos febriles del centro del país y se comportó como las epidemias clásicas costeras del Caribe y del Atlántico. Su presencia no afectó para nada el proceso conceptual que se venía dando sobre el posible origen de la fiebre amarilla en el centro del país, y fue manejada con los criterios y mecanismos típicos del momento. No contribuyó a cuestionar el conocimiento epidemiológico de la época sobre la enfermedad, dominante en el campo.

La fiebre amarilla de los bosques, como la que se presentó en Muzo y en Tacamocho, parecería pues tener un comportamiento muy diferente y un origen distinto a las epidemias costeras. Franco y Mac Cormick insistían en el posible origen de la enfermedad a partir de zonas endémicas rurales. No obstante, como ya lo hemos dicho, la hegemonía del saber bacteriológico y de la teoría del papel único del *Stegomyia* en la transmisión de la enfermedad, sumado a las condiciones de producción y circulación del conocimiento en la periferia, no permitieron que se le diera el valor adecuado a esta insistencia en el origen endémico rural de la enfermedad amaril.

Figura 19. Rockefeller Yellow Fever Commission, 1917

De izquierda a derecha: William Wrightson, Teodoro C. Lister, Juan Guiteras, William C. Gorgas, Henry Carter y Eugene Whitmore.

Fuente: fotografía anónima, enero de 1917. En *Diario de Fiebre Amarilla.* Museo del Instituto Nacional de Salud.

Capítulo V
La Fundación Rockefeller y la fiebre amarilla, 1916-1922

Desde que Reed descubrió que la fiebre amarilla es trasmitida por el mosquito Stegomyia [...] la erradicación completa de la enfermedad se ha convertido ampliamente en un asunto de sanidad local. Los sanitaristas están de acuerdo en que para lograr ese resultado solo es necesario controlar los criaderos de mosquitos en los centros epidémicos de la infección.

The Rockefeller Foundation,
International Health Board, 1918: 140

Nacimiento y hegemonía de la teoría de los centros claves

Más allá del espacio colombiano, a la fecha de la apertura del canal de Panamá, 1914, la fiebre amarilla todavía reinaba en México, América Central, Suramérica y África. Wickliffe Rose, director de la Comisión Sanitaria Internacional de la Fundación Rockefeller,[1] había viajado a Londres ese mismo año para participar con una ponencia en el XVII Congreso Internacional de Medicina, que se celebraba en esa ciudad, y en la cual informó de los programas sanitarios que contra la anemia tropical estaba inaugurando dicha Comisión[2] y ofreció al Imperio

[1] Esta Comisión había sido creada en 1913 para el manejo de la campaña internacional contra la anemia tropical o uncinariasis. Para una historia de la Comisión Sanitaria Internacional (IHC, por sigla en inglés) (1913), luego llamada Junta Sanitaria Internacional (IHB) (1916) y, finalmente, División Internacional de Salud (IHD) (1927), ver el libro *To cast out disease* de John Farley (Farley, 2004).

[2] Esta Comisión, con el apoyo financiero de John D. Rockefeller, magnate norteamericano del petróleo y dueño de la Standard Oil Company, venía desarrollando desde 1909 una campaña de

británico poner en marcha la aplicación de tales medidas en sus colonias y protectorados. Durante los días del congreso, Rose se reunión con el director de la Oficina Colonial Británica, quien le aprobó la realización de la campaña contra la anemia tropical o uncinariasis en los territorios británicos. Después del congreso, realizó un viaje por algunas de esas colonias y protectorados británicos para empaparse de la situación de la anemia tropical en esas latitudes (Quevedo V. et al., 2004: 9). Al regreso, en julio de 1914, Rose estaba muy preocupado por el temor expresado por las autoridades de estas regiones de que, al abrirse el canal de Panamá, la fiebre amarilla pudiese pasar al Pacífico y generar una gran mortandad entre la densa población no inmune de estos países (Fundación Rockefeller, 1923: 11-12).

Con esta idea en la mente, Rose consultó a William Gorgas, quien en ese momento era el cirujano general de la Armada norteamericana, para discutir el asunto. Este último reiteró su optimismo con relación a la eliminación de la fiebre amarilla del mundo con esfuerzos y costos razonables. Al efecto, Gorgas manifestó:

> Esta Comisión [Sanitaria Internacional Rockefeller] es la agencia lógica llamada a emprender una obra de tanta importancia como esta. Es esta una enfermedad que por su imperio en el mundo ha sido siempre objeto de la mayor reflexión; reviste interés especial por parte de los países tropicales y semi-tropicales. Su erradicación, además de llamar grandemente la atención universal, los haría a ustedes, acreedores de ganarse la gratitud de la humanidad. ¡Y esto, caballeros, puede hacerse! (Gorgas, citado en The Rockefeller Foundation, International Health Board, 1923: 12)

Como resultado de esta reunión, ambos acordaron aunar fuerzas para poner en marcha un plan de acción para la erradicación de esta enfermedad, por medio de la lucha contra el insecto vector (Fundación Rockefeller, 1923: 12).

---

erradicación de la anemia tropical en once Estados del sur de los Estados Unidos con el fin de mejorar la productividad de los trabajadores negros (ver Ettling, 1981) y, teniendo en cuenta los buenos resultados, había decidido extenderla a todo el cinturón tropical de la Tierra en donde pululaba dicha enfermedad. Para eso había programado una primera campaña de carácter piloto en los territorios de habla inglesa antes de extenderla a otros países tropicales. Pero, antes de iniciar dicha campaña piloto, Rose requería de la autorización del gobierno británico, pues buena parte de esos territorios eran posesiones del Reino Unido.

Una siguiente reunión fue organizada con la asistencia de Henry Rose Carter y Joseph H. White. De allí surgió la 'teoría de los centros claves'. Rose, al informar de los resultados de esta reunión,[3] resumió una concepción epidemiológica de la fiebre amarilla que condensaba el saber de la época: que la enfermedad se adquiría solo por la picadura del *Aedes aegypti* que se había infectado por alimentarse de sangre de un humano enfermo de fiebre amarilla; que existían unos pocos centros endémicos de la enfermedad (centros claves) que funcionaban como semilleros de la infección; y que, si se destruían dichos centros, la enfermedad desaparecería (The Rockefeller Foundation, International Health Commission, 1915: 71). Se decidió también por unanimidad en esta segunda reunión que la erradicación de la fiebre amarilla era un proyecto viable y de gran valor, y que era el momento oportuno para convencer a la Fundación Rockefeller de que se hiciera cargo de él.[4]

La Fundación, institución de carácter filantrópico, que había sido creada en 1910, inició actividades en 1913 después de que el gobierno norteamericano le dio vía libre para funcionar. A partir de ese momento, Frederick T. Gates, mano derecha de John D. Rockefeller, comenzó a diseñar su estrategia. En su documento *Philanthropy and civilization,*[5] siguiendo a Spencer, Gates imaginaba la sociedad como un organismo vivo dependiente de sus órganos constitutivos (las naciones). Imaginaba los países 'atrasados' como órganos infectados y enfermos. Por lo tanto, la curación de esos países restablecería todo el orden social. En este sentido, Gates concebía la filantropía como el arte de detectar aquellas naciones que podrían infectar y retrasar el progreso humano, para ayudarles a recobrar la salud. Así mismo, Gates pensaba que los mecanismos políticos, culturales y científicos eran tan eficientes como los económicos para desarrollar las potencialidades de los países 'atrasados', y que el control de dichos países requería el desarrollo de condiciones ideológicas y culturales que hicieran posible la penetración del capital extranjero, base del progreso social y de la supervivencia del capitalismo.[6]

---

3 Rose, Wickliffe (1914). *Yellow fever feasibility of its eradication.* Rockefeller Archive Center. New York. Rockefeller Foundation Archives. Record Group 2, Series 300, box 22, folder 134a (citado de aquí en adelante como RAC. New York. RFA-IHB).

4 Hackett, Lewis, Manuscript, Chapter 5, Running Start: 58. RAC-New York. RFA-IHB. RG. 3, Series 908, b. 5, f. 32.

5 Gates, Frederick T. (1905-1926). *Philanthropy and civilization.* RAC-New York. RFA. Gates on Policy, 1905-1926. f. 79: 6.

6 Idem.

Para ese momento, la Fundación, financiada por el magnate del petróleo y ligada indirectamente al campo de la economía petrolera (Quevedo V., 1996; Solórzano Ramos, 1997), ya había tenido un éxito destacado con su campaña de erradicación de la uncinariasis en el sur de los Estados Unidos y en algunas posesiones británicas en el Caribe, y la estaba iniciando en algunos de los países centro y suramericanos.[7] Gates presentó la iniciativa de una posible campaña contra la fiebre amarilla en una subsecuente reunión de la Comisión Sanitaria Internacional que tuvo lugar en las oficinas de la Fundación Rockefeller, en Nueva York, el 26 de mayo de 1915. En esta reunión se definió que la Fundación prestaría su ayuda para la lucha contra esta enfermedad y se encargó a Gorgas de organizar y dirigir una comisión de fiebre amarilla para su erradicación (The Rockefeller Foundation, International Health Board, 1918: 141; Warren, 1951: 13-14).

Fue así como los funcionarios de la Fundación Rockefeller adoptaron la 'teoría de los centros claves'. Gorgas se encargó de convertir esta teoría en el fundamento científico del futuro esfuerzo de erradicación de la enfermedad (Cueto, 1997: 62-63) y las propuestas de Manson y de Balfour, a las que nos referimos en el capítulo anterior, quedaron relegadas a un segundo plano. Es claro que los miembros de este grupo desconocían los planteamientos de Franco y sus colaboradores, y de Henao y de Mac Cormick, quienes afirmaban el origen rural de la enfermedad, lejos de los puertos marítimos.

En 1916, la recién creada Comisión de Fiebre Amarilla de la Fundación Rockefeller (The Rockefeller Foundation Yellow Fever Commission)[8] visitó los centros sospechosos de ser endémicos en Ecuador, Perú, Colombia y Venezuela (The Rockefeller Foundation, International Health Board, 1918: 141; Warren, 1951: 14).

---

7 No se profundizará en este punto, pues hemos desarrollado el tema ampliamente en trabajos anteriores: Quevedo V. (1996), Quevedo V. (2000), Quevedo V. (2001), Quevedo V. *et al.* (2004). Para complementar la historia, intereses y programas de la Fundación, ver el manuscrito de E. Quevedo: "Las políticas de la Fundación Rockefeller en salud, el caso específico de la fiebre amarilla". Para una versión oficial, ver los libros de Fosdick y de Shaplen (Fosdick, 1989 [1952]; Shaplen, 1964).

8 La Comisión estuvo integrada por el mayor general William Gorgas, director de la Comisión; mayor Teodoro C. Lister, segundo jefe sanitario de la zona del canal de Panamá; mayor Eugenio R. Whitmore, bacteriólogo del Servicio de Sanidad Norteamericano; Juan Guiteras, médico cubano y William D. Wrightson, ingeniero sanitario y secretario de la Comisión.

En ese mismo año, la Junta Central de Higiene había recibido información sobre la ocurrencia de una nueva epidemia en Muzo, similar a la de casi diez años antes. Para actuar oportunamente, la Junta emitió el Acuerdo 311 en agosto de 1916, por el que se creaba una comisión sanitaria especial transitoria para estudiar la región, dictar las medidas profilácticas y hacer cumplir las normas existentes para estos casos. El encargado de la comisión fue José María Montoya (Higiene, 1916: 84).

El mismo mes, arribó a la capital, Bogotá, la Comisión de Fiebre Amarilla de la Fundación Rockefeller con el fin de visitar todas las regiones donde había sucedido fiebre amarilla en la región y erradicarla. La presencia simultánea de un brote de fiebre amarilla en el interior del país y de la comisión de la Fundación Rockefeller colocaba en una encrucijada a las autoridades nacionales de higiene. Hasta el momento, la nueva Junta Central de Higiene, que había reemplazado al Consejo Superior de Sanidad en 1914, y los organismos departamentales de higiene podían reconocer, sin mucha discusión, la presencia de fiebre amarilla en el interior, pero con la visita de la Rockefeller estaba en juego la reputación sanitaria del país y las consecuencias políticas y económicas que esto implicaría si se llegase a concluir que Colombia estuviera infectada con esta enfermedad.

Los miembros de la Comisión Rockefeller visitaron Puerto Berrío, Cúcuta y la zona de Muzo. Revisaron los trabajos sobre fiebre amarilla que habían sido presentados al Segundo Congreso Médico de Medellín, los cuales citan en su informe oficial a la Fundación Rockefeller.[9] No obstante, parece que no leyeron los trabajos de Franco, pues no los citan en ninguno de sus informes, aunque Pablo García Medina, director nacional de Higiene, aseguraba habérselos entregado en Bogotá (García Medina, 1917a: 100). Los miembros de la Comisión llegaron a la conclusión de que no había fiebre amarilla endémica en el país y negaron el diagnóstico estipulado diez años atrás por la Misión de Roberto Franco, Jorge Martínez Santamaría y Gabriel Toro Villa.[10]

---

9 Gorgas, William C.; Juan Guiteras; Henry R. Carter et al. (1916). *The Havana Yellow Fever Division. The Magdalena river area.* RAC-New York. RFA-IHB. RG. 5, S. 2, Vol. 34-Yellow Fever Commission.

10 Para una visión más amplia de esta visita y sus resultados, ver Gorgas, W. C. (1916b), Gorgas, W. C. et al. (1916), García Medina (1917a: 102), Gorgas W. C. (1916a: 512), Guiteras (1916: 520), Henao M. (1917: 5079) y Lyster (1916a: 522).

Es interesante anotar que, al llegar a Bogotá, los miembros de la comisión americana recibieron de parte de José María Buendía, secretario de la Junta Central de Higiene, un telegrama enviado por el alcalde de Muzo, el 10 de agosto, en el cual se informaba que había aparecido un nuevo caso de fiebre amarilla en la localidad, que habían ocurrido varias defunciones recientes y que la epidemia se extendía. La Comisión, luego de su visita a Muzo para analizar el caso, envió un informe al Ministro de Hacienda donde relatan lo sucedido y que reproducimos a continuación:

> Debido a la cortesía de usted, hemos podido visitar las minas de Muzo y estudiar la epidemia que se dice existe allí y en la vecina población del mismo nombre. Llegamos allí después de un viaje de tres días en mula y de haber atravezado una región muy interesante y pintoresca.
>
> El día que salimos de Bogotá, el doctor Buendía, secretario de la Junta Central de Higiene, nos dio la copia de un telegrama del alcalde de Muzo en que anunciaba que a la fecha existía en Muzo un caso de fiebre amarilla, que la epidemia se extendía y que la mortalidad era elevada. A nuestra llegada a Muzo mostramos este telegrama al alcalde y le manifestamos el deseo de ver algunos de los casos existentes; nos manifestó que el telegrama había sido malinterpretado; que no había en la localidad casos de fiebre amarilla, que no habían ocurrido muertes por esta causa, y que sólo por el doctor Angueira sabía que había casos de fiebre amarilla. No dio una explicación satisfactoria de por qué había puesto este telegrama.
>
> El doctor Angueira dijo que no tenía conocimiento de que en ese momento existía caso alguno en Muzo; que en la población había observado el 27 de julio un caso que había terminado por curación.
>
> Según la descripción de este caso creemos que no es de fiebre amarilla. Examinamos la población muy cuidadosamente y buscamos el índice de paludismo en 26 niños: hallamos tres con el bazo aumentado de volumen, lo que parece indicar la existencia del paludismo en escasa proporción [...] No existía en la localidad ninguna otra enfermedad aguda. No pudimos hallar ni estegomia ni larvas. Somos de opinión que en la actualidad no hay fiebre amarilla en Muzo ni que la ha habido en época reciente.
>
> El mismo día fuimos a las minas y permanecimos allí todo el día siguiente, examinando el estado sanitario de la región y hallamos que ninguna de las

> setenta personas que las habitan, tenían enfermedad aguda. No creemos que al presente exista allí la fiebre amarilla ni que la haya habido allí recientemente.
>
> El doctor Angueira ha anotado durante el año cinco casos de fiebre amarilla, uno de los cuales murió el 28 de julio último; otro observado en la población el 27 y tres que ocurrieron en los últimos días de mayo, uno de los cuales murió.
>
> Durante diez horas interrogamos al médico y a todos aquellos que estuvieron en contacto con los enfermos. Este es un hombre vivo e inteligente, pero no es un observador instruido; trató de darnos información completa con respecto a los síntomas de sus enfermos. No tenía datos escritos de ninguno de los casos, con excepción del del señor Velásquez, quien murió el 28 de julio. Los informes que nos dio respecto de los otros fueron de memoria. El señor Angueira no ha recibido grado alguno en medicina.
>
> Estudiando individualmente los dos casos mortales, nos parecen muy sospechosos pero en conjunto no creemos que sean de fiebre amarilla. Sería imprudente emitir una opinión sobre la naturaleza de estos casos, desde luego que los datos relativos a estos son tan completos e imperfectos. Tendríamos más confianza en nuestra opinión si nos hubiese sido posible ver los enfermos. Teniendo en consideración todos estos datos, nos inclinamos a pensar que eran fiebres maláricas de tipo estivo-otoñal.
>
> Los dos pacientes que murieron eran enfermos crónicos y caquécticos y los síntomas descritos pueden atribuirse a esta fiebre palúdica agregada a un estado de depresión orgánica. (Gorgas, W. C., 1917: 110-112)

En el informe oficial remitido a la Fundación Rockefeller, Gorgas decía que al investigar la región no se encontraron casos de fiebre amarilla, ni larvas, ni ejemplares adultos de *Stegomyia* y que al interrogar nuevamente al alcalde, este admitió francamente que él había recibido un gran número de comunicaciones de los altos oficiales de Bogotá preguntando sobre la existencia de fiebre amarilla en la zona; que había pensado que por alguna razón sus superiores deseaban que la enfermedad existiese en Muzo y que era su deber como subordinado contratado por el gobierno el de satisfacer las demandas de sus superiores. Por lo tanto, si el gobierno deseaba fiebre amarilla en Muzo, el alcalde debería proporcionársela.[11]

[11] Gorgas, William C. (1916). *Report to the Commission on Yellow Fever at Muzo, Colombia.* RAC-New York. RFA-IHB. RG. 5, S. 2, SS. 311, b. 27, f. 165.

La Comisión negó, así mismo, la existencia de cualquier otro foco de fiebre amarilla en Colombia, incluyendo los de Cúcuta (Lyster, 1916b: 522) y Tacamocho (Guiteras, 1916: 520),[12] y que los médicos colombianos habían definido como focos epidémicos. En el caso de la epidemia de Tacamocho, dice Emiliano Henao que Guiteras y Carter, después de hora y media de investigación en la zona, y de analizar los ejemplares de *Stegomyia* capturados en el momento de la visita, de leer el borrador de las observaciones, el informe de Balfour y de Stevenson, y de escuchar informaciones verbales, decidieron que "no se trataba de fiebre amarilla, ni de malaria, sino de otra infección que no podían decidir cuál sería". Dice Henao que el "principal argumento presentado por Guiteras fue el de que no se habían presentado más casos" (Henao M., 1917: 5079). En el caso de Tacamocho, la Comisión fue acompañada por los doctores Henao, Toro Villa, Botero y López, y en el caso de Barranquilla contaron con la colaboración de los médicos Julio A. Vengoechea, que era el inspector de sanidad, y Óscar Noguera, director departamental de Higiene (García Medina, 1917a: 102).

Vale la pena resaltar aquí la manera como un paradigma hegemónico impide a los científicos reconocer aspectos de la realidad que no concuerdan con lo planteado por el paradigma. La adopción de la teoría de los centros claves, como instrumento conceptual que fundamentaba el marco operativo de la Comisión de la Fundación, hizo que cualquier observación o descripción de la realidad que se saliera de los parámetros de referencia de la teoría fuese desechada como imposible, como inexistente o como irrelevante. Las explicaciones finales debían concordar con la teoría para que pudieran ser manejables por los científicos. Dicha teoría contradecía lo planteado por Franco y colaboradores, por Mac Cormick y por Henao, y su coherencia permitía dejar de lado las hipótesis de Manson y de Balfour, que no encajaban en la nueva concepción. Los miembros de la Comisión Rockefeller de Fiebre Amarilla desdeñaron la experiencia y el saber de los médicos locales, apoyados en el poder que les daba una teoría construida en la metrópoli y el estar respaldados por una institución de carácter internacional económicamente poderosa, que ya comenzaba a ganar prestigio y poder.

---

[12] Gorgas, William C.; Juan Guiteras; Henry R. Carter et al. (1916). *The Havana Yellow Fever Division. The Magdalena River Area.* RFA-IHB. RG. 5, S. 2, Vol. 34-Yellow Fever Commission. RAC-New York; Guiteras, Juan (1916). *Report on suspicious cases of yellow fever at Puerto Berrío.* RAC. New York. RFA. S. 2, SS. 311, b. 27, f. 163.

Es también interesante anotar que ni Franco ni sus colaboradores reaccionaron ante el diagnóstico y las afirmaciones de la Comisión Rockefeller de Fiebre Amarilla. Tampoco ningún miembro del cuerpo médico colombiano alzó la voz. De igual manera, el gobierno tampoco respaldó las conclusiones de Franco y su equipo. La autoridad extranjera pesó más que los estudios concienzudos y juiciosos de los propios médicos locales. Más bien, al contrario, y desde una perspectiva política, Pablo García Medina, director nacional de Higiene, pareció muy contento con las conclusiones de la Comisión, pues esto permitiría el levantamiento de la cuarentena impuesta por los Estados Unidos desde años atrás (García Medina, 1917a: 115). El actor Estado se plegó pues a sus propios intereses.

Efectivamente, durante las primeras entrevistas de la comisión norteamericana con la Junta Central de Higiene, y particularmente Pablo García Medina insistió en que Colombia hacía muchos años no padecía de fiebre amarilla endémica; y, contrario a lo que se había señalado unos meses antes en la prensa médica local, les explicó que la reciente epidemia de Buenaventura había sido importada de Guayaquil (García Medina, 1917a: 100). La razón de esta ambigüedad puede estar en que García Medina quería ganar argumentos en su solicitud a la comisión norteamericana para que intercediera ante las autoridades panameñas con el fin de que suspendiera las cuarentenas impuestas a Colombia a todo buque que tocara Santa Marta, Puerto Colombia o Cartagena, habida cuenta de que se cumplían las convenciones sanitarias internacionales, de que había estaciones de sanidad completas y de que, desde 1905, no se había presentado caso alguno de fiebre amarilla en la costa Atlántica (García Medina, 1917a: 102).

Esto quedó claro cuando Pablo García Medina presentó las conclusiones de la Comisión tanto en la *Revista de Higiene* como en la *Revista Médica de Bogotá*. Decía:

> La Junta Central de Higiene abriga la esperanza de que, en vista de estas conclusiones y teniendo en cuenta las observaciones que ella hizo en esta capital a la comisión americana, se suprimirá la cuarentena que hoy se impone en Colón a los buques que tocan en Santa Marta, Puerto Colombia o Cartagena, asunto que resolverá al regresar la comisión a los Estados Unidos [...] En cuanto a la cuarentena que se exigía en La Habana para los buques procedentes de puertos colombianos, ya está abolida por disposición del doctor J. Guiteras, miembro de la misma comisión y jefe del Departamento de Sanidad de Cuba. (García Medina, 1917a: 511)

Estas conclusiones de García Medina hacen pensar que ni a él ni al gobierno que representaba les interesaba reconocer que en Colombia hubiese fiebre amarilla, pues esto echaría para atrás la decisión internacional de suspender las cuarentenas que tanto afectaban al comercio internacional. Cabe lanzar la hipótesis de si el incidente del alcalde de Muzo y su telegrama estuvo relacionado con una posible contraorden del nivel central para evitar que los miembros de la Comisión viesen los pacientes de fiebre amarilla que el alcalde había denunciado previamente.

La entrada en el campo de un actor sociopolítico como la Fundación Rockefeller reforzaba, por un lado, las concepciones dominantes en el campo después de la legitimación de los descubrimientos de Reed, y contrarrestaba, por otro, cualquier otra explicación distinta de la que la Fundación propusiera. Aquí se inicia el fenómeno de la asimetría entre dos grupos de científicos que, actuando en el campo de la lucha contra la fiebre amarilla, están ligados a redes de poder diferentes. Unos anclados en una red de poder metropolitana con grandes intereses en lo económico y en lo político, como lo deja ver el documento de Gates citado y otros desarticulados del *mainstream* científico y sin el respaldo político del propio Estado.

Figura 20. Pablo García Medina

Fuente: óleo ubicado en la Academia Nacional de Medicina.

La reforma de la higiene nacional: frustración y manipulaciones de un Estado débil

A pesar de la promesa de la comisión norteamericana de analizar la posible cancelación de las cuarentenas, nada se obtuvo, pues para 1919 aún no se había logrado que se eliminara la cuarentena de seis días en Colón (García Medina, 1919: 289). Así, no es extraño que, casi en una actitud de misión diplomática, Pablo García Medina viajara a Montevideo a la Conferencia Sanitaria Internacional de 1920 para rendir cuentas sobre la situación de la sanidad portuaria del país.

La conferencia se reunió entre el 12 y el 20 de diciembre de 1920, donde el delegado colombiano informó que Colombia había cumplido los deberes que imponían las convenciones sanitarias internacionales e indicó que en el país no había y "no ha habido" foco endémico alguno de fiebre amarilla y que, si se había presentado en varias ocasiones, esta había sido importada desde Panamá, antes del saneamiento de la zona del canal, y desde Guayaquil.

Aunque dicha conferencia no tuvo efecto directo sobre la política colombiana frente a la fiebre amarilla, recomendó a los gobiernos activar la lucha contra los mosquitos, entre otras medidas (García Medina, 1921: 113), lo cual servía de apoyo a las solicitudes de García Medina de dedicar más fondos para la lucha contra el mosquito y aumentar salarios de los médicos de sanidad. Aquí de nuevo aparece la actitud ambivalente de este funcionario frente a la fiebre amarilla: cuando se trataba de pedir algo al gobierno, hacía énfasis en la presencia de la fiebre amarilla en el país; cuando se trataba de pedir algo a los organismos internacionales, resaltaba que la existencia de la enfermedad en el país era esporádica y dependiente de su importación desde países vecinos: después de mencionar los casos ocurridos en el sur del país, recalca "que fueron unas embarcaciones menores las que trajeron a Buenaventura en 1915 la fiebre amarilla" (García Medina, 1921: 113).

Al parecer, la transformación de la nueva Junta Central de Higiene en una Dirección Nacional de Higiene en 1918 debilitó el ramo de la higiene en el país. Bajo la nueva estructura, ya no se contaría con una junta de cuatro miembros, sino solo con un director y un secretario, quienes además seguirían siendo responsables de la publicación de la Revista de Higiene. En la interpretación de García Medina, la ley que ordenó el cambio no dejó una junta o "cuerpo consultivo" de higiene, tal vez para ahorrar gastos, disponiendo entonces el ejecutivo que la Academia Nacional de Medicina resolviera las consultas que necesitara realizar la Dirección Nacional de Higiene, a través de la Comisión Permanente de Asuntos de Higiene de dicha Academia (García Medina & Lobo, 1919b: 89-90). La misma ley dejaba a los gobiernos departamentales el cuidado de la higiene pública. Estos gobiernos debían definir presupuestos para higiene, incluidos los del personal, los cuales estaban antes a cargo del gobierno central (García Medina & Lobo, 1919a: 92).

En principio, la nueva Dirección de Higiene consideró conveniente la descentralización administrativa, teniendo en cuenta que los departamentos estarían más desahogados en sus presupuestos y que las asambleas y concejos municipales eran más conocedores de las necesidades de su territorio y que podían responder más rápido a ellas (García Medina & Lobo, 1919a: 94). No obstante, rápidamente se hicieron evidentes las dificultades. Según el informe de la Dirección Nacional de Higiene, dirigido al Ministerio de Instrucción Pública, en 1919, el servicio de higiene había sufrido serias perturbaciones con el cambio, pues los departamentos no votaron partidas para los cargos de higiene o disminuyeron los sueldos de los que dejaron. Igualmente, los municipios se habían negado a continuar pagando las comisiones sanitarias permanentes que existían en algunas ciudades del territorio colombiano (García Medina, 1919: 299).

Por ello denunciaron el deterioro de la atención en Puerto Colombia, donde, por falta de remuneración adecuada, algunas personas valiosas habían renunciado y no se había podido reparar el aparato Clayton, poniendo en riesgo la sanidad del puerto (García Medina, 1921: 175). Así, es constante la insistencia al gobierno sobre la necesidad de mantener autoridades especiales de policía en la capital y en los puertos para hacer cumplir las disposiciones de higiene. Y no existía mejor caso para demostrarlo que el reciente trabajo de saneamiento contra la fiebre amarilla de Buenaventura (García Medina, 1919: 309).

Esta dinámica muestra una actitud del Estado colombiano: cuando se logra establecer un mecanismo, de carácter central, que funciona efectivamente, los vaivenes de la política nacional terminan desmontándolo y descentralizándolo, adjudicándole a los gobiernos locales la responsabilidad de las acciones. Dichos gobiernos, que no cuentan con la capacidad técnico-científica, económica y administrativa para controlar y manejar campañas sanitarias de carácter nacional, terminan abandonando la conducción de los logros centrales y dejando al garete la higiene pública del país.

En 1920, se expidió la Resolución 74 del 23 de junio, por la cual se reglamentó la campaña contra el mosquito en varios puertos de la república, tal vez como consecuencia de lo sucedido en la década anterior en Buenaventura (García Medina, 1932: 330-334). Los puertos en cuestión fueron Cartagena, Barranquilla, Santa Marta, Buenaventura, Tumaco y Girardot. Dicha resolución centraba las acciones en la destrucción de larvas de los mosquitos, saneamiento del terreno y protección mecánica de las habitaciones, para evitar que penetrara el mosquito en ellas. La destrucción de larvas se proponía hacerla secando pantanos, cubriendo con red metálica los depósitos de agua para uso doméstico, destruyendo plantas en donde pudieran formarse depósitos de agua, prohibiendo la siembra de árboles que por su follaje favorecieran la humedad y la formación de depósitos de agua, excepto plantas de plátano, caña de azúcar, café y maíz (García Medina, 1932: 330-332).

Es importante resaltar que las medidas asumidas para acabar con los mosquitos no se tomaron exclusivamente para fiebre amarilla, pues las autoridades sanitarias enfatizaban que con el control de los depósitos de agua se atacaba tanto al vector de la fiebre amarilla como al del paludismo (República de Colombia, Ministerio de Agricultura y Comercio, 1920: XVII). De acuerdo con Salcedo, médico inspector de sanidad del puerto de Buenaventura, entre julio de 1921 y julio de 1922, la campaña antimosquitos se hizo de la siguiente manera:

> Los agentes en sus visitas diarias emplearon 500 galones de aceite larvicida (igual al que se usó en la zona del canal de Panamá). Puede estimarse que el gasto de un galón equivale a la destrucción de veinte criaderos de larvas, cálculo que se fundó en los informes diarios. En resumen, se puede afirmar que los quinientos galones empleados han destruido diez mil criaderos de zancudos [...] Sobre los pantanos o sobre las zanjas en que haya agua estancada, este petróleo se aplica gota a gota de un barril que tiene una llave en su parte inferior y que gradúa el aceite a razón de cien gotas por minuto. Las inspecciones en estos casos no son muy frecuentes, pues solamente se tiene el cuidado de renovar el aceite a medida que se agota. [...] Para proceder así el inspector de sanidad tuvo en cuenta que siendo las lluvias continuas y muy difícil sostener la petrolización de ciertos lugares, era preferible destruir las larvas por medio de aceite larvicida. Este resultado se obtenía mezclando en el depósito contaminado el aceite larvicida diluido previamente en agua. Esta operación puede hacerse solamente cada diez días, tiempo que necesita la larva para transformarse en pupa. (García Medina, 1922: 207)

Sin embargo, y pese a la importancia que los médicos higienistas dieron a esta medida, la duración de las campañas antimosquitos no fue prolongada ni en tiempo ni espacio. Dos años después de haber sido expedida la resolución, la campaña solo se estaba llevando a cabo en Buenaventura, mientras que en Barranquilla, Cartagena, Girardot, Orocué y Puerto Berrío, ya se había detenido:

> A causa de la situación del tesoro nacional, el gobierno se vio obligado a suspender la campaña contra el mosquito en éste y otros puestos [Cartagena]. A pesar de esto el paludismo no ha dominado y ha sido más benigno que en los años anteriores [...] (García Medina, 1922: 203). Desde el mes de enero hubo necesidad de disminuir muchos gastos: se suprimieron los médicos de sanidad de los puertos de Girardot, Orocué y Puerto Berrío, y se suspendió la campaña contra el mosquito en estos puertos. (García Medina, 1922: 211)

Al año siguiente, 1923, se suspendió la campaña en Buenaventura, Tumaco, Santa Marta y Barbacoas. En los informes del Ministro de Agricultura y Comercio se argumentó el recorte presupuestal como la causa de la terminación de las campañas antimosquitos: en Buenaventura, "la cantidad que para atender a la sanidad de los puertos dejó el Congreso en el presupuesto de gastos es tan pequeña que no se ha podido atender bien ni aun los trabajos que para la campaña contra el mosquito se habían emprendido anteriormente" (García Medina, 1923: 219); en Tumaco, "la campaña contra el mosquito es muy deficiente, porque habiéndose suprimido varios empleados, entre ellos el inspector local de sanidad, el médico no ha contado con la ayuda necesaria" (García Medina, 1923: 221); en Cartagena, "por falta de dinero no se ha podido continuar con actividad la campaña contra el mosquito" (García Medina, 1923: 225); en Santa Marta, "la falta de dinero, que no podía suministrarse oportunamente, ocasionó la suspensión de la campaña contra el mosquito" (García Medina, 1923: 227); en Barbacoas, "la campaña contra el mosquito se ha suspendido por falta de petróleo, aceite larvicida y red de alambre; pero ya se ha dispuesto que se envíen a Buenaventura estos elementos" (García, 1923: 232). La Dirección Nacional de Higiene se debilitó aún más en 1922, pues la Ley 99 de ese año reorganizó el personal, quedando reducida a un médico director nacional, un oficial mayor, un escribiente y un portero. Anteriormente tenía el director como auxiliares dos médicos más, que eran subdirector y secretario, quienes fueron suprimidos por otra ley, la 6 de 1922 (García Medina, 1923: 315). Vale la pena resaltar aquí cómo este manejo de la campaña antimosquito ejemplifica la debilidad, la pobreza y la falta de coherencia que ha caracterizado al Estado colombiano desde el siglo XIX, condiciones que han repercutido siempre en el campo de la salud.

Figura 21. Hideyo Noguchi, haciendo demostraciones en su laboratorio

Fuente: Foto del archivo de la fundación Rockefeller, Pocantico Hills, Nueva York.

La campaña contra la fiebre amarilla en Ecuador y el trabajo de Noguchi

Luego de su paso por Colombia, donde contribuyó a reforzar las políticas de sanidad portuaria, la Comisión de Fiebre Amarilla (Yellow Fever Commission) de la Fundación Rockefeller siguió su labor por el resto de Suramérica. Luego de visitar los principales puertos de Brasil, desde Río de Janeiro hasta Pará, la Comisión recomendó iniciar los trabajos de erradicación en Guayaquil, único centro identificado como endémico, mantener en observación las costas de Brasil y del litoral sur del Caribe y extender las investigaciones a México y África Occidental, regiones identificadas como sospechosas (Warren, 1951: 14).

Así, una comisión especial llegó a Guayaquil en julio de 1918 para llevar a cabo intensas investigaciones sobre las condiciones de la fiebre amarilla *in situ* y al final del año se inició una campaña plena de erradicación de la fiebre amarilla en Guayaquil, dirigida por M. E. Connor, quien llegó allí en noviembre y trabajó bajo las órdenes del director general de salud de Ecuador. Las operaciones se iniciaron el 27 de noviembre, centradas fundamentalmente en la erradicación del *Aedes aegypti* a partir de la eliminación de sus larvas y no de la fumigación (Vincent, 1920: 2-10).

En noviembre de 1918, al finalizar la Primera Guerra Mundial, el general William C. Gorgas se retiró de su puesto como cirujano general de la Armada de los Estados Unidos, para ocuparse del cargo de director de los Trabajos de Fiebre Amarilla de la Junta Sanitaria Internacional de la Fundación Rockefeller, con la libertad de llevar a cabo las recomendaciones de la Comisión de Fiebre Amarilla, de la cual él había sido director en 1916. Se trataba de acabar con los nichos de la fiebre amarilla y de destruir sistemáticamente la enfermedad en sus fuentes (The Rockefeller Foundation, 1919: 15).

En mayo de 1919 se presentó el último caso de fiebre amarilla en esa ciudad y en junio ya no hubo ninguno. La campaña de Guayaquil fue un éxito y marcó el primer esfuerzo exitoso de la Fundación Rockefeller para controlar la fiebre amarilla por medio de medidas antimosquito. La ambición de Gorgas de escribir "el último capítulo de la fiebre amarilla" parecía que comenzaba a dejar de ser una utopía (Vincent, 1920: 2-10).

Como parte de los resultados de esta Comisión, el bacteriólogo del Instituto Rockefeller de Investigaciones Médicas, Hideyo Noguchi, anunció que había descubierto una *Leptospira* que producía lesiones sugestivas de fiebre amarilla en el cobayo (Noguchi, 1919b: 565-584). En una serie de artículos presentados por Noguchi en marzo de 1919, y publicados en el volumen 29, número 6, del 1° de junio, del *Journal of Experimental Medicine,* este exponía todos sus hallazgos clínicos y de laboratorio que le permitieron afirmar que había descubierto el germen causante de la fiebre amarilla. En la primera parte, hacía énfasis en que los datos clínicos y anatomopatológicos de los 172 casos estudiados en el hospital de fiebre amarilla de Guayaquil, dirigido por Wenceslao Pareja, no diferían en ninguna forma de las descripciones clásicas de la enfermedad (Noguchi, 1919a: 547). Para esta afirmación se basó en una revisión cuidadosa de todos los síntomas (Noguchi, 1919a: 548-559) de los hallazgos de las autopsias, tanto desde el punto de vista macroscópico como histológico en todos los casos (Noguchi, 1919a: 559-563).

En una segunda parte (Noguchi, 1919b: 565-584), analizaba los experimentos de transmisibilidad que realizó en el laboratorio con diferentes animales, desde pájaros y micos hasta comadrejas y perros, entre otros muchos más. Algunos de ellos presentaron reacciones febriles leves y no significativas a la inyección de sangre de pacientes enfermos. Los experimentos con curíes fueron un poco más alentadores: 8 de los 72 curíes inoculados con sangre y emulsiones de órganos macerados de pacientes enfermos presentaron signos y síntomas parecidos a los de la fiebre amarilla humana, y en algunos casos, lesiones anatomopatológicas similares (Noguchi, 1919b: 567-583).

Estos 8 curíes representaban solo 6 de los casos clínicos presentados. En este trabajo, Noguchi afirmaba que, de la sangre, hígado y riñones de los animales en los que se logró reproducir la enfermedad, se aisló un microorganismo que recordaba, desde el punto de vista morfológico, el agente causal de la ictericia infecciosa (*Leptospira icterohaemorrhagiae*). Esta *Leptospira,* inyectada a otros curíes, reprodujo el mismo cuadro clínico y las mismas alteraciones anatomopatológicas. A esta *Leptospira* Noguchi le dio el nombre provisional de *Leptospira icteroides* (Noguchi, 1919b: 583-584).

En la tercera parte de su publicación (Noguchi, 1919c: 586-596), Noguchi presentaba una serie de experimentos por medio de los cuales lograba reproducir el cuadro sintomático y patológico al inyectarles la *Leptospira icteroides* a otros curíes, a perros y marmotas, sin lograr hacerlo en micos (*ringtail monkeys*) (Noguchi, 1919c: 585-589). Noguchi continuó trabajando y en mayo envió otra serie de artículos al *Journal of Experimental Medicine,* los cuales fueron publicados en el número de julio de 1919, en los que se refería fundamentalmente a la inmunidad adquirida contra la *Leptospira icteroides.* En el primero de ellos, Noguchi demuestra que la mayoría de los curíes a los que se les inyectó sangre de pacientes con fiebre amarilla escapó de la infección y que aquellos pocos que desarrollaron un cuadro febril leve con ictericia leve posterior, y que sobrevivieron, fueron resistentes a la infección inducida con *Leptospira icteroides* (Noguchi, 1919d: 1-8).

En el segundo, Noguchi demostraba que tomando el suero de pacientes convalecientes de fiebre amarilla, mezclados con cultivos de *Leptospira icteroides* aislada de un paciente con fiebre amarilla o con macerados de órganos conteniendo *Leptospiras,* e inyectándoselos a curíes sanos, se obtuvo una reacción de Pfeiffer[13] positiva e inmunidad. Por otro lado, cuando se inyectaron dicho

[13] Reacción de tipo anafiláctico que se presenta al inyectar un material orgánico a un animal de laboratorio sano.

cultivo o macerados acompañados de sueros de soldados no inmunes o de pacientes convalecientes de otras enfermedades, como malaria, por ejemplo, los resultados fueron negativos, conllevando la muerte de los animales. De las anteriores observaciones, Noguchi dedujo como conclusión final que era altamente probable que la *Leptospira icteroides* estuviese etiológicamente relacionada con la fiebre amarilla (Noguchi, 1919e: 9-12).

Nuevamente se reacomodaban las fuerzas en el campo de la lucha contra la fiebre amarilla. Los seguidores de las teorías microbianas y de la bacteriología, entre ellos los funcionarios de la propia Fundación Rockefeller, volvían a retomar la esperanza de que se pudiera hallar una etiología bacteriana de la enfermedad. El prestigio del Instituto Rockefeller de Investigaciones Médicas se configuraba como autoridad suficiente para respaldar a Noguchi. Los demás actores se mantuvieron expectantes. Se comenzó así a reconstruir el concepto de fiebre amarilla que, centrado en la idea de los centros claves, combinaba la teoría del mosquito con la teoría de la etiología bacteriana de la enfermedad y que, por lo tanto, determinó un nuevo manejo de la fiebre amarilla, la vacuna de Noguchi.

Otros brotes epidémicos: optimismo con el suero y la vacuna de Noguchi

En junio de 1918, surgió un brote epidémico en Guatemala y, durante 1919, fueron reportados brotes en Brasil, Honduras, El Salvador, Nicaragua y México. El éxito de la campaña de Guayaquil atrajo la atención de los distintos gobiernos y los de El Salvador, Nicaragua, Honduras, Guatemala y México invitaron a la Junta Sanitaria Internacional de la Fundación Rockefeller para que unieran sus esfuerzos para controlar la enfermedad. La demostrada funcionalidad de la teoría de los 'centros claves' y los descubrimientos de Noguchi hicieron pensar a la Junta que los aspectos científicos y epidemiológicos necesarios para controlar la fiebre amarilla estaban definidos. Este optimismo animó a la Fundación a extender la campaña contra el mosquito a estos cinco países. Noguchi y otros investigadores continuaron estudiando la *Letospira icteroides* en Mérida, Yucatán, y en Veracruz, durante la campaña de México, confirmando los resultados iniciales (Warren, 1951: 16-17). Los brotes fueron rápidamente suprimidos, usando las mismas medidas que habían sido utilizadas en Guayaquil.

En México y en Centroamérica se utilizó el modelo Noguchi para hacer el diagnóstico y definir cuáles pacientes estaban enfermos de fiebre amarilla y cuáles no: aquellos pacientes a los que se les encontraba *Leptospira* en la sangre fueron clasificados como enfermos de fiebre amarilla y a los que no se les encontró nada fueron descartados del diagnóstico (Palmer, 1998: 7). También se utilizaron la vacuna y el suero de Noguchi en México y en Centroamérica con resultados positivos, reduciendo la mortalidad del 60 % al 9 % (Palmer, 1998: 10).

Un nuevo brote surgió en Perú en 1920 y la Junta Sanitaria Internacional inició sus labores de control en febrero de 1921 en colaboración con el gobierno peruano (Warren, 1951: 16-17). Allí también estuvo Noguchi investigando sobre la *Leptospira,* reconfirmando sus hallazgos. En el Sexto Reporte Anual de la Junta se decía que "[...] es razonablemente cierto ahora que el organismo que Noguchi ha llamado *Leptospira icteroides* es el verdadero agente etiológico. Las vacunas y sueros realizados con el organismo son protectoras en animales y aunque su uso en humanos ha sido limitado, existe ya mucha evidencia de que tienen un valor verdadero" (The Rockefeller Foundation, International Health Board, 1920: 20).

Según el informe de la Junta Sanitaria Internacional sobre las actividades del año 1920, publicado en 1921, la *Leptospira* había sido aislada por primera vez en pacientes en Guayaquil, en 1918, luego el microorganismo fue obtenido de casos de fiebre amarilla en Mérida, Yucatán, y nuevamente en 1920 en el norte de Perú, por Noguchi y Kligler. Por su parte, Gastiaburu transmitió la fiebre amarilla a animales inoculando el microorganismo, en Piura, en 1919, "cumpliendo así los postulados de Koch". Igualmente, Pérez-Grovas, trabajando en Veracruz (México), durante el verano de 1920, reprodujo la enfermedad en cobayos y obtuvo los cultivos del caso. Le Blanc, del Instituto Rockefeller de Investigaciones Médicas, obtuvo un cultivo del organismo en un caso de fiebre amarilla de Veracruz. Los cultivos obtenidos por Pérez-Grovas y Le Blanc fueron idénticos a los de *Leptospira icteroides* aislados antes por Noguchi y Kligler (Palmer, 1998: 108).

En agosto de 1920, M. E. Connor, funcionario de la Fundación Rockefeller, que había trabajado en el control de la epidemia de Guayaquil, realizó una visita a Buenaventura, La Cumbre, Cali y Palmira, debido a que se denunció la presencia de un posible caso de fiebre amarilla en la zona, sufrido por el Sr. Alberto Racines. Después de visitar estas poblaciones, de revisar los archivos del servicio de salud y de entrevistarse con varios médicos no conectados con dicho servicio, llegó a la conclusión de que no había vuelto a presentarse ningún caso de fiebre amarilla en la costa Pacífica colombiana desde 1916, fecha en que se terminó la última epidemia, y que los casos que esa vez se presentaron fueron importados desde Guayaquil (Ecuador).

Por otra parte, afirmó que no había en ese momento condiciones favorables para el surgimiento de un foco endémico de fiebre amarilla en ninguna de las ciudades visitadas. Con relación al caso mencionado, luego de analizar la información clínica y patológica disponible y de hablar con los médicos tratantes, Connor llegó a la conclusión de que se trataba de una ictericia de tipo obstructivo y no de fiebre amarilla. Los siguientes casos denunciados en Guapi respondieron positivamente a la quinina y fueron pues clasificados como malaria. Así mismo, Connor opinó que el comercio entre los puertos colombianos y peruanos se realizaba por medio de barcos de vela lentos que normalmente se gastan suficiente tiempo en el viaje como para que el período de incubación transcurriera durante el viaje y se pudieran identificar los pacientes antes de su arribo a Colombia. Por lo tanto, afirmó que Buenaventura no debería considerarse un lugar problemático hasta que el comercio se incrementase de tal forma que hiciese riesgosa su situación.[14]

En ese mismo año de 1920, una comisión de fiebre amarilla, encabezada por el general Gorgas, viajó de Nueva York a África.[15] Gorgas fue atacado en la ruta por una seria enfermedad y murió en Londres, en julio de 1920, pero los demás miembros de la comisión llegaron a Lagos (Nigeria) el 17 de ese mismo mes. Aunque la comisión no encontró casos de fiebre amarilla en ese momento en la zona, recomendó que se organizara una segunda comisión bien equipada que pudiese adelantar estudios más extensos y prolongados de la situación de la fiebre amarilla en el África occidental, incluyendo estudios de laboratorio de las fiebres de la región (The Rockefeller Foundation, International Health Board, 1921: 9; Warren, 1951: 18).

Mientras tanto, todos los brotes latinoamericanos de ese período fueron rápidamente suprimidos usando las campañas antimosquito, además del suero

14 Connor, M. E. (1920). *Connor to Victor G. Heiser. Yellow Fever Survey Pacific Coast of Columbia.* August 22. Buenaventura, Colombia. RAC-New York. RFA-IHB. RG. 5, S. 2, SS. 311, b. 27, f. 165.

15 Los otros miembros de esta Comisión fueron R. E. Noble, asistente del cirujano general de la Armada de los Estados Unidos; Juan Guiteras, director de Salud Pública de Cuba; Adrian Stokes, profesor asistente de Patología del Trinity College de Dublín; A. E. Horn, del Servicio Médico del África occidental; y W. F. Tytler, del *staff* del Medical Research Council de Gran Bretaña (Warren, 1925: 17-18).

y de la vacuna inventadas por Noguchi (The Rockefeller Foundation, International Health Board, 1920: 20). En 1921, George E. Vincent, presidente de la Fundación, en su informe sobre las actividades de esa institución durante el año de 1920, informaba que, en la lucha contra la fiebre amarilla en Yucatán, la vacuna de Noguchi había jugado un papel significativo en los desarrollos recientes de la campaña. Más de 7500 personas habían sido vacunadas. Y aunque comentaba que aún era demasiado temprano para hacer un anuncio definitivo sobre la efectividad de la vacuna, afirmaba que los resultados obtenidos hasta ese momento eran claramente motivadores. Los representantes de las casas comerciales norteamericanas estaban siendo vacunados antes de partir a zonas infectadas por la fiebre amarilla y en el Instituto Rockefeller de Investigaciones Médicas había ya un *stock* suficiente de vacuna para distribuir a los países en riesgo (Vincent, 1921: 27).

Al año siguiente, el informe de Vincent era aún más optimista: bajo el título de "La fiebre amarilla en retirada" informaba que la experiencia durante 1921 con la vacuna y el suero de Noguchi indicaba que la primera, cuando era administrada correctamente, ofrecía una marcada protección contra el ataque de la fiebre amarilla; y que el segundo, cuando se usaba antes o durante el tercer día del comienzo de la enfermedad, reducía la mortalidad de manera significativa. Decía, además, que los datos reportados durante el último año confirmaban estas conclusiones. Afirmaba que en Perú, de un grupo de 50 soldados no inmunes que fueron enviados a una zona infectada, fueron vacunados 25, mientras que los otros 25 no se vacunaron. Veinte de los no vacunados se infectaron y ninguno de los vacunados sufrió la enfermedad. Por otra parte, de 20 pacientes infectados en Belice, que fueron tratados con el suero de Noguchi antes o durante el tercer día de la enfermedad, 11 se recobraron. Insistía a renglón seguido que la vacuna y el suero prometían ser el más valioso medio de prevención y de cura (Vincent, 1922: 40-41).

Durante 1921 no se presentaron casos en Ecuador, Honduras, Nicaragua y Costa Rica. Guatemala no había reportado ningún caso a partir del 2 de febrero y el último caso en El Salvador había sido el 15 de febrero. Ya el 16 de julio Perú estaba libre de la infección y Honduras lo estuvo en noviembre. En Brasil se habían reportado aún algunos casos, pero la cosa iba por buen camino. La perspectiva era alentadora, decía Vincent triunfante, pues, aunque consideraba que todavía era muy temprano para cantar victoria total, los ánimos estaban firmes para continuar la lucha hasta el final (Vincent, 1922: 40-41). Pero, al final de 1922, Vincent era aún más triunfalista. Bajo el título de "Cerrando el capítulo de la fiebre amarilla", su informe sobre las actividades de la Fundación en fiebre amarilla en 1922 se iniciaba diciendo: "Un progreso definitivo se ha llevado a cabo durarte el año de 1922 en la campaña de la Junta Sanitaria Internacional para eliminar la fiebre amarilla del mundo [...] Es difícil creer que esta última fase de la lucha contra la fiebre amarilla haya comenzado hace solo cinco años" (Vincent, 1923a: 35-36).

La 'teoría de los centros claves' se había articulado así rápidamente a los nuevos elementos aportados por los descubrimientos de Noguchi en Guayaquil, solidificándose, porque ampliaba la posibilidad de acción sobre la enfermedad al incorporar una vacuna y un suero como elementos preventivos y terapéuticos, respectivamente. Si bien al principio los directivos de la Fundación se declararon expectantes ante la noticia de Noguchi, lentamente se fueron convenciendo de la bondad del descubrimiento. Parecía que la Fundación estaba ganando finalmente la lucha contra la fiebre amarilla en la medida en que eliminaba mosquitos *Aedes aegypti* de los centros claves y utilizaba la vacuna y el suero de Noguchi contra la *Leptospira icteroides*. No había necesidad pues de detenerse en los planteamientos de médicos y sanitaristas latinoamericanos que, como Roberto Franco, antes que aportar al conocimiento, parecían confundir y entorpecer el proceso.

Al parecer, Noguchi no había leído a Franco. Al menos, los trabajos de Franco no aparecen citados en ninguno de los trabajos de Noguchi.[16] Recordemos que Franco y sus colaboradores habían planteado desde 1907 que la fiebre amarilla y la espiroquetosis eran enfermedades distintas, desde el punto de vista clínico y microscópico, que se presentaban generalmente asociadas, aunque pensaban que desde el punto de vista etiológico podrían ser dos fases de una misma enfermedad. Estos dos grupos de investigadores manejaban pues dos conceptos de fiebre amarilla distintos.

La Fundación Rockefeller y la fiebre amarilla en Brasil

En Brasil, Oswaldo Cruz y sus colaboradores habían logrado erradicar la fiebre amarilla de Río de Janeiro y de Santos, pero la enfermedad prevalecía en el resto

16 Entre otros: Noguchi (1919a, 1919b, 1919c, 1919d, 1919e, 1919f, 1920a, 1920b, 1924, 1929), Noguchi *et al.* (1924), Noguchi y Pareja (1921).

del país. En el verano de 1923 se agravaron los brotes de fiebre amarilla en el nordeste del país y en mayo el gobierno brasileño invito a la IHB a colaborar con el programa gubernamental de control de la fiebre amarilla. El Decreto 16000 del 31 de diciembre de 1923 delegó a la Junta Sanitaria Internacional y al Departamento Nacional de Salud Pública la responsabilidad conjunta para la eliminación del *Aedes aegypti* en las ciudades litorales del norte de Brasil. El programa fue dirigido por Joseph H. White (Benchimol, 2001: 119-120). La Junta Sanitaria Internacional aceptó gustosa la invitación y Noguchi se trasladó en noviembre para realizar los estudios y demostraciones correspondientes. Vincent anotaba que esperaba que esta fuese la última batalla contra la fiebre amarilla (Vincent, 1923b: 23-24).

Figura 22. George Vincent, presidente de la Fundación Rockefeller, quien, en 1922, afirmaba públicamente que la guerra contra la fiebre amarilla había sido ganada.

Fuente: foto del archivo de la Fundación Rockefeller, Pocantico Hills, Nueva York.

Los primeros resultados obtenidos por la Fundación impresionaron mucho (Benchimol, 2001: 119-120). No obstante, Odair Franco, en su *História da febre-amarela no Brasil,* cuenta que Waldemar Antunes y Clovis Correia habían descubierto en Brasil, en 1920, un caso que consideraron como de fiebre amarilla adquirida en la selva. En efecto, Franco dice que

> [...] en 1920, dos médicos de la Comisión Sanitaria Federal que fue a Pernambuco, Drs. Waldemar Antunes y Clovis Correia, en viaje de inspección en el Estado, al pasar por el Sitio Mulungú, municipio de Bom Conselho, fueron llamados para ver un enfermo que presentaba síntomas de fiebre amarilla. Para reforzar el diagnóstico, encontraron, en la misma casa, un gran foco de *Stegomyia* [...] Ese caso, si no fue el primero, como juzgaron aquellos médicos, fue uno de los primeros casos de fiebre amarilla rural diagnosticada en nuestro país (Franco, 1969: 96).

Igualmente, Franco relató que Sebastião Barroso, quien había sido el encargado del programa del gobierno federal contra la fiebre amarilla en Bahía desde 1920, y quien había renunciado al iniciarse el programa de la Fundación, había observado casos similares en Bahía que procedían de las haciendas rurales de territorios interiores y presentó dichos hallazgos en una conferencia en 1922, sugiriendo que la fiebre amarilla no sólo funcionaba de manera diferente a como los funcionarios de la Fundación Rockefeller se imaginaban, sino que además la enfermedad infectaba amplias extensiones rurales de las haciendas en las que la Fundación trabajaba (Franco, 1969: 96-97). Joseph H. White, a cargo del programa de la Fundación, siguiendo la teoría de los centros claves, rechazó la posibilidad de la fiebre amarilla rural y continuó centrando todas sus acciones en la eliminación urbana de mosquitos (Williams, S. C., 1994: 32).

La coherencia de la teoría de los centros claves, así como la autoridad en la que esta se respaldaba, impedía a los funcionarios de la Fundación ver o aceptar la existencia de fiebre amarilla en la selva. Por otra parte, la teoría continuaba mostrándose bondadosa y, en 1924, por primera vez en más de medio siglo, como resultado de esta campaña, no se registró ningún caso de fiebre amarilla en Salvador (Bahía). White previó que en breve la fiebre amarilla sería erradicada de Brasil (Benchimol, 2001: 119-120). El campo de la lucha contra la fiebre amarilla estaba siendo definitivamente hegemonizado por el principal y más fuerte actor sociopolítico participante, la Junta Sanitaria Internacional de la Fundación Rockefeller, y los actores colombianos y brasileños, no por falta de conocimiento, sino por la impotencia política que les impedía posicionarse en el campo, habían tenido que relegarse a aceptar las explicaciones y acciones impuestas por dicho actor.

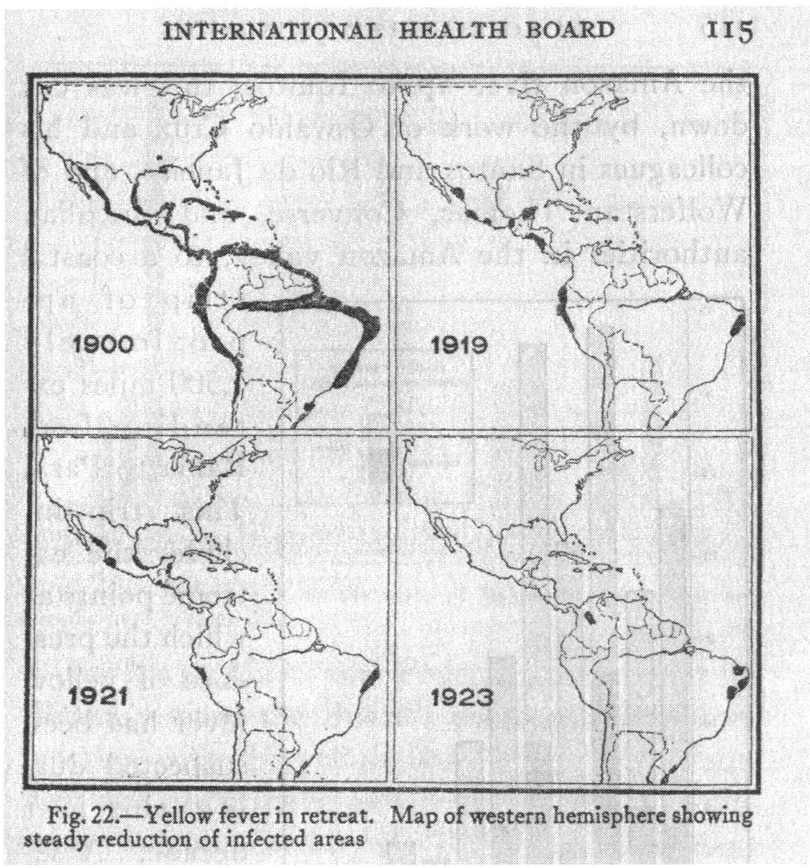

INTERNATIONAL HEALTH BOARD 115

Fig. 22.—Yellow fever in retreat. Map of western hemisphere showing steady reduction of infected areas

Figura 23. Mapa comparativo de la distribución de fiebre amarilla en el continente y su erradicación por parte de la Fundación Rockefeller, en el que se muestra una zona negra que corresponde a la epidemia de 1923, en Bucaramanga.

Fuente: propiedad del Rockefeller Archive Center, Pocantico Hills, Nueva York.

Capítulo VI
La epidemia de Bucaramanga, 1923-1925

El agente causal de la fiebre amarilla [de Bucaramanga] no es la Leptospira *de Noguchi.*
Mac Cormick, 1924: 257-259

Fiebre y conflictos de interés en Bucaramanga en 1923

La guerra contra la fiebre amarilla parecía ganada, al menos en el continente americano. A finales del año anterior, en noviembre de 1922, Wickliffe Rose, director de la Junta Sanitaria Internacional, le había enviado una circular a Pablo García Medina, director nacional de Higiene, preguntándole si el gobierno colombiano estaría interesado en que la Fundación enviase una comisión para estudiar posibles focos endémicos de fiebre amarilla en Colombia. García Medina remitió el documento al Ministro de Agricultura, pero este no ordenó ninguna disposición.

Cuatro meses después, un brote febril agudo apareció nuevamente en Colombia, en la ciudad de Bucaramanga, del cual informó un artículo de prensa en un periódico local, el miércoles 7 de marzo de 1923. Basándose en dicho artículo, Frederick A. Miller, representante de la Fundación Rockefeller en Colombia, informó sobre la aparición de tal brote a la Oficina Central de la FR en Nueva York, el 19 de marzo.[1] Como se mostrará, ante los primeros casos de fiebre un

[1] Miller, Frederick A. (1923). *Report on cases of a disease resembling yellow fever at Bucaramanga, Colombia.* March 19. RAC-New York. RFA-IHB. RG. 1.1, S. 311, b. 27, f. 163.

grupo de médicos locales[2] planteó el diagnóstico fiebre amarilla y dio un toque de alarma para que las autoridades sanitarias de la región tomasen las medidas de profilaxis necesarias. Sin embargo, los comerciantes de la ciudad, preocupados porque la aceptación de la existencia de esta epidemia se consideraba como nociva para el comercio y la tranquilidad de los habitantes, decidieron aliarse con otro grupo de médicos locales que rechazaban ese diagnóstico. Estos últimos afirmaban que, si se tenía en cuenta el estudio realizado en 1916 por la Comisión Rockefeller de Fiebre Amarilla dirigida por Gorgas, hablar de fiebre amarilla en una región del centro del país y apartada de las costas era una herejía. La alianza de estos dos actores sociopolíticos (comerciantes y un sector del gremio médico local) y la polémica que se desató entre ellos y los otros miembros del gremio médico de Bucaramanga[3] retardó la aplicación de las medidas para combatir la enfermedad en la ciudad (Hernández Bautista, 1925: 16-18).

Dicha polémica surgió por el diagnóstico decretado ese miércoles 7 de marzo por los médicos bumangueses Roberto Serpa Novoa y Andrés Gómez, llamados por el médico Daniel Hernández en un diario de la región como "los dos pequeños cerebritos".[4] Estos dos médicos, al reconocer la presencia del contagio en la ciudad, propusieron la puesta en marcha de las medidas preventivas usuales en la época, que, entre otras, incluían la declaración de cuarentena en la región. Esta última medida afectaba directamente la vida económica de la ciudad, que para ese entonces, por su ubicación geográfica, se había constituido como un lugar de tránsito obligado en el desarrollo de las dinámicas comerciales de la república, especialmente aquellas que se daban entre los puertos del norte y las ciudades del interior, así como de estas últimas con Venezuela.

En consecuencia, el 9 de marzo, la Dirección Nacional de Higiene envió un telegrama a la Dirección Departamental de Higiene de Bucaramanga exigiéndole un informe lo más detallado posible sobre la epidemia, con el fin de dictar

---

2 Los médicos locales que mantuvieron el diagnóstico de fiebre amarilla en la ciudad fueron: Martín Carvajal, Daniel Peralta, Francisco Pradilla, Luis Ardila Gómez, Julio Valdivieso, Roberto Serpa y Andrés Gómez.

3 Esta polémica sobre el diagnóstico de la epidemia se expresó en *Vanguardia Liberal,* uno de los periódicos locales de la época, y es de apuntar que en estos procesos de confrontación teórica las discusiones alcanzaron aun el nivel de las ofensas personales.

4 Hernández, Daniel (1923). "La farsa de fiebre amarilla en Bucaramanga". *Vanguardia Liberal,* 13 de marzo. Bucaramanga, N° 1073.

las medidas profilácticas del caso para impedir la propagación.[5] Ese mismo día el diagnóstico fue reconfirmado por David Mac Cormick, el mismo Roberto Serpa, Julio Valdivieso y Daniel Peralta, en un artículo escrito el día 9 de marzo en Bucaramanga titulado "Los síntomas de la epidemia de Bucaramanga. Detallado informe de los médicos", que fue publicado en el *Diario del Comercio* de Barranquilla el 10 de marzo y que decía así:

> La epidemia caracterizase así: ataca particularmente a los forasteros. Síntomas: calofrío, ascenso rápido; temperatura, de treinta y nueve a cuarenta grados; dolores intensos frontales, oculares por presión y movimientos cintura y musculares; piel encendida muy seca, ligera rasquiña; anorexia, embarazo gástrico, constipación; descenso temperatura tercer día, para caer con sudores quinto y sexto; generalmente tercer día presentase fuerte dolor epigástrico y hepático, subictericia generalizada, estado nauseoso, vómitos alimenticios que duran hasta remisión definitiva. Algunos casos agrávanse tercer día y preséntanse vómitos negros, deposiciones melénicas, angustia, estado general grave, albuminuria intensa y rápidamente creciente hasta muerte; pulso lento, al principio amplio, fuerte; después depresible inapreciable; ictericia hemafeica, orines sin pigmentos biliarios, albuminuria abundante hasta doce por mil; oxaluria y anuria en varios casos; hemorragia en todas las mucosas y equimosis, delirio, terminaciones en coma. Casos vómito negro, aproximadamente veinte, todos fatales; autopsias sólo revelaron existencia líquido hemático vías digestivas; congestión en mucosa gástrica, intestinal, hígado pálido.[6]

Con la presencia de nuevos casos epidémicos y su confirmación por observaciones clínicas y anatomopatológicas, aumentó la presión sobre los comerciantes afectados con el dictamen. Estos últimos expresaron su descontento en una serie de publicaciones, en las cuales se resistían a aceptar el diagnóstico de fiebre amarilla que con el paso de los días y la presencia de nuevos casos cobraba vigor en la ciudad. Los comerciantes, hablando por la voz de otros dos médicos locales, Daniel Hernández y Julio Vargas, se enfrentaron al diagnóstico.

---

5 *La peste de Bucaramanga* (1923). 10 de marzo. RAC-New York. RFA-IHB. RG. 5, S. 2, SS. 311, b. 27, f. 165.

6 *Los síntomas de la epidemia de Bucaramanga. Detallado informe de los médicos* (1923). 10 de marzo. RAC-New York. RFA-IHB. RG. 5, S. 2, SS. 311, b. 27, f. 165.

Hernández planteó, en un artículo titulado "La farsa de la fiebre amarilla", publicado en *Vanguardia Liberal,* el 13 de marzo, que el grupo de galenos favorables al diagnóstico lo habían lanzado movidos por el afán de traer a Bucaramanga todos los males económicos y sociales que la noticia reportaba consigo.[7] Incluso, Hernández sugirió la necesidad de hacer el diagnóstico diferencial con otras entidades morbosas. Ante esta afirmación, el médico Julio Valdivieso envió una comunicación al mismo periódico, al día siguiente, denunciando: "[Hernández] no estamparía tan bella necedad si hubiera asistido a las repetidas juntas médicas, en que hemos estado de acuerdo la totalidad de los concurrentes, casi todo el cuerpo médico de la ciudad".[8]

Pero a la voz de Hernández se sumó ese mismo día la del médico Julio Vargas, diciendo que no había fiebre amarilla en Bucaramanga, pues la falta de un foco originario alejaba la posibilidad y se interrogaba si existía el *Stegomyia calopus* en la región:

> Ignoro si [hay] alguna explicación satisfactoria de cómo pudo infectarse el mentado estegomia, caso de que exista en nuestra ciudad; dato de absoluta importancia puesto que [...] según las recientes informaciones de The Rockefeller Foundation, International Health Board, centro de gigantesco alcance de profilaxis mundial, los endémicos focos del continente americano, de donde irradiaba la infección universal de fiebre amarilla, han sido saneados casi en totalidad.[9]

Frente a estas acusaciones, el médico Luis Ardila Gómez, en un artículo titulado "La propia estimación", publicado también en *Vanguardia Liberal,* defendía el diagnóstico de fiebre amarilla e insistía en las medidas profilácticas para eliminar el mosquito que, en su criterio, beneficiarían a las clases obreras que no tenían recursos para huir de la ciudad, en caso de que la enfermedad se extendiera, ni para protegerse con mosquiteros.[10] Según el mismo autor, Pablo

---

7 Hernández, Daniel (1923). "La farsa de fiebre amarilla en Bucaramanga". *Vanguardia Liberal,* 13 de marzo. Nº 1073.

8 Valdivieso, Julio (1923). "Habla el doctor Valdivieso". *Vanguardia Liberal,* Año IV, Nº 1074.

9 Vargas, Julio E. (1923). "No hay fiebre amarilla: la falta de foco aleja la probabilidad. ¿Existe en la región el *Stegomyia calopus*?". *Vanguardia Liberal,* 14 de marzo. Año IV, Nº 1074.

10 Ardila Gómez, Luis (1923). "La propia estimación". *Vanguardia Liberal,* 17 de marzo. Año IV, Nº 1077.

García Medina, desde la Dirección Nacional de Higiene, se oponía al diagnóstico de fiebre amarilla por considerar que "en Bucaramanga es imposible [que ocurra], porque no existe el foco de origen".[11]

Se estaba dando pues un proceso de conflicto en el campo de la lucha contra la fiebre amarilla entre un grupo de médicos de la ciudad que respaldaban el diagnóstico, apoyados en los análisis clínicos y en las autopsias realizadas, y los comerciantes, que defendían sus intereses económicos y financieros, apoyados por otro grupo minoritario de médicos que, aliados con ellos, se oponían al diagnóstico.

La intervención de la Fundación Rockefeller en el brote de Bucaramanga

La Fundación, con una presencia regional efectiva, se convirtió en la mejor aliada de la política norteamericana en el campo de la fiebre amarilla hasta finales de la década de 1940 (Cueto, 2004; Hernández Álvarez et al., 2002). Efectivamente, a mediados de 1920 se había hecho oficial ya la participación de la Fundación Rockefeller en Colombia. La Fundación mantuvo un observador permanente en el país a través del cual estaba informada de lo que sucedía respecto a los problemas relacionados con la salud. Se trataba del director del Departamento de Uncinariasis que había sido creado en 1920 con ayuda de dicha Fundación y cuyo director era un funcionario de ella.[12] El primer director del Departamento fue Frederick A. Miller, quien a su vez se convirtió en el representante de la Fundación en el país. Al tiempo que dirigía y coordinaba la campaña contra este parásito, Miller mantenía al tanto a la Fundación sobre lo que sucedía sobre fiebre amarilla y coordinaba las actividades de control y campaña activa contra el mosquito. Por este motivo, Frederick Russell, ahora director de la Junta Sanitaria Internacional en reemplazo de Wickliffe Rose,[13] le había remitido correspondencia sobre los descubrimientos y actividades de Noguchi y sobre las estadísticas de la vacunación contra la enfermedad.

---

[11] Ardila Gómez, Luis (1923). "La propia estimación". *Vanguardia Liberal,* 19 de marzo. Año IV, Nº 1079.

[12] Para detalles sobre ese comienzo de la intervención de la Fundación Rockefeller en el país, ver el artículo de García y Quevedo (García, C. M. & Quevedo V., 1998).

[13] Wickliffe Rose dejó su cargo de director de la Internacional Health Board el 1º de marzo de 1923, para pasar a ser director de la General Board of Education, otra institución filantrópica de la familia Rockefeller.

Así pues, al surgir estos primeros casos en Bucaramanga, Frederick A. Miller habló con el Ministerio de Agricultura y con el director de Higiene, Pablo García Medina, para preguntarles si, aprovechando este brote de epidemia febril, querían o no que la Fundación enviase la Comisión para que lo estudiase. Tanto el Ministerio como Pablo García Medina fueron de la opinión de que esto no era necesario y así lo informó Miller a Frederick F. Russell,[14] en informe del 19 de marzo de 1923. Efectivamente, ese día Miller envió una carta a Russell adjuntándole dicho informe sobre la epidemia, que incluía las historias clínicas de dos casos diagnosticados, tratados y autopsiados por Roberto Serpa, y diciéndole que se asemejaban mucho a fiebre amarilla, pero advirtiendo que el informe era magro, debido a que las facilidades para el diagnóstico en el país eran muy limitadas.[15]

Según este informe, el miércoles 7 de marzo de 1923, se había publicado un artículo en un periódico local diciendo que habían aparecido en Bucaramanga, la capital de Santander, alrededor de 20 casos, incluyendo 8 muertos, de una enfermedad de instalación rápida, caracterizada por fiebre alta, vómito de sangre (vómito negro) y albúmina en la orina. Decía Miller que, a partir de la noticia, se puso en contacto con Pablo García Medina ofreciéndole telegrafiar a la Fundación para que enviara una comisión para estudiar el asunto y que García decidió esperar negando que hubiese fiebre amarilla. Según los datos recopilados por Miller, la enfermedad comenzó con un primer caso en noviembre de 1922 y continuó con dos casos más en diciembre. Del 1° de enero al 7 de marzo, aparecieron 70 casos más, con 20 defunciones. Sesenta de los casos no presentaron vómito negro.[16] Todo esto se lo comentaba más tarde el propio Miller a Russell en una carta que le remitió el 2 de abril, en la que resumía todo el proceso y reconfirmaba la sintomatología, haciendo un resumen de ella, basándose en el texto de los médicos ya citado arriba, de acuerdo con los reportes oficiales enviados a García Medina.[17]

---

[14] Frederick F. Russell, director del Laboratorio de Salud Pública de la Fundación entre 1920 y el 28 de febrero de 1923; director de la International Health Board desde el 1° de marzo de 1923 hasta 1926.

[15] Miller, Frederick A. (1923). *Miller to Frederick F. Russell.* March 19. RAC-New York. RFA-IHB. RG. 1.1, S. 311, b. 27, f. 163.

[16] Miller, Frederick A. (1923). *Report on cases of a disease resembling yellow fever at Bucaramanga, Colombia*. March 19. RAC-New York. RFA-IHB. RG. 1.1, S. 311, b. 27, ff. 163-164.

[17] Miller, Frederick A. (1923). *Miller to Frederick F. Russell.* April 2. Letter. Bogotá. RAC-New York. RFA-IHB. RG. 1.1, S. 311, b. 10, f. 90.

Miller insistía en que, en vista de la falta de hallazgos definidos y característicos de carácter patológico en las autopsias, Pablo García Medina opinaba que la enfermedad era la misma que apareció en Muzo en 1916 cuando Gorgas y Carter visitaron la zona y decidieron que no era fiebre amarilla, sino una forma de malaria. Miller agregaba que Bucaramanga estaba aproximadamente a tres días a caballo de Puerto Wilches, el puerto más cercano sobre el río Magdalena; que este, a su vez, estaba a cinco días de la ciudad costera de Barranquilla; y que el puerto más cercano era Colón. Afirmaba, además que los barcos de vapor procedentes de Colón se demoraban tres días y, por lo tanto, se necesitaban mínimo once días para llegar de Colón a Bucaramanga. Buenaventura estaba en la costa Pacífica, a por lo menos doce días de camino y no había habido fiebre amarilla allí desde hacía por lo menos tres años.[18] Copias de este informe fueron remitidas a Joseph Hill White,[19] Henry Rose Carter[20] e Hideyo Noguchi.[21]

Ese mismo día, 19 de marzo, Russell respondió un cable a Miller confirmando el recibo del informe[22] y Miller volvió a enviar la requisición al gobierno, pero tampoco obtuvo respuesta del Ministerio. Pablo García Medina le dijo que hablaría directamente con el Presidente de la República para saber si el gobierno estaba interesado o no en la Comisión.[23]

Entre tanto, la polémica local continuaba su curso. El médico Julio E. Vargas publicaba nuevamente en *Vanguardia Liberal,* el 22 de marzo, un artículo

---

18 Miller, Frederick A. (1923). *Report on cases of a disease resembling yellow fever at Bucaramanga, Colombia.* March 19. RAC-New York. RFA-IHB. RG. 1.1, S. 311, b. 27, ff. 163-164.

19 Joseph Hill White, IHB, 1920, miembro del Comité Asesor de Fiebre Amarilla. No era miembro directo del *staff* de la Fundación. A partir del 1° de junio de 1921, entra a ser miembro del *staff* de campo en fiebre amarilla en México y Perú. En 1922, es miembro de la campaña contra la fiebre amarilla en México. Y de 1923 a 1925 es miembro del grupo de control de fiebre amarilla en Brasil. En 1926 fue oficial de campo en Brasil.

20 Henry Rose Carter, IHB, entre 1916 y 1927, miembro de la Comisión de Fiebre Amarilla, como clínico. IHB, de 1920 a 1925, miembro del Consejo Asesor de Fiebre Amarilla (asesor, no miembro del *staff* de la Fundación).

21 Hideyo Noguchi, 1918, miembro de la Comisión de Fiebre Amarilla a Ecuador (Rockefeller Institute for Medical Research). En 1920, miembro del Consejo Asesor de Fiebre Amarilla y del *staff* de campo en México.

22 Russell, Frederick F. (1923). *Cable from Russell to Miller confirming the receipt of the report on Bucaramanga Yellow Fever outbreak.* March 19. RAC-New York. RFA-IHB. RG. 1.1, S. 311, b. 10, f. 90.

23 Miller, Frederick A. (1923). *Miller to Frederick F. Russell.* April 2. Bogotá. RAC-New York. RFA-IHB. RG. 1.1, S. 311, b. 10, f. 90.

titulado "Los tres factores de la fiebre amarilla", en el cual se insistía que debería rechazarse el diagnóstico de fiebre amarilla, pues no se conocía foco de infección ni cercano ni remoto que pudiera infectar al *Stegomyia calopus,* que sí existía en Bucaramanga. Pudiera suceder que un huésped definitivo, un hombre, ya contaminado en otro lugar hubiera sido la fuente de infección de nuestros zancudos, pero, según él, esto resistía cualquier análisis: "En este un lugar situado casi en el centro del país; no tenemos ni próximo ni remoto foco endémico".[24]

Ese mismo día Miller le envió un nuevo cable a Russell en el que le reiteraba que el director nacional de Higiene, Pablo García Medina, no creía que la epidemia de Bucaramanga fuera de fiebre amarilla y que rechazaba la posibilidad de que una comisión de la Fundación viniera a estudiar el problema, e informaba que este cable antecedía a una carta que iba en camino.[25]

Algunos autores locales parecían estar de acuerdo con la tendencia de Pablo García Medina y las autoridades centrales de higiene de negar el diagnóstico de fiebre amarilla. En el periódico *Vanguardia Liberal,* se publicó un artículo de Roberto Carreño, de quien no tenemos más datos, el cual dice haber revisado las estadísticas de mortalidad de la Oficina Municipal de Bucaramanga desde el 1° de diciembre de 1922 hasta el 20 de marzo de 1923. Allí señalaba que si se aceptaran como fiebre amarilla los casos dudosos de la fiebre, habrían muerto 11 individuos a consecuencia de este flagelo y 13 niños a causa de rebote de lombrices en el tiempo analizado. Con esto quería sugerir que se estaba exagerando el problema de la fiebre amarilla, de diagnóstico por cierto dudoso, según él, al tiempo que cuestionaba los cordones sanitarios y las negativas consecuencias económicas que ello implicaba.[26]

Julio Vargas, por su parte, consideró que la epidemia de fiebre de Bucaramanga se trataba de una "fiebre térmica" debida al efecto morboso del calor alto sobre el organismo sumado a malas condiciones de higiene y consumo de alcohol.[27] Mac Cormick respondió al poco tiempo a este diagnóstico indicando que no era una

---

24 Vargas, Julio E. (1923). "Los tres factores de la fiebre amarilla". *Vanguardia Liberal,* 22 de marzo. IV.

25 Miller, Frederick A. (1923). *Miller to Frederick F. Russell.* March 22. Cable. Bogotá. RAC-New York. RFA-IHB. RG. 1.1, S. 311, b. 10, f. 90.

26 Carreño, Roberto (1923). "Lo que nos cuenta la estadística sobre la epidemia de fiebre amarilla". *Vanguardia Liberal,* 23 de marzo. Año IV, N° 1082.

27 Vargas, Julio E. (1923). "¿La fiebre térmica en Bucaramanga?". *Vanguardia Liberal,* 24 de marzo. IV.

fiebre térmica; "que no habiéndose hallado la *Leptospira* en los análisis microscópicos, la clínica y las necropsias indicaban que se trataba de fiebre amarilla".[28]

Así, mientras un grupo de médicos liderados por Mac Cormick insistía en que la epidemia de Bucaramanga era de fiebre amarilla, algunas personas de la ciudad y el mismo Pablo García Medina, desde el poder central, negaban que se tratara de esta enfermedad. García Medina indicó por esos días: "Podría afirmar que no es esta la fiebre que hay en Bucaramanga. Siempre he sostenido, y así lo reconocieron los ilustres médicos Gorgas, Guiteras y demás miembros de la comisión americana que nos visitó hace algunos años, que no hay en Colombia foco alguno endémico de fiebre amarilla".[29] No obstante, dada la incertidumbre, algunas personas de Bucaramanga opinaban que valdría la pena instar al gobierno a que aceptara una comisión del Instituto Rockefeller.[30]

Entre tanto, el día 30 de marzo, Russell le escribió una nueva carta a Miller informándole que los doctores Monroe y Roberto Franco habían llegado a su oficina de Nueva York el viernes anterior llevando consigo una copia del *Diario del Comercio,* fechado en Barranquilla el 10 de marzo, que describía los síntomas de la epidemia de Bucaramanga, de acuerdo con lo hallado por cuatro médicos colombianos.[31] Comentaba que le parecía que el diagnóstico sonaba mucho a fiebre amarilla y que la situación debía ser investigada por un grupo de expertos. Mencionaba que Joseph White se encontraba en Washington y podría embarcarse el 11 de abril para Colombia, posiblemente acompañado de otras personas. Expresaba, además, que la Fundación no entendía por qué Pablo García Medina rechazaba el envío de una comisión y que, por lo tanto, acaba de enviarle un cable explicando que no entendía por qué el gobierno colombiano rechazaba la comisión que la Junta Sanitaria Internacional (International Health Board) de la Fundación Rockefeller ofrecía sin costo alguno para Colombia, que los expertos podrían embarcarse el 11 de abril y que era urgentísimo y de la mayor importancia que se aclarara el diagnóstico. Aparte le comentaba a Miller

[28] Mac Cormick, David D. (1923). "¡Fiebre térmica en Bucaramanga!". *Vanguardia Liberal,* 27 de marzo. Año IV, N° 1085.

[29] García Medina, Pablo (1923). "No puede haber fiebre amarilla en Colombia. Concepto del Director Nacional de Higiene. Transcripción de entrevista concedida a un reportero de *El Tiempo* de Bogotá". *Vanguardia Liberal,* 26 de marzo. Año IV, N° 1084.

[30] "Fiebre amarilla" (1923). *Vanguardia Liberal,* 28 de marzo. Año IV, N° 1086.

[31] Se trata del artículo ya citado atrás: "Los síntomas de la epidemia de Bucaramanga. Detallado informe de los médicos".

que era muy difícil que fuera fiebre amarilla sin que esta hubiese aparecido en uno de los puertos cercanos y que había que investigar bien el asunto para tomar decisiones.[32] Anotaba además que le había enviado un cable resumen sobre el asunto ese mismo día, 30 de marzo.[33] Esto deja ver la manera como un paradigma hegemónico, ante una situación no explicable en los términos del paradigma, les impide a los expertos considerar otras posibilidades de explicación del fenómeno.

Figura 24. Miembros de la nueva Comisión Rockefeller de Fiebre Amarilla, en compañía de algunos médicos de la ciudad de Bucaramanga, 1923

De izquierda a derecha, de pie: Francisco Pradilla, Wenceslao Pareja (Ecuador), Alejandro Peña Solano, Oliver Pothier, Roberto Serpa Novoa y Frederick Miller. Sentados: Martín Carvajal, Luis Ardila Gómez, Julio Valdivieso, Joseph White y David Mac Cormick.

Fuente: archivo personal de Emilio Quevedo V., imagen amablemente cedida por el Dr. Roberto Serpa Flórez.

Miller insistió en hablar con Pablo García Medina, quien se lamentó del retraso que el gobierno había tenido en responder la oferta de la Fundación y ofrecía volver a hablar con el Presidente de la República para saber si el gobierno estaba interesado o no en la comisión ofrecida. Miller estaba dispuesto a

32 Russell, Frederick F. (1923). *Russell to Miller.* March 30. Letter. New York. RAC-New York. RFA-IHB. RG. 1.1, S. 311, b. 10, f. 90.

33 Russell, Frederick F. (1923). *Russell to Miller.* March 30. Cable. New York. RAC-New York. RFA-IHB. RG. 1.1, S. 311, b. 10, f. 90.

participar de la comisión, aunque resaltaba que no se habían presentado más casos de fiebre amarilla en Bucaramanga durante los últimos quince días.[34] Al parecer, finalmente García Medina aceptó la invitación para comienzos de abril.[35]

Una nueva comisión de fiebre amarilla

Después de los esfuerzos de Frederick A. Miller por concretar al gobierno, el 4 de abril, le envió un cable a Russell desde Bogotá (el cual fue leído por Russell el 10 de abril de 1923), en el que le informaba que el gobierno había dado el permiso para que viniese la comisión y aportaría la escolta que se encontraría con los expertos a su arribo a Barranquilla, el 12 de abril de 1923.[36] En la misma fecha, el embajador de Colombia en los Estados Unidos, Enrique Olaya Herrera, envió un telegrama a Russell, informándole que había recibido un cable del presidente de la República, general Pedro Nel Ospina Vásquez, solicitándole que le agradeciese a la Fundación su amable oferta de enviar a Colombia dos especialistas en fiebre amarilla para estudiar la epidemia que se estaba presentando en Bucaramanga en ese momento. Decía, además, que el Presidente informaba que el gobierno desearía que dichos especialistas se embarcaran en Nueva York el 11 de abril y que una vez en Colombia se dirigieran directamente a Bucaramanga, y ofrecía su colaboración para facilitar el proceso.[37]

Russell respondió a Olaya Herrera el 5 de abril agradeciéndole y confirmando la oferta. El 10 de abril, Russell escribió una carta a Miller, respondiéndole que había recibido su cable del 4 de abril y el telegrama del Embajador de Colombia en Washington, y que, en consecuencia, "White se embarcará en el vapor *Carill,* el 11 de abril. Pothier y Pareja se le unirán en Colon. Deben llegar todos a Barranquilla el 21 de abril".[38] Al día siguiente Russell volvió a escribir a Miller diciéndole que había recibido el informe de los casos de Bucaramanga y

---

[34] Miller, Frederick A. (1923). *Miller to Frederick F. Russell.* April 2. Letter. Bogotá. RAC-New York. RFA-IHB. RG. 1.1, S. 311, b. 10, f. 90.

[35] "Vendrá una comisión del Instituto Rockefeller" (1923). *Vanguardia Liberal,* 5 de abril. Año IV, N° 1091.

[36] Miller, Frederick A. (1923). *Miller to Frederick F. Russell.* April 4. Cable. Bogotá. RAC-New York. RFA-IHB. RG. 1.1, S. 311, b. 10, f. 90.

[37] Olaya Herrera, Enrique (1923). *Olaya to Frederick F. Russell.* April 4. Washington. RAC-New York. RFA-IHB. RG. 5, S. 1-2, b. 160, f. 2090.

[38] Russell, Frederick F. (1923). *Russell to Miller.* April 10. Letter. New York. RAC-New York. RFA-IHB. RG. 1.1, S. 311, b. 10, f. 90.

que White, que estaba embarcándose ese día para Colombia, estaba agradecido de haber recibido este recuento de la epidemia antes de viajar. Confirmaba que Oliver Pothier y Wenceslao Pareja se le unirían al llegar a Colón, tal como le había informado por cable el día anterior.[39] Por su parte, Olaya Herrera, el 11 de abril, volvió a agradecer a la Fundación el nombramiento de la Comisión, la cual estaría encabezada por Joseph H. White, que, según Russell, era una de las tres o cuatro autoridades líderes en fiebre amarilla,[40] y en la que participaría Pothier.[41]

Ante la inminencia del arribo de la Comisión de la Fundación a Barranquilla, y bastante a destiempo de todo el proceso anterior, García Medina decidió salir de su ostracismo y en una actitud más política que técnica escribió una carta oficial a Russell en la que le decía que había recibido con bastante retardo su nota del 11 de noviembre pasado, por intermedio de Miller, en la cual le avisaba que el Consejo Asesor en Fiebre Amarilla de la Junta Internacional de Sanidad, compuesto por Carter, Guiteras, Noguchi y White, estimaba conveniente realizar una investigación para evaluar el estado actual y la historia de la fiebre en el hemisferio. Que, no obstante eso, estimaba como importante y benéfica esa investigación.[42] De todas formas insistió en que probablemente no se tratase de fiebre amarilla, "pues en Colombia no hay foco alguno endémico de amarilla, en ninguna parte de su territorio. Cuando se ha presentado en alguno de nuestros puertos, ha venido de Panamá (en 1905) o Guayaquil (en 1916)".[43]

Con la llegada de la comisión norteamericana, las fuerzas en conflicto vuelven a manifestarse. El 27 de abril se publica un nuevo artículo en la prensa bumangués, firmado por el seudónimo de Mr. Patógeno, bajo el título de "El caso típico", en el cual se rechazaba abiertamente la visita de la Comisión de la

---

[39] Russell, Frederick F. (1923). *Russell to Miller.* April 11. Letter. New York. RAC-New York. RFA-IHB. RG. 1.1, S. 311, b. 10, f. 90.

[40] Russell, Frederick F. (1923). *Russell to Enrique Olaya Herrera, Ambassador of Colombia.* April 5. New York. RAC-New York. RFA-IHB. RG. 5, S. 1.2, b. 160, f. 2090.

[41] Olaya Herrera, Enrique (1923). *Olaya a Frederick F. Russell.* April 11. Washington. RAC-New York. RFA-IHB. RG. 5, S. 1-2, b. 160, f. 2090.

[42] García Medina, Pablo (1923). *García Medina a Frederick Russell.* 21 de abril. Carta. Bogotá. RAC-New York. RFA-IHB. RG. 5, S. 1.2, b. 160, f. 2090: 1-2.

[43] García Medina, Pablo (1923). *García Medina a Frederick Russell.* 21 de abril. Carta. Bogotá. RAC-New York. RFA-IHB. RG. 5, S. 1.2, b. 160, f. 2090: 2.

Fundación Rockefeller y se afirmaba: "Lo que nosotros tenemos no es fiebre amarilla sino fiebre de petróleo".[44]

Así, la epidemia de Bucaramanga revela el conflicto existente que se daba tanto entre sectores del cuerpo médico local como entre ellos y las autoridades de higiene nacionales, representadas por García Medina. Igualmente, deja entrever las relaciones de poder entre las instituciones y las comunidades científicas metropolitanas y periféricas, que ponían a los médicos nacionales a merced de la hegemonía de la medicina y de los intereses extranjeros.

El diagnóstico de la comisión americana

Una vez constituida la nueva comisión,[45] sus integrantes viajaron a Bucaramanga en busca de fiebre amarilla y la encontraron.[46] De acuerdo con Oliver Pothier: "[...] el Dr. Pareja, acompañado por los Drs. Valdivieso y Serpa, fueron al hospital para ver el caso sospechoso. A su regreso nos informó que él estaba convencido de que había visto un caso de fiebre amarilla. A la mañana siguiente, martes 1° de mayo de 1923, todos fuimos al hospital y confirmamos el diagnóstico del Dr. Pareja".[47] Según White: "[...] este caso, Esteban Figueroa, un oficial de policía,

---

44 Mr. Patógeno (1923). "El caso típico". *Vanguardia Liberal,* 27 de abril. IV.

45 La Comisión estaba integrada por Joseph H. White (médico clínico y experto de la Fundación, cirujano general asistente del Servicio de Salud Pública de los Estados Unidos, quien actuaba como director de la Comisión), Oliver Pothier (clínico y bacteriólogo de Nueva Orleans, colaborador de Noguchi) y Wenceslao Pareja (médico ecuatoriano, discípulo de Noguchi y director general de Higiene de Guayaquil) (Hernández Bautista, 1925: 100; Mejía Rodríguez, 2004: 137; Serpa Flórez, 1989: 44).

46 Joseph White describe así el viaje hasta Bucaramanga: "Los tres miembros de la comisión nos encontramos en Colón en abril 18 y abordamos el vapor *Carrillo* el 19 hacia Puerto Colombia, a donde llegamos el 21, trasladándonos esa misma noche a Barranquilla por ferrocarril, donde nos encontramos con el Dr. Miller [...] Tomamos el primer vapor para subir por el río Magdalena el 23 y llegamos a Puerto Wilches el 26 a las 4 p. m., y luego continuamos 27 kilómetros por ferrocarril hasta Ceiba, esa misma noche [...] Después de tres días a lomo de mula a través de pantanos, desiertos y montañas, llegamos a Bucaramanga en la tarde del 30 de abril y fuimos recibidos a las afueras de la ciudad por el gobernador, el secretario departamental de salud y una gran delegación de ciudadanos. En la tarde de nuestro arribo un caso de fiebre amarilla fue reportado en el hospital de la ciudad". En White, Joseph H. (1923). *Preliminary report of the Special Commission on Yellow Fever for Colombia.* RAC-New York. RF. RG. 5, S. 2, SS. 311, b. 27, f. 163: 1.

47 Pothier, Oliver L. (1923). *Report of doctor Oliver L. Pothier, New Orleans, La.,* member of the commission sent to Colombia for the investigation of the epidemic of Bucaramanga, by International Health Board of the Rockefeller Foundation, from April 5th, 1923, to July 9th, 1923. RAC-New York. RFA-IHB. RG. 5, S. 2, SS. 311, b. 27, f. 165: 4.

mostraba todos los signos clásicos de fiebre amarilla en el sexto día y en nuestra opinión era incuestionablemente fiebre amarilla [...]".[48] Esa misma mañana, en el mismo hospital, en otra sala, los miembros de la Comisión vieron otro enfermo, Cristóbal Rueda, que, de acuerdo con Pothier, era un "caso moderado que había sido admitido el domingo 30 de abril de 1923, con fiebre, y con una historia de haberse sentido enfermo súbitamente con escalofrío y, de acuerdo con el reporte de la hermana a cargo, de haber estado enfermo dos días antes de su admisión al hospital. Cuando lo vimos ya estaba sin fiebre y con ligera ictericia, pulso de 100, marcada albuminuria y bastante débil".[49]

Pothier, el bacteriólogo de la Comisión, tomó muestras de sangre de ambos casos, las cuales almacenó en hielo, mientras al día siguiente pudieran ser analizadas.[50] Pothier fue invitado por David Mac Cormick a utilizar su laboratorio para las investigaciones del caso. Según Pothier, el Dr. Mac Cormick había reportado antes el hallazgo de *Leptospira icteroides* en la sangre de varios casos. Su laboratorio, aunque pequeño, decía él, estaba suficientemente equipado para permitirles realizar los exámenes de laboratorio necesarios, es decir, la aglutinación *in vitro* y la reacción de Pfeiffer.[51] Así, los dos sueros fueron analizados en el laboratorio de Mac Cormick (Mac Cormick, 1924: 259).[52] En ambos casos, el suero fue separado del resto de los contenidos de la sangre y preparados para ser sometidos a la reacción de Pfeiffer con los cultivos de *Leptospira icteriodes* que la Comisión había traído, obsequiados por Noguchi. "El caso del policía dio una reacción de Pfeiffer positiva con los cultivos y el otro una reacción vaga".[53]

El viernes 4 de mayo de ese año, la Comisión visitó el Colegio de San Pedro Claver, en donde se habían presentado muchos casos que habían obligado a cerrar dicho colegio. Pothier contaba que "entre estos casos había uno muy severo, el caso del padre Hidalgo, y otro caso mucho más leve de uno de los hermanos de la orden".[54] Los miembros de la Comisión tomaron muestras de sangre de estos dos casos, pero Pothier no pudo conseguir un suficiente número de curíes

---

48 White, *Preliminary report of the Special Commission on Yellow Fever for Colombia. op cit.*

49 Pothier, *Report of doctor Oliver L. Pothier, op. cit.*

50 *Idem.,*5.

51 *Idem.,* 4.

52 White, *Preliminary report of the Special Commission on Yellow Fever for Colombia, op. cit.*

53 *Idem.,* 1.

54 Pothier, *Report of doctor Oliver L. Pothier, op. cit.,* f. 165: 5.

(*guinea pigs*) en la ciudad para practicar la reacción cruzada con la *Leptospira icteriodes* hemorrágica y, por lo tanto, empacó y selló estos dos sueros con los otros que había tomado antes, para hacer posteriores estudios en Bogotá, en donde había más facilidades de laboratorio.[55] Por estas mismas razones, la Comisión no intentó aislar ni cultivar el organismo productor de la fiebre amarilla y se limitó a hacer las reacciones de aglutinación con la *Leptospira* de Noguchi en los dos primeros sueros tomados.[56] Ese mismo día, Miller y White enviaron un telegrama a Russell en Nueva York confirmando la presencia de fiebre amarilla en Bucaramanga y avisando que White estaría regresando el 31 de mayo a esa ciudad. Dicho telegrama fue leído por Russell el 5 de mayo.[57]

Se oficializa el diagnóstico y se propone una campaña

Los comisionados consideraron necesario trasladarse a Bogotá, pues pensaron que era importante la presencia de toda la Comisión para satisfacer al gobierno, el cual había manifestado un fuerte desacuerdo con el diagnóstico de fiebre amarilla. El 11 de mayo, los miembros de la Comisión presentaron su concepto al gobierno por intermedio de Pablo García Medina, director nacional de Higiene (García Medina, 1923: 209) y el 12 lo hicieron directamente al presidente Pedro Nel Ospina, en la audiencia sostenida con él ese día.[58] Como bien relata Joseph White, la Comisión fue recibida el sábado 12 de mayo, por el presidente de Colombia, Pedro Nel Ospina, y después de una conferencia de una hora y media se llegó a un acuerdo por el cual el diagnóstico fue aceptado y el gobierno colombiano se comprometió a pagar la mitad de los costos generales de una campaña para realizar ese año en cabeza de la Comisión, alrededor de 25 000 dólares, y que la Junta Sanitaria Internacional pagaría los otros 25 000 y los costos del director.[59]

Igualmente, la Comisión explicó al Presidente que se requeriría por lo menos un año entero de trabajo continuo y que los miembros de la Comisión, basada en poderosa evidencia epidemiológica, estaban convencidos de que las ciudades costeras no estaban aún infectadas; que la fuente de la infección era seguramente

---

55 White, *Preliminary report of the Special Commission on Yellow Fever for Colombia, op. cit.*

56 Pothier, *Report of doctor Oliver L. Pothier, op. cit.*, f. 165: 5-6.

57 Miller, Frederick A. (1923). *Miller to Frederick F. Russell.* May 4. RAC-New York. RFA-IHB. RG. 1.1, S. 311, b. 10, f. 90.

58 Pothier, *Report of doctor Oliver L. Pothier, op. cit.*, f. 165: 7.

59 White, *Preliminary report of the Special Commission on Yellow Fever for Colombia, op. cit.*

Cúcuta; que era esencial realizar cuidadosas investigaciones en Barranquilla y Cúcuta; y que se deberían realizar campañas activas inmediatamente en todos los puntos infectados.[60] White propuso que, en caso de que la Junta Sanitaria Internacional aceptara la propuesta de esta campaña, se nombrara a Miller como administrador a cargo de los trabajos en Colombia y se empleara a Roberto Serpa de Bucaramanga con sueldo de la Junta Sanitaria Internacional.[61]

El lunes 14 de mayo, Pothier llevó a cabo experimentos en el Laboratorio Samper-Martínez,[62] de Bogotá, con sueros de cuatro enfermos. Los dos que había estudiado en Bucaramanga dieron nuevamente seroaglutinaciones positivas y los otros dos presentaron reacción de Pfeiffer positiva, pero seroaglutinaciones negativas.[63] Inoculó además varios cobayos con dichos sueros que los investigadores del laboratorio siguieron observando después de que se fue la Comisión. Ese mismo día, García Medina envió un telegrama a la Dirección de Higiene de Bucaramanga, en el cual confirmaba que la Comisión Rockefeller había declarado la presencia de fiebre amarilla en esa ciudad y pidió hacer cumplir la obligación de declarar la presencia de la enfermedad aun en sospechosos, de acuerdo con los artículos 1° a 5° de la Ley 99 del año pasado.[64]

Con la final aceptación del diagnóstico de fiebre amarilla por parte del gobierno y de la cooperación de la Fundación Rockefeller, se iniciaron las acciones para investigar y efectuar una campaña en Bucaramanga con dineros del gobierno nacional y de la Fundación, a cargo de Pareja y Pothier.[65] El 24 de mayo, Russell le confirmó a Miller que la campaña había sido aprobada y que le habían

---

60 White, *Preliminary report of the Special Commission on Yellow Fever for Colombia, op. cit.*, f. 163: 1-2.

61 *Idem.*, 2.

62 El Laboratorio Samper-Martínez era un laboratorio privado que había sido fundado por Bernardo Samper Sordo y Jorge Martínez Santamaría en 1917, copiando el modelo de los laboratorios de salud pública norteamericanos, como el de la ciudad de Nueva York, después de que ambos regresaron de su entrenamiento en higiene pública en Norteamérica. Era el laboratorio que tenía una mayor capacidad de investigación instalada en Bogotá en ese momento.

63 Pothier, *Report of doctor Oliver L. Pothier, op. cit.*, f. 165: 7.

64 García Medina, Pablo (1923). "Telegrama a Dirección de Higiene de Bucaramanga". *Vanguardia Liberal,* 21 de mayo. Año IV, N° 1130.

65 Miller, Frederick A. (1923). *Miller to Frederick F. Russell.* May 17. RAC-New York. RFA-IHB. RG. 1.1, S. 311, b. 27, f. 163; y Russell, Frederick F. (1923). *Cable from Russell to Miller*. May 17. RAC-New York. RFA-IHB. RG. 1.1, S. 311, b. 10, f. 90.

adjudicado 20 000 dólares, de los cuales le estaba enviando los otros 5000 que quedaban pendientes para que pudiera iniciar los trabajos.[66]

El hecho era que Miller y White habían informado a Russell, en cable fechado el 4 de mayo, que el diagnóstico de fiebre amarilla en Bucaramanga había sido confirmado por aglutinaciones positivas *in vitro* a la *Leptospira* de Noguchi en el suero de dos de los pacientes afectados. No obstante, ellos no habían cultivado la bacteria en las muestras de los enfermos y habían apoyado su diagnóstico basándose solo en estos hallazgos que concordaban con la teoría de Noguchi.[67] Con esta confirmación del diagnóstico, los representantes de la Fundación Rockefeller, principal actor sociopolítico del campo en ese momento, pretendían cerrar la polémica entre los médicos y los comerciantes locales, y, así, legitimar en este campo el conocimiento de uno de los grupos de médicos locales frente al diagnóstico de la fiebre amarilla.

Los médicos bumangueses que defendieron el diagnóstico (Luis Ardila Gómez, Martín Carvajal, David D. Mac Cormick, Francisco Pradilla y Julio Valdivieso) se sintieron triunfadores con el respaldo de la Comisión de la Fundación y así se lo hicieron saber a García Medina y al mismo Presidente de la República en sendos telegramas.[68]

Igualmente, los miembros de la Comisión de la Rockefeller tomaban posición como actores sociopolíticos en Colombia, asumiendo decisiones con relación a las medidas por implementar en la zona y comprometiendo al gobierno a aceptarlas y a participar en ellas. Por lo tanto, con estas acciones, la Fundación se consolidaba nuevamente como el principal actor sociopolítico en el campo, no solo en el ámbito internacional, sino también en el terreno nacional. En primer lugar, con la capacidad de imponer un diagnóstico, que ahora le daban

---

[66] Russell, Frederick F. (1923). *Russell to Miller. Cable*. May 24. RAC-New York. RFA-IHB. RG. 1.1, S. 311, b. 10, f. 90.

[67] Russell, Frederick F. (1923). *Russell to Miller.* May 4. Cable. New York. RFA-IHB. RG. 1.1, S. 311, b. 10, f. 90. RAC-New York y Russell, Frederick F. (1923). *Russell to Miller.* May 2. Cable. New York. RFA-IHB. RG. 1.1, S. 311, b. 10, f. 90. RAC-New York.

[68] Ardila Gómez, Luis; Peralta, Daniel; Carvajal, Martín; Mac Cormick, D. David; Pradilla, Francisco & Valdivieso, Julio (1923). "Final de un debate. Telegrama a Pablo García Medina, 16 de mayo". *Vanguardia Liberal,* 21 de mayo. Año IV, Nº 1130; Ardila Gómez, Luis; Peralta, Daniel; Carvajal, Martín; Mac Cormick, D. David; Pradilla, Francisco & Valdivieso, Julio (1923). "Final de un debate. Telegrama al Presidente de la República, 16 de mayo". *Vanguardia Liberal,* 21 de mayo. Año IV, Nº 1130.

los métodos de Noguchi, la nueva Comisión doblegó a los médicos opositores y dio el espaldarazo a los que habían formulado el diagnóstico en la ciudad de Bucaramanga.

A pesar de que los opositores se basaban en la autoridad de la Comisión de Fiebre Amarilla de la Rockefeller de 1916, el nuevo concepto de la enfermedad que manejaba la nueva Comisión Rockefeller, que unía la teoría de los centros claves a los descubrimientos y propuestas de Noguchi, le permitía a esa Comisión virar su posición para colocarse al lado de los médicos favorables al diagnóstico. En segundo lugar, con estas mismas herramientas conceptuales, aunadas al prestigio ganado por la Fundación gracias a sus trabajos en el ámbito internacional y con el respaldo de la capacidad económica que caracterizaba a dicha institución, la nueva Comisión pudo doblegar a los funcionarios del Estado colombiano, empezando por García Medina, que igualmente se basaba en la autoridad ya pasada de moda de la Comisión de 1916 y al Presidente de la República, comprometiéndolos con una oferta de dinero, a invertir presupuesto en la campaña. Así posicionada, la Fundación quedaba libre y autorizada para intervenir en la higiene pública del país y en el campo de la lucha contra la fiebre amarilla, por intermedio de su representante Frederick Miller. Las relaciones de poder en el campo quedaban pues reacomodadas.

La inspección de las zonas aledañas

Pero el trabajo de la Comisión no terminaría aquí. El 19 de mayo, Joseph White envió una carta a García Medina en la que le confirmaba que el dinero que aportarían el gobierno colombiano y la Junta Sanitaria Internacional, 50 000 dólares, se utilizaría solo para propósitos sanitarios y bajo la dirección de Frederick A. Miller. Esto implicaba la inspección en busca de larvas, cubrimiento de tanques de agua, petrolización de contenedores pequeños, siembra de peces para prevenir los criaderos de mosquitos, etc. De igual manera, advertía claramente que ninguna parte del dinero podría ser utilizado para el tratamiento, aislamiento u hospitalización de personas enfermas, medidas que consideraba completamente aparte de la sanidad.[69] La iniciación de una campaña estaba decidida y White establecía sus principios mínimos de funcionamiento y administración.

---

[69] White, Joseph H. (1923). *White to Pablo García Medina*. May 19. RAC-New York. RFA-IHB. RG. 5, S. 1.2, b. 160: 2090.

Una vez hecho su diagnóstico y establecidas las bases de la campaña, la Comisión, acorde con su concepción teórica, emprendió la búsqueda del foco de origen de la epidemia, siguiendo la ruta de Barranquilla, Maracaibo y Cúcuta, buscando un centro clave al cual adjudicarle el origen de la epidemia. El 21 de mayo salieron de Bogotá con destino a Barranquilla, a donde arribaron el 26 del mismo mes. Esa misma tarde, White viajó a Puerto Colombia para continuar su camino hacia Colón, rumbo a cumplir su nuevo compromiso en Brasil. Wenceslao Pareja lo acompañó hasta Cartagena para realizar allí una inspección, con el fin de descartar la presencia de fiebre amarilla en aquella ciudad.[70]

El día lunes, 28 de mayo, Pothier, Miller y Serpa se pusieron en contacto con el gobernador del departamento del Atlántico y, por solicitud suya, viajaron el miércoles siguiente a Puerto Colombia para inspeccionar la ciudad, pues se había reportado allí un brote de viruela. Hallaron el lugar libre de viruela y de fiebre amarilla, pero notaron una alta incidencia de mosquitos, aunque no tanto como se la habían imaginado.

Después de enviarle un informe al gobernador, escrito en español por Wenceslao Pareja, los dos comisionados, Pareja y Pothier, acompañados de Miller y Serpa, se reunieron con él y le propusieron la creación de un punto de observación en Tambor, localidad en el camino entre Bucaramanga y Puerto Wilches, para reportar diariamente a todos los pasajeros en movimiento desde estas dos ciudades y desde Barranquilla, y tomarles la temperatura durante los cinco días que dura el período de incubación de la fiebre amarilla. El gobernador aceptó la propuesta y un telegrama informando sobre la decisión fue enviado por ellos al Director Nacional de Higiene. Ese mismo día inspeccionaron la ciudad de Barranquilla no encontrando fiebre amarilla pero sí una incidencia de *Stegomyia* del 98 %.[71] Trabajando con una teoría que conjugaba las explicaciones bacteriológicas de Noguchi con la teórica epidemiológica de los centros claves, la campaña se centró inicialmente tanto en la detección de casos como en la identificación de la presencia del mosquito *Aedes aegypti,* para su posterior eliminación.

Mientras los científicos norteamericanos realizaban su viaje de inspección por la costa Atlántica, en Bogotá se daban otros movimientos. Por una parte, el gobierno había comenzado a organizar la campaña en Bucaramanga de común acuerdo con la Fundación. La puesta en práctica de la campaña se comenzó a

70 Pothier, *Report of doctor Oliver L. Pothier, op. cit.,* f. 165: 7.

71 *Idem.,* 8.

efectuar a través de una Comisión Sanitaria Especial creada por la Resolución 220 de la Dirección Nacional de Higiene (García Medina, 1923: 325-326). La Comisión estuvo conformada por el Director Departamental de Higiene; cuatro médicos; el representante de la Fundación Rockefeller, que en ese momento era el director de la Campaña contra la Uncinariasis que había iniciado la misma Fundación en el país en 1920, Frederick A. Miller; un médico encargado del saneamiento, Roberto Serpa; y un ingeniero sanitario, G. O. Richardson. Estos tres últimos cargos serían pagados por la Fundación (García Medina, 1923: 335).

De acuerdo con la resolución, la Comisión Sanitaria Especial debía abrir un hospital y los inspectores locales debían visitar las casas para acabar con los depósitos de agua y así evitar la reproducción del mosquito. Igualmente, la resolución ordenaba la creación de un grupo de revisores encargados de vigilar el trabajo de los inspectores. Otras medidas adoptadas fueron el uso de toldillo para todos los enfermos febriles, como era común, y el establecimiento de una Estación de Cuarentena de cuatro días en el punto denominado El Tambor. Así mismo, se reactivarían algunas medidas contempladas en el Acuerdo 24 de 1916, como las sanciones para quienes no aplicaran las medidas o no denunciaran a los enfermos ante las autoridades de higiene. La campaña comenzó a funcionar en junio, aunque los dineros de la Fundación empezaron a llegar desde el mes siguiente (García Medina, 1923: 329-338).

El temor a la expansión de la fiebre amarilla hacia el resto del país por la invasión al río Magdalena obligó a que la Dirección Nacional de Higiene emitiera la Resolución 223, por la que se establecía una comisión sanitaria en los puertos fluviales de Calamar y Puerto Berrío. Dicha resolución también estableció medidas de sanidad: observación de tres días para los no enfermos provenientes de Bucaramanga antes de dejarlos proseguir su viaje, para lo cual se les daría un certificado que los autorizaría a comprar pasajes en Calamar; el uso de toldillo para los febricitantes; divulgación de la información sobre estos casos a otros puertos para su control; y, finalmente, multas a las compañías de vapores y ferrocarriles que no cumplieran con estas medidas (García Medina, 1923: 335).

Mientras se organizaba la campaña, y después de una involuntaria demora en Barranquilla por el retraso del vapor *Venezuela* que los comisionados norteamericanos deberían abordar, Pareja y Pothier se despidieron de Serpa y Miller el 4 de junio, quienes regresarían río arriba hacia Puerto Wilches. Pareja y Pothier siguieron su camino hacia Puerto Colombia, para finalmente embarcarse, el jueves 7, hacia Curazao y luego hacia Maracaibo, a donde arribaron el sábado

10 de junio. Después de un rodeo viajando por barco, tren y automóvil, los dos investigadores llegaron a Cúcuta, el 13 de junio de 1923. Al día siguiente, en compañía del secretario de la Gobernación de Norte de Santander y del oficial de salud encargado del hospital, los dos investigadores visitaron dicha institución de salud no encontrando allí casos de fiebre amarilla, pero sí una alta incidencia de mosquitos. Luego se entrevistaron con el Dr. Cote, el gobernador, que era médico, y en su compañía visitaron otras zonas de la ciudad sin encontrar casos sospechosos de fiebre amarilla. Pero, debido a que identificaron una incidencia de mosquitos del 100 %, le recomendaron iniciar una campaña activa contra el *Aedes aegypti,* sugerencia que completaron al enviarle un telegrama en el mismo sentido a Pablo García Medina.

Al no encontrar un centro clave desde el cual se hubiera originado el brote de Bucaramanga, la Comisión prefirió una explicación especulativa, para mantener la coherencia de la teoría, suponiendo un posible origen en algún reducto de fiebre amarilla en Maracaibo (donde tampoco había ya fiebre amarilla), a donde habría llegado la enfermedad en barcos procedentes de Curazao, pues, de acuerdo con la teoría de los centros claves, era inexplicable que la fiebre amarilla se presentara en Bucaramanga, sin epidemias en los puertos y centros claves cercanos.[72] Al día siguiente, 15 de junio, abandonaron la ciudad y rehicieron su camino rumbo a Maracaibo, Curazao y Colón. Desde allí, Pareja regresó al Ecuador y Pothier se dirigió a los Estados Unidos. Este último llegó a Nueva York el 5 de julio y al día siguiente se entrevistó con Noguchi, con Russell y con Carter, y les rindió informe de toda la misión.[73]

Por otra parte, el 7 de junio de 1923, el Laboratorio Samper-Martínez había informado a la International Health Board en Nueva York que los cobayos que habían sido inoculados con la mezcla de suero de los pacientes de Bucaramanga enfermos de fiebre amarilla y de cultivos de *Leptospira icteroides* seguían vivos y en aparente buen estado de salud. Sin embargo, los dos cobayos que habían sido inoculados con *Leptospira icterohemorragiae* habían enfermado y se había confirmado la enfermedad por las lesiones típicas encontradas en la autopsia; y, en uno de los casos, por la demostración, además de los parásitos, por la prueba

---

[72] Telegrama de Miller a Russell, 17 de mayo de 1923. RAC-New York. RFA. RG. 1.1, S. 311, b. 10, f. 90.

[73] Pothier, *Report of doctor Oliver L. Pothier, op. cit.,* f. 165: 8-9.

Figura 25. Joseph Hill White, director de la segunda Comisión de Fiebre Amarilla de la Fundación Rockefeller que visitó Bucaramanga durante la epidemia de fiebre amarilla de 1923.

Fuente: foto propiedad de la National Library of Medicine.

del campo oscuro.[74] Parece ser que el laboratorio publicó un artículo sobre el asunto en algún periódico,[75] pues en una carta que Miller le escribe a White, vía Russell, el 13 de junio, después de su regreso de Barranquilla, le dice:

> [...] subiendo de Girardot me quedé sorprendido al encontrarme con un artículo en uno de los periódicos. Parece ser que el laboratorio de Samper y Martínez reclama el haber aislado la *Leptospira icteroides* [...] ellos informan que la obtuvieron de uno de los curíes que fueron inoculados allí. En mi opinión, no veo

[74] Laboratorio Samper-Martínez (1923). *Carta a la International Health Board.* 7 de junio. RAC-New York. RFA-IHB. 5, S. 12, b. 160, f. 2091: 1-2.

[75] No ha sido posible localizarlo.

> cómo pudieron haberlo hecho pues los únicos sueros que ellos tenían eran de unos casos viejos y del caso del policía que fue visto en el sexto día de la enfermedad y es difícilmente probable que el microorganismo estuviese todavía presente en el suero que llevamos para Bogotá. Por otra parte, me parece en el caso del policía, que debido al grado de aglutinación que vimos en las reacciones llevadas a cabo en Bucaramanga y en Bogotá, todos los organismos deben haber sido aglutinados o muertos. La otra opción es que a pesar de nuestras solicitudes, otros cultivos hubiesen sido hechos cuando el Dr. Pothier no estaba allí, pero yo odiaría tener que pensar en eso.[76]

El laboratorio pidió que se le enviaran cultivos de Noguchi para hacer más pruebas, a lo que Russell respondió dándoles las gracias por la colaboración prestada a la Comisión y diciéndoles que era imposible enviar los cultivos.[77] A pesar de lo contradictorio del asunto, este incidente no dio lugar a ningún otro movimiento y la discusión quedó cerrada con la respuesta tajante de Russell. Pareciera ser que la oficina de Nueva York desconocía sistemáticamente cualquier hallazgo o comentario que pudiera problematizar o poner en duda las propuestas de Noguchi.

La campaña siguió bajo la dirección de Miller. El 3 de julio este le escribía a White diciéndole que le estaba adjuntando una curva estadística de los resultados de su campaña en Bucaramanga y le informaba que todo iba bien, sobre todo después de que él había enderezado las cosas con el Dr. Peña, pues a su arribo a esta ciudad había encontrado un presupuesto de cargos inflado creado por la Resolución 220 de García Medina y que Peña había procedido a llenar con toda su familia. Tenían en su nómina cinco médicos a 100 pesos por mes, una secretaria por 100 pesos y un inspector por 200 pesos. Según Miller, estos hombres no hacían nada. Comentaba además que no era necesario un inspector, pues allí estaba Richardson, y que trataría de cambiar las cosas cuando llegara Hanson, futuro director de la campaña ya nombrado por la Fundación, pues, si no, toda la plata se gastaría sin que se hiciera ningún trabajo y luego ellos serían criticados

---

76 Miller, Frederick A. (1923). *Miller to Frederick F. Russell*. June 13. RAC-New York. RFA-IHB. RG. 1.1, S. 311, b. 10, f. 90.

77 Russell, Frederick F. (1923). *Russell al Laboratorio Samper-Martínez. Carta a la International Health Board*. 10 de julio. RAC-New York. RFA-IHB. 5, S. 12, b. 160, f. 2091.

por gastarse la plata del gobierno.[78] A pesar de la corrupción gubernamental en el ámbito local, la correlación de fuerzas entre los actores sociopolíticos del campo se reproducía sin dificultades bajo la mano de Miller.

La polémica continuaba en otro plano

No obstante, a pesar de la labor de la Comisión por aclarar el diagnóstico con los medios disponibles y de recomendar las medidas de control del caso, la polémica continuó, pero ahora en otro plano. El 26 de junio de 1923, los doctores José de Carlo, graduado en la Universidad de Nápoles (Italia), y Julio E. Vargas, graduado de la Universidad Nacional de Colombia y miembro del grupo de los opositores, enviaron una carta al Instituto Rockefeller poniendo en duda tanto el diagnóstico de fiebre amarilla realizado por algunos médicos de la ciudad de Bucaramanga, por estar basado solo en la clínica y en las autopsias macroscópicas, como la confirmación por parte de la Comisión de la Fundación, por la poca cantidad de casos utilizada para confirmarlo, y haciendo notar la contradicción entre ese diagnóstico y el de la Comisión de Fiebre Amarilla de 1916. Por otra parte, marcaban el acento en un punto importante: "¿Es posible diferenciar clínicamente la fiebre amarilla de la enfermedad de Weil[79] o del dengue? [...] ¿Es posible individualizar el *Leptospira icteroides* de Noguchi del *Leptospira* iecterohemorrágico sin pruebas de inmunidad activa cruzadas, tanto artificial como natural? [...] ¿Son del todo específicas [...] para el individuo, la seroaglutinación y el fenómeno de Pfeiffer para tal individualización?".[80]

En esta carta ya comenzaban a aparecer las dudas sobre la especificidad de la *Leptospira* de Noguchi y de las reacciones diagnósticas, así como la duda sobre el diagnóstico de la Comisión. No obstante, la carta se refundió por el camino. La falta de claridad de la mayoría de los actores locales sobre la estructura metropolitana de las distintas filantropías de Rockefeller, pues, como se puede apreciar en la mayoría de los documentos revisados, se confundía a la Fundación con el Instituto Rockefeller, hizo que la misiva llegara al Instituto Rockefeller de Investigaciones Médicas y no a la Junta Sanitaria Internacio-

---

78 Miller, Frederick A. (1923). *Miller to Frederick F. Russell*. Bucaramanga, 3 de julio. RAC-New York. RFA-IHB. RG. 1.1, S. 311, b. 10, f. 90.

79 Leptospirosis icterohemorrágica. Enfermedad producida por una *Leptospira* que generaba un cuadro similar al de la fiebre amarilla, por destrucción hepática.

80 De Carlo, José & Vargas, Julio E. (1923). *Consulta hecha al Instituto Rockefeller*. 26 de junio. RAC-New York. RFA-IHB. RG. 5, S. 1.2, b. 160, f. 2090.

nal de la Fundación Rockefeller. Finalmente, la carta fue remitida a Russell el 30 de julio por la secretaria de Simon Flexner, director del Instituto Rockefeller de Investigaciones Médicas. La consulta hecha por los doctores De Carlo y Vargas fue pues respondida por Russell el 6 de agosto, diciéndoles a estos doctores que estaban mal informados sobre el reporte de la Comisión de 1916, ya que dicho reporte dejaba abierta la posibilidad de que la enfermedad pudiera reaparecer en Maracaibo y de allí extenderse a otras zonas. Con relación a las dudas sobre la espiroqueta de Noguchi y al mal diagnóstico de la Comisión actual, Russell remitió a estos médicos a que hablaran con Miller y Hanson en Colombia.[81]

Por su parte, Franco y colaboradores se quedaron callados cuando se mencionó la posibilidad de existencia de la *Leptospira* de Noguchi. Si el descubrimiento de Noguchi llegara a ser cierto, este confirmaría la otra hipótesis de Franco y su grupo de que la fiebre espiroquetal y la fiebre amarilla pudiesen ser dos fases de la misma enfermedad, y, por lo tanto, les convenía quedarse expectantes por ahora.

Mientras tanto, la Fundación Rockefeller estaba interesada en iniciar vacunaciones. El 6 de julio, Miller pidió a Russell 2000 dosis de vacuna de Noguchi para ser utilizada en Bucaramanga, de las cuales solo se acordó se enviarían 700.[82] Así mismo, Russell le informó a Miller que Hanson y Dunn se embarcarían el 11 de julio para Colombia.[83] Luego, el 27 de julio le confirmó su autorización para que continuara trabajando en fiebre amarilla con ellos, como era su deseo.[84]

Dudas sobre la *Leptospira* también fueron expresadas por el médico colombiano Mac Cormick. Este envió a las oficinas de la Fundación en Nueva York, el 30 de julio, un trabajo en el cual informaba que había llegado a la conclusión de que en los pacientes de Bucaramanga no se había podido encontrar la *Leptospira* y que aquello que se había visto como tal era fibrina de los glóbulos rojos destruidos.[85]

---

81 Russell, Frederick F. (1923). *Russell to José de Carlo and Julio E. Vargas*. August 6. RAC-New York. RFA-IHB. RG. 5, S. 1.2, b. 160, f. 2090.

82 Miller, Frederick A. (1923). *Miller to Frederick F. Russell*. Cable. Bucaramanga, July 6. RAC-New York. RFA-IHB. RG. 1.1, S. 311, b. 10, f. 90.

83 Russell, Frederick F. (1923). *Russell to Miller*. Letter. New York, July 9. RAC-New York. RFA-IHB. RG. 1.1, S. 311, b. 10, f. 90.

84 Russell, Frederick F. (1923). *Russell to Miller*. Letter. New York, July 27. RAC-New York. RFA-IHB. RG. 1.1, S. 311, b. 10, f. 90.

85 Mac Cormick, D. David (1923). *Mac Cormick to Frederick F. Russell*. July 30. RAC-New York. RFA-IHB. RG. 5, S. 1.2, b. 160, f. 2091.

Estas aseveraciones las repitió en una entrevista que fue publicada en septiembre en la prensa local (Martínez Collazos, 1923).[86] Russell le respondió el 4 de octubre diciéndole que había enviado su trabajo a Noguchi y que la equivocación se presentaba frecuentemente, pero no hizo ninguna alusión al significado que eso podría tener con relación al diagnóstico de la epidemia de Bucaramanga.[87] Tanto la Junta Sanitaria Internacional como su representante en Colombia desconocieron los hallazgos de Mac Cormick.

Con estas respuestas de la Junta Sanitaria Internacional a los médicos locales se cierra provisionalmente la controversia sobre el diagnóstico, la causa y el origen de la epidemia de 1923 en Bucaramanga. El poder metropolitano permitió silenciar los cuestionamientos de una comunidad médica periférica que podrían resquebrajar la solidez de una explicación hegemónica.

Figura 26. Henry Hanson, director de la campaña contra la fiebre amarilla en Perú.

Fuente: https://www.hopkinshistoryofmedicine.org/content/yellow-fever-control-peru

86 Martínez Collazos, David (1923). "El *Leptospira* de la fiebre de Bucaramanga puede no ser el de Noguchi: ¿será esta una epidemia distinta? Frente a un problema trascendental. El doctor Hanson nos hace calurosos elogios de los estudios del doctor M'Cormick". *Vanguardia Liberal,* 12 de septiembre. Año V: 1.

87 Russell, Frederick F. (1923). *Russell to David Mac Cormick*. October 4. RAC-New York. RFA-IHB. RG. 5, S. 1.2, b. 160, f. 2091.

Llega Hanson y se amplía la campaña

Tal y como lo había anunciado Russell, Henry Hanson, quien había dirigido previamente las campañas contra la fiebre amarilla en Perú, se embarcó desde Nueva York para Barranquilla el 11 de julio, en compañía del mayor L. H. Dunn, que venía como entomólogo e inspector. Estos investigadores llegaron al país el 21 del mismo mes.[88] Permanecieron en esta ciudad hasta el 30 debido a la pérdida de parte de su equipaje[89] y aprovecharon este tiempo para determinar la presencia de mosquitos en el lugar. Como resultado de sus búsquedas constataron un profuso crecimiento de *Stegomyia*. Luego se embarcaron por el Magdalena arriba hasta La Dorada, en donde tomaron el ferrocarril hasta Beltrán, luego otro vapor hasta Girardot y, finalmente, tren hasta Bogotá, a donde llegaron el 7 de agosto. El viaje de Barranquilla a Girardot duro siete días y ocho el de allí hasta Bogotá. Durante los días siguientes se entrevistaron con Pablo García Medina, con el Ministro de Agricultura y con el general Pedro Nel Ospina, presidente de la República.[90]

En la reunión con el jefe del Estado, este les solicitó a los norteamericanos que investigaran una epidemia que había surgido recientemente en Ebéjico (Antioquia) y que parecía ser de fiebre amarilla. Como consecuencia, los dos investigadores se dirigieron a esta población e invitaron al Dr. Kemel, cirujano en jefe de la Tropical Oil Company, para que los acompañara. A su paso por Medellín no encontraron *Stegomyia*. Desde allí se dirigieron a lomo de mula hasta Ebéjico, en donde no hallaron fiebre amarilla, sino una enfermedad que no pudieron identificar. Recomendaron que una comisión de especialistas viajara a la población para hacer un estudio más profundo de los casos y se regresaron a Bogotá, vía Medellín, Puerto Berrío, Barrancabermeja y Puerto Wilches. En las casas de Puerto Berrío encontraron un índice de *Stegomyia* del 50 % y en Barrancabermeja del 70 %. Por eso ordenaron a los médicos locales iniciar de inmediato campañas antimosquito.[91]

---

88 Hanson, Henry (1924). *Outline extract report on Yellow Fever Campaign in Colombia*. May 24. RAC-New York. RFA-IHB. RG. 5, S. 2, SS. 311, b. 27, f. 163: 1.

89 Miller, Frederick A. (1923). *Miller to Frederick F. Russell*. Letter. Bogotá, August 2. RAC-New York. RFA-IHB. RG. 1.1, S. 311, b. 10, f. 90.

90 Hanson, Henry (1924). *Outline extract report on Yellow Fever Campaign in Colombia*. May 24. RAC-New York. RFA-IHB. RG. 5, S. 2, SS. 311, b. 27, f. 163: 2.

91 *Idem.*, f. 163: 2-3.

Para ese momento, y de acuerdo con los informes de la comisión norteamericana, se consideraba que tanto los puertos del río Magdalena como los de Cartagena y Santa Marta estaban aún expuestos a ser invadidos por la enfermedad que existía en Bucaramanga, dadas las facilidades de comunicación con la región y la abundancia del *Stegomyia*. Como consecuencia, el 25 de septiembre de 1923, la Dirección Nacional de Higiene emitió la Resolución 134 sobre medidas profilácticas de la fiebre amarilla, la que serviría de punto de apoyo para continuar la campaña que puso en marcha Hanson.

Hanson y Dunn llegaron a Bucaramanga después de pasar a lomo de mula por el 'tirabuzón',[92] lo que incomodó mucho a Dunn. En esta ciudad encontraron que el trabajo antimosquito estaba muy bien organizado por Miller y Richardson con el respaldo satisfactorio de la Junta de Higiene Local.[93] Varios casos de fiebre se presentaron durante los primeros tres meses de permanencia de estos investigadores en la ciudad. Pero Hanson consideró que ninguno de ellos era fiebre amarilla. Las reacciones de Pfieffer que se practicaron fueron negativas y muestras de los tejidos de un caso fatal autopsiado fueron enviadas a Noguchi, cuyos hallazgos microscópicos fueron negativos para *Leptospira,* es decir, para fiebre amarilla.

Después de esto, Hanson consideró que la epidemia de Bucaramanga ya había pasado y que valdría la pena visitar los otros sitios del país sospechosos. Richardson fue dejado a cargo del trabajo antimosquito y los aspectos clínicos bajo el manejo de los médicos que habían sido contratados por la Dirección Nacional de Higiene. Roberto Serpa fue enviado a Cúcuta con otros tres ayudantes más para iniciar allí el trabajo profiláctico y la búsqueda de posibles casos de fiebre amarilla. Miller, Dunn y el señor Héctor McCormack fueron enviados a Barranquilla y durante el viaje deberían investigar Puerto Wilches y Barrancabermeja. Hanson viajó a Bogotá, acompañado de Gilberto Caycedo, quien había sido encargado del trabajo en Girardot. La oficina central de la campaña se abrió en Barranquilla y Hanson se instaló allí y se creó una oficina de inspección subsidiaria.[94]

El personal de la oficina central estaba compuesto por Henry Hanson, M.D., director general de la campaña; Frederick Miller, M.D., asistente; L. H. Dunn,

---

92 Nombre que se le daba al 'cañón del río Chicamocha', por su parecido con un espiral sacacorchos.

93 Hanson, *Outline extract report on Yellow Fever Campaign in Colombia, op. cit.,* f. 163: 2-3.

94 *Idem.,* f. 163: 4-6.

entomólogo, inspector supervisor; J. W. Nicoll, contador; A. L. Fessler, contador; Carl S. Benche, contador y asistente de oficina; G. W. Stuart, ingeniero sanitario; y Ernesto Montejo, secretario.

La oficina de inspección fue organizada por Dunn con el apoyo de Arturo Sainz, instructor e inspector. Se contrataron 22 inspectores y otros 22 trabajadores para realizar los trabajos de saneamiento. En la oficina de Bucaramanga los aspectos médicos fueron manejados por la comisión especial creada por Pablo García Medina, con G. O. Richardson como inspector y Bernardo Escobar como secretario. En Cartagena trabajaron J. P. Corigan como supervisor, P. García Burban como contador y asistente ejecutivo, además de 15 inspectores y 15 trabajadores. Roberto Serpa trabajó como médico supervisor e inspector en Cúcuta, con José de Valdivieso como secretario y con 8 inspectores y 8 trabajadores a su servicio. En Girardot estuvo como inspector a cargo Gilberto Caycedo. Puerto Colombia fue supervisado desde la oficina de Barranquilla y manejado por un inspector y un trabajador.

Entre las atribuciones de las que gozó Hanson para el correcto desarrollo de la campaña estuvieron las de señalar las funciones de los inspectores locales de sanidad, aplicar las disposiciones vigentes en la campaña contra el mosquito y contra la fiebre amarilla, cambiar personal y dar cuenta de las infracciones a las disposiciones para que los directores departamentales y médicos de puertos las hicieran cumplir (García Medina, 1932: 151-153).

La Dirección Nacional de Higiene no quería perder poder y acordó que los inspectores locales serían nombrados finalmente por ella, de una terna que presentaría Hanson. Es interesante anotar que Hanson tenía el poder de extender la campaña a las poblaciones, cercanas a los puertos, que considerara necesarias. Los salarios del secretario de la dirección de la campaña, de los inspectores locales y revisores serían pagados por mitad, entre el gobierno nacional y la Fundación, mientras que el del director, y médicos y expertos que Hanson nombrara serían pagados por la Fundación (García Medina, 1932: 154).

Si bien Hanson no encontró casos de fiebre, los resultados de la campaña que él inició fueron positivos, pues los índices de *Stegomyia* bajaron en casi todos los lugares hasta un promedio entre un 3 % y 5 %.[95] Como resumen de su trabajo en la campaña, Hanson comentaba:

---

95 *Idem.*, f. 163: 7-8.

a) Desde que llegué a este país no he visto nada que se parezca a fiebre amarilla.
b) Parece razonable asumir que la costa Pacífica de Suramérica todavía se mantiene libre de fiebre amarilla.
c) La fiebre amarilla fue reportada y luego confirmada por la Comisión enviada por la Junta Sanitaria Internacional, en Bucaramanga.
d) Venezuela era un factor desconocido e incierto, sobre todo teniendo en cuenta su accesibilidad a Cúcuta y Bucaramanga.
e) La fiebre amarilla fue definitivamente confirmada en Brasil, un punto muy distante y de una importancia probablemente muy insignificante para la costa del noreste, a no ser que existiese un punto intermedio de infección activa.
f) El objetivo de la Junta Sanitaria Internacional era y es asegurar la eliminación de la fiebre amarilla de las Américas, y teniendo en cuenta la aparente certeza de que no hay fiebre ni en el occidente, suroeste, ni noroeste de donde estamos trabajando, se requiere gran cautela para evitar que algo se filtre en el territorio que está limpio, lo que disminuiría el prestigio del trabajo y la moral de aquellos que tendrían que retomar el trabajo nuevamente [...]; había que garantizar la seguridad mencionada y establecer el trabajo en Barranquilla, Cartagena, Puerto Colombia y Girardot y preparar planes para el trabajo en Calamar, el Banco, Magangué, etc., en caso de necesidad. Al mismo tiempo yo sentí que no había en la actualidad ningún foco activo de fiebre, pues no veía cómo este pudiera existir sin la existencia de algún brote agudo de casos indudables. Mi dilema era ¿hasta qué punto tendría yo justificación de gastar la plata de la Junta? No obstante habiendo comenzado el trabajo este deberá continuar hasta que el índice haya sido reducido a una cifra segura.[96]

Estas reflexiones de Hanson en torno de la epidemia y la campaña dejan entrever las contradicciones que implicaba el modelo de Noguchi para el diagnóstico, basado en la presencia de *Leptospira,* al mezclarlo con la teoría de los centros claves, que se apoyaba en la teoría del mosquito. La epidemia había sido diagnosticada con el modelo bacteriológico de Noguchi y había sido controlada con el modelo de la eliminación de mosquitos en los 'centros claves'.

La Junta Sanitaria Internacional había nuevamente amalgamado dos modelos de origen diferente para manejar la enfermedad y había comprometido al gobierno colombiano a colaborar en una política de erradicación del mosquito

[96] *Idem.,* f. 163: 5.

bajo ese esquema. Los pacientes con fiebre fueron descartados como amarílicos, pues no se les encontraba *Leptospira* en la sangre, de forma contraria a lo que habían hecho Franco y colaboradores en la epidemia de Muzo. Valga la pena anotar que las verdades que produce el uso de instrumentos no dependen solamente de dichos instrumentos, sino de lo que tiene en su cabeza quien los usa.

A pesar de que no era claro el foco de origen de la epidemia de Bucaramanga, la Fundación no pareció estremecerse ante el nuevo brote. El informe de final del año del presidente de la Fundación Rockefeller, George Vincent, simplemente decía "brote en Colombia prontamente puesto bajo observación" (Vincent, 1924: 26), y al final del año siguiente repetía fríamente: "Trabajos de control han sido llevados a cabo en México y Centroamérica, Ecuador, Perú, Colombia, Venezuela y Brasil" (Vincent, 1925b: 26). De igual manera, en el informe anual de la Junta Sanitaria Internacional de ese año se decía que "en el continente meridional existen solamente dos focos conocidos —uno en Colombia, el otro en la parte norte del Brasil— pero en ambas partes se trabaja muy activamente para erradicarlos" (Fundación Rockefeller, 1924: 40).

Por su parte, el médico colombiano Mac Cormick siguió insistiendo en el origen interno y rural de la fiebre amarilla. Primero, cambió su posición con relación a la *Leptospira* como agente causal. Mac Cormick consideraba que la *Leptospira* de Noguchi no era el agente causal de la enfermedad en la localidad. Como ya dijimos, en un principio Mac Cormick había encontrado las *Leptospiras* en la sangre de los primeros pacientes y había planteado que estas eran morfológicamente diferentes a las descritas por Noguchi, pues las observadas por él eran más grandes. Llegó incluso a pensar que el tipo de fiebre amarilla de Bucaramanga podía ser distinta de la descrita por Noguchi (Martínez Collazos, 1923).

No obstante, como ya vimos, el 30 de julio de 1923 había escrito a Russell retractándose de sus hallazgos y al año siguiente, en sus *Observaciones sobre la fiebre de Bucaramanga* (Mac Cormick, 1924), planteó públicamente que se había equivocado y que lo que había visto eran glóbulos rojos destruidos, que tomaban la forma espirilar y que hacían pensar que eran *Leptospiras* más grandes. Mac Cormick terminó planteando que la *Leptospira* de Noguchi no existía en Bucaramanga y que "el agente causal de la fiebre amarilla no es la *Leptospira* de Noguchi" (Mac Cormick, 1924: 257-259).

Luego, en el mismo artículo, Mac Cormick se opuso además a la propuesta del origen de la enfermedad desde algún centro clave cercano. Planteó que había visto muchos casos durante esos días en las zonas rurales del Valle del Soto, donde la población era eminentemente agrícola y la región estaba en su mayor parte cubierta por bosques. Por otro lado, Mac Cormick agregaba que había constatado que la fiebre amarilla se había venido presentando en la población rural de San Vicente de Chucurí desde la epidemia de 1896, en la cual casi todos los casos fueron mortales. Así mismo, recordaba que los primeros casos de 1910 aparecieron en Girón, ciudad que estaba en la vía de las regiones mencionadas (San Vicente de Chucurí, Lebrija y Rionegro).

Mac Cormick acudía al trabajo de Andrew Balfour (Balfour, 1915), afirmando que los *monos cotudos* o rojos eran muy numerosos en esa región y que podrían ser los reservorios de la enfermedad en esas zonas rurales y boscosas. Apoyándose en los trabajos previos de Franco y en el texto de Balfour, Mac Cormick proponía que el origen de la epidemia estaba en las regiones rurales y que debería haber algún otro *culex* o algún otro agente transmisor en los bosques y casas aisladas entre las selvas y zonas rurales, y que los brotes urbanos eran debidos al *Stegomyia* (Mac Cormick, 1924: 257-259); además de indicar la relación que se podía generar con la existencia epidémica de fiebre amarilla en una zona rural y su propagación a una zona urbana.

A pesar de los argumentos de Mac Cormick, la Fundación Rockefeller continuó pensando que la epidemia era de fiebre amarilla y que sí se debía a la *Leptospira* de Noguchi. No se necesitó más argumento que el peso de su autoridad. Los médicos nacionales y norteamericanos pasaron por alto los desarrollos investigativos de este médico local, que, entre otras cosas, no tuvieron una divulgación de carácter internacional, aunque sí se puede reconocer en ellos una ruptura con el paradigma tanto del agente causal de Noguchi como de la teoría de los centros claves en la propagación de la citada patología. Uno de los elementos que están detrás de estas dos visiones de fiebre amarilla es la confianza que la Fundación otorga al diagnóstico bacteriológico para confirmar o no la presencia de la enfermedad, por estar este basado en la ciencia de punta del momento; en contraste, los médicos locales confían en el saber y la experiencia clínica, complementada con prácticas de laboratorio no comprometidas con el saber metropolitano.

Nuevamente, el actor sociopolítico más fuerte, la Fundación Rockefeller, impuso su poder en el campo de la lucha contra la fiebre amarilla. Por su parte, Pablo García Medina, como representante del Estado, finalmente se plegó al diagnóstico de la Comisión, aunque antes de que esta llegara se había negado a aceptarlo.[97] Continúa así en juego la "autoridad científica [...] como capacidad técnica y como poder social [...] monopolio de la competencia científica que es socialmente reconocida [...] en el sentido de capacidad de hablar e intervenir legítimamente" (Bourdieu, 2000 [1976]: 12) para apropiarse de un capital simbólico e imponer sus concepciones y las prácticas que de ellas se derivan. El poder del prestigio y de la superioridad económica de la Fundación reprodujeron nuevamente la asimetría entre los actores locales y los metropolitanos, dejando muy poca capacidad de juego a los actores locales, pues la Fundación impuso sus criterios por todos los medios a su alcance.

El coletazo de la campaña de Hanson

En 1924, Frederick Miller fue remplazado por Bruce D. Wilson en la Dirección del Departamento de Uncinariasis, después de una crisis que se presentó en el desarrollo de la campaña contra la anemia tropical relacionada con la definición de si esta se debía continuar o no en el país. Como consecuencia, Miller fue trasladado y terminó renunciando a su cargo como funcionario de la Fundación (Quevedo V. et al., 2004: 220).

Al parecer, el éxito alcanzado por la campaña contra la fiebre amarilla manejada por Hanson desde 1923 y la presión del grupo de médicos higienistas logró que el gobierno nacional apoyara la continuación de dicha campaña. Como consecuencia, en 1925 se sancionó la Ley 77, del 17 de noviembre, por la cual se proveía presupuesto para el saneamiento del puerto de Barranquilla y de los puertos marítimos de la república por diez años más (García Medina, 1932: 36-37).

Sin embargo, las noticias sobre la aplicación de esta ley y sus resultados no son claras: mientras uno de los actores sociopolíticos habla sobre su realización, otro menciona que esto no se aplicó. En efecto, por una parte, de acuerdo con la documentación producida por la Fundación Rockefeller, en 1926 el entonces director de la Sección de Uncinariasis en Colombia, Bruce Wilson, informaba a Wilbur Sawyer, director del laboratorio en Nueva York, que había en marcha una campaña de control del Stegomyia en Bucaramanga y Buenaventura, esperando que para finales de ese año se continuara en Tumaco. Su principal preocupación estaba en la sanidad de la costa Atlántica. La campaña que entonces realizaba

---

97 Miller, Frederick A. (1923). *Miller to Frederick F. Russell*. Letter. Bogotá, April 2. RAC-New York. RFA-IHB. RG. 1.1, S. 311, b. 10, f. 90; Miller, Frederick A. (1923). *Miller to Frederick F. Russell*. Letter. Bogotá, April 2. RAC-New York. RF-IHB. RG. 5, S. 2, SS. 311, b. 27, f. 163.

Hanson encontraba la dificultad de que no había quién se encargara de continuar con el trabajo sistemático.[98] Wilson pretendía aprovechar el viaje que Pablo García Medina pensaba hacer ese año a dicho laboratorio para convencerlo de la necesidad de tomar en serio la realización de una campaña permanente en la costa, y sugería que tal vez se necesitaba a alguien experto en fiebre amarilla para llevarla a cabo.

Por otra parte, y de manera contraria, en el informe de José Ignacio Vernaza, ministro de Instrucción y Salubridad Públicas, presentado al Congreso de Colombia ese mismo año, se reconoció que esta ley en efecto no se aplicó:

> Para lograr los efectos benéficos de esta campaña, es preciso establecer activa persecución contra el mosquito en nuestros puertos marítimos. La Ley 77 de 1925, aprobada en buena hora por el Congreso pasado, destinó para el saneamiento de los puertos de la república una cantidad anual que no será inferior a $400.000 los cuales tendrán que incluirse precisamente en el presupuesto. Desgraciadamente esta importantísima ley no ha podido cumplirse en el presente año, porque fue liquidada la suma de $500.000 en el Ministerio de Obras Públicas, y es bien sabido que no puede efectuarse un traslado entre dos ministerios por prohibirlo la ley y ser atribución privativa del Congreso. La partida quedó incluida para el año entrante en el presupuesto del Ministerio de Instrucción Pública. No obstante lo dicho anteriormente, la Dirección Nacional de Higiene ha principiado el estudio de las necesidades de cada puerto, a fin de dar cumplimiento a esta ley, cuando el Ministerio disponga de la partida correspondiente (Ministerio de Instrucción y Salubridad Pública, 1926: XLII-XLIII).

Curiosamente, hay referencias entre 1925 y 1926 sobre la ausencia de la enfermedad como resultado de la campaña que hizo la Fundación en asocio de las autoridades sanitarias nacionales: "El índice de estegomia en los puertos oscila entre cuatro y cinco por ciento, cifra baja que asegura la no propagación de la enfermedad" (Corpas, 1925: LXXIX-LXXX). El informe del Ministro de Instrucción y Salubridad Pública aseguraba que no existieron brotes de fiebre

98 Wilson, Bruce D. (1926). *Wilson to Sawyer*. Letter. Bogotá, September 28. Museo Instituto Nacional de Salud. Documentos de la campaña contra la fiebre amarilla. Fundación Rockefeller. Correspondencia. Tomo 1: 77.

amarilla durante el año de 1926 ni en puertos fluviales ni marítimos (Ministerio de Instrucción y Salubridad Pública, 1926: XLI y XLIII). Decía, además, que en aquellos lugares en donde se observaron casos de fiebre amarilla en la última epidemia, tales como Bucaramanga, Piedecuesta y Girón, hubo un índice del 1 %, lo que garantizaba la extinción de la enfermedad en caso de que fuere importada a esas ciudades; adicionalmente, afirmaba que, para evitar que ese índice aumentara, la Dirección de Higiene había establecido un servicio de inspección que podía activar la campaña contra el mosquito cuando lo considerara pertinente.

A partir de la referencia anteriormente citada, pensamos que efectivamente la Ley 77 no se aplicó, pero que esto no impidió que, por su parte, la Fundación y las autoridades de salud pública continuaran con la campaña antimosquitos, obteniendo los resultados positivos mencionados. De ser así, esta situación ilustraría la independencia con la que contaba la Fundación para poner en marcha sus proyectos.

Después de terminada la campaña en Colombia, la Fundación envió a Hanson a visitar Venezuela y, como resultado de esta visita, este funcionario informó a la Dirección Nacional de Higiene que no había foco alguno de fiebre en las regiones limítrofes con Colombia, que allí se estaba activando la campaña contra el mosquito y que, por lo tanto, no había temor de invasión por ese lado. Además, se informó que en Cúcuta el índice de *Stegomyia* era del 1 %, lo que aseguraba todavía más la sanidad de esa región contra el peligro de la fiebre amarilla (Corpas, 1925: LXXIX-LXXX). La Fundación había logrado pues su cometido de sanear la zona de Aedes aegypti tratando de garantizar que desaparecieran los posibles focos de origen de la epidemia en la región de Santander.

Figura 27. Instalaciones y laboratorios construidos por la Comisión de Fiebre Amarilla de la Junta Sanitaria Internacional de la Fundación Rockefeller enviada a Lagos (Nigeria, África Occidental) en 1926.

Fuente: imagen propiedad del archivo de la Fundación Rockefeller Pocantico Hills, Nueva York..

Capítulo VII
Nuevas epidemias, nuevos conocimientos, 1924-1930

La fiebre amarilla actual en Suramérica, la fiebre amarilla presente hoy en África y la fiebre amarilla histórica de Panamá y de otros países americanos son la misma enfermedad.
Sawyer, Kitchen, Frobisher y Lloyd, 1930: 315

Hemos confirmado [...] que la naturaleza de los procesos patológicos resultantes en la fiebre amarilla de África es idéntica que la de los procesos que ocurren en los casos americanos.
Klotz y Belt, 1930: 304

Nueva epidemia en El Salvador en 1924

En 1924 se presentó una epidemia inesperada en El Salvador (América Central), en la cual aparecieron 75 casos, de los cuales 22 murieron. La Fundación se preguntó en ese momento ¿cómo podría explicarse la aparición de este brote si ya se habían erradicado tanto la enfermedad como el *Aedes aegypti* de la zona desde 1921? ¿Había llegado la epidemia de afuera? o ¿había fallado la campaña anterior en extinguir el fuego completamente y había dejado rescoldos? ¿Podría haber otra explicación más allá de lo conocido hasta el momento? (Vincent, 1925a: 26-28). No obstante, a pesar de las preguntas, la teoría de los centros claves era demasiado coherente internamente y la Fundación, apoyada en sus seguridades, continuó trabajando con su modelo epidemiológico de la enfermedad amaril. Desde la especulación, se decidió que era posible que la endemicidad se mantuviera gracias a la infección inaparente en los niños e infantes y que esta hubiera sido la causa del recrudecimiento de la enfermedad (Vincent, 1925a: 28).

El envío de una comisión de la Fundación Rockefeller a África y la creación de un laboratorio de investigación en 1925

El peligro de que la terminación de la construcción de la red de ferrocarriles africanos pudiera facilitar el transporte de la fiebre amarilla a la costa este de África y de ahí a la India y el Pacífico oriental revivió los temores que surgieron con la apertura del canal de Panamá diez años atrás (Vincent, 1926: 18). Como consecuencia, en 1925, la Fundación Rockefeller envió una nueva comisión a África dirigida por Henry Beeuwkes (The Rockefeller Foundation, 1927: 35-36; Warren, 1951: 18).

Dicha comisión estableció un laboratorio de investigación de fiebre amarilla en Lagos (Nigeria) en 1926 (Farley, 2004: 94), para lo cual se venía preparando ya hacía varios años. El objetivo era averiguar si la fiebre amarilla americana y la africana eran iguales, aislar el agente causal, identificar las áreas en las que la enfermedad estaba presente y evaluar si las condiciones africanas permitían un esfuerzo similar de erradicación como el que estaba triunfando en las Américas.[1] A partir de este hecho, se desencadenaron varios acontecimientos tanto en África como en Nueva York que cambiaron el panorama del conocimiento sobre la fiebre amarilla.[2]

La comisión comenzó a trabajar utilizando el modelo de Noguchi, pero, en un estudio exhaustivo de 67 casos, los investigadores no pudieron aislar la *Leptospira icteroides*. Al final de junio de 1927, Adrian Stokes, Paul N. Hudson y Johannes H. Bauer lograron 3inocular positivamente de fiebre amarilla a un mono *Macacus rhesus,* en el laboratorio africano (Stokes, Adrian, Bauer, Johannes H. & Hudson, N. Paul, 1928b). Esto posibilitó un modelo animal para la investigación, lo que permitió demostrar que la fiebre amarilla era transmisible al mono. Estos investigadores confirmaron definitivamente la hipótesis de Walter Reed (Reed, Carrol, Agramonte & Lazear, 1911) de que el agente etiológico de la fiebre amarilla era un "virus filtrable" (Warren, 1951: 20).

---

1 Hackett, Lewis. *Epidemiology of yellow fever.* RAC-New York. RFA-IHB. RG. 3, S. 908, b. 4, f. 27.

2 Otros investigadores, como Fraley y Warren, han explorado este caso (Farley, 2004: 94-96; Warren, 1951: 18-24).

La primera cepa de virus aislada por ellos fue recogida de un caso benigno y clínicamente indiagnosticable, a la cual llamaron cepa Asibi, en honor al nombre del paciente (Patiño Camargo, 1936: 21). Iguales hallazgos hizo Klotz en Canadá entre 1927 y 1928 (Klotz, 1928). Estos estudios fueron luego confirmados por N. C. Davis y A. W. Burke en Brasil (Davis & Burke, 1929) y por los investigadores franceses Mathis, Sellards y Laigret en Dakar (Mathis, Sellards & Laigret, 1928: 604).

Al año siguiente, los investigadores de la Fundación Rockefeller demostraron también que la enfermedad se podía transmitir experimentalmente de monos a monos y de humanos a micos por la inoculación de sangre, y de micos a micos por la picadura del *Aedes aegypti* (Stokes Adrian, Bauer, J. H. & Hudson, N. P., 1928). Así mismo, mostraron que el suero de los monos convalecientes era protector contra dosis altas de virus, que la sintomatología y las lesiones histológicas producidas en el mono por la enfermedad experimental eran semejantes a las de la fiebre amarilla humana y anotaron que no habían hallado *Leptospiras* ni ningún otro microorganismo en los tejidos de los animales experimentados (Stokes Adrian, Bauer, Johannes H. & Hudson, N. Paul., 1928a). Adrian Stokes murió el 19 de septiembre, víctima de la fiebre amarilla por contaminación durante los experimentos (Patiño Camargo, 1936: 20; The Rockefeller Foundation, 1927: 26-28).

En vista del fracaso de los investigadores de la Fundación para encontrar la *Leptospira* de Noguchi en los pacientes africanos y en los monos inoculados, esta institución decidió enviar a Noguchi a trabajar en los laboratorios de África. En octubre 22 de 1927, Noguchi se trasladó al laboratorio de Lagos para tratar por sí mismo de aislar la *Leptospira,* pero sus esfuerzos fueron infructuosos. Para ese momento, sus colegas del Instituto Rockefeller de Investigaciones Médicas estaban convencidos de que Noguchi había cometido un error. En la primavera de 1928 ya había experimentado sobre 400 monos sin hallar ningún resultado positivo. Klotz, que se encontraba allí, describió el laboratorio de Noguchi en África como caótico (Farley, 2004: 95).

Nuevas epidemias en Brasil y en Colombia en 1926 y 1927

Mientras se daban estos movimientos en el laboratorio africano, la fiebre amarilla contraatacaba. En 1926, una rebelión en el centro de Brasil exigió el envío de tropas, desde Río de Janeiro, a la zona. Los soldados enviados se contaminaron con fiebre amarilla en medio de la selva y a su paso por Salvador (Bahía) en 1927 surgió allí un nuevo brote urbano que fue rápidamente controlado. La

Fundación lo explicó como debido a que soldados no inmunes visitaron zonas donde podrían haber quedado pequeños reductos desconocidos de la enfermedad (Williams, S. C., 1994: 32-33).

Por otra parte, en Colombia, en 1927, ante la sospecha de nuevos casos en Muzo, la Dirección Nacional de Higiene envió a César Uribe Piedrahíta para estudiarlos.[3] Este médico viajó acompañado por George Bevier, nuevo representante de la Fundación Rockefeller en el país, en reemplazo de Miller, y director del Departamento de Uncinariasis. No obstante, ambos funcionarios determinaron que la epidemia de Muzo no podía ser de fiebre amarilla, puesto que no se encontraron mosquitos *Aedes aegypti* en la zona (Patiño Camargo, 1936: 16).

No obstante, el 26 de julio de ese año, George Bevier escribió a Wilbur Sawyer diciéndole que le había reportado insistentemente sobre casos de fiebre amarilla ocurridos nuevamente en Muzo, en proporciones epidémicas, y que cerca de 35 personas parecían haber muerto de vómito negro. Le informaba además que García Medina le había pedido que viajara a la zona en compañía de César Uribe Piedrahíta, director del Laboratorio Nacional Samper-Martínez, y que debido a lo peculiar de la situación de Muzo y que no había tiempo de enviarle un telegrama, había tomado la decisión de viajar a allí, convencido de que si se reportaran casos de fiebre amarilla seguro que él mismo le habría pedido que visitara la zona.[4]

Sawyer le respondió el 17 de agosto, diciéndole que estaba de acuerdo con que hubiera viajado y recomendándole que, en vista de que aún no había pruebas diagnósticas claras que permitieran el diagnóstico diferencial entre la ictericia infecciosa y la fiebre amarilla, tuviera mucho cuidado en recolectar evidencias clínicas y tomar muestras, tanto patológicas como bacteriológicas. Le mencionaba que en África no había sido posible hasta ese momento aislar *Leptospiras* en los casos de fiebre amarilla y que, por lo tanto, no se debería descartar ningún caso sospechoso por el hecho de que no se le encontrase *Leptospira*. Y advertía que se podría estar enfrente de más de una enfermedad. Le solicitaba tomar muestras de

---

[3] Uribe Piedrahíta era un médico que la Fundación Rockefeller había recomendado como director del Laboratorio Nacional de Higiene Samper-Martínez, como parte del apoyo técnico que la Fundación ofreció para el impulso a los laboratorios nacionales en 1925.

[4] Bevier, George (1927). *Bevier to Wilbur A. Sawyer*. Letter. Bogotá, July 26. Museo Instituto Nacional de Salud. Documentos de la campaña contra la fiebre amarilla. Fundación Rockefeller. Correspondencia. Tomo 1: 156.

hígado, bazo, riñones, estómago e intestinos, si fuera posible, y enviar un informe de la investigación realizada. Le mencionaba los trabajos de Sellards sobre la etiología de la fiebre amarilla y de Schüffner en los que sugería que la *Leptospira icteroides* y la icterohemorrágica podrían ser la misma especie, y le recomendaba no colocarse a un lado o al otro de la polémica sobre la causa de esta enfermedad.[5] Bevier respondió indicando que los casos hallados en Muzo eran de malaria estivo-otoñal.[6] El 11 de agosto, le remitió un detallado informe sobre la epidemia, los casos y las observaciones, en el cual le reafirmaba sus conclusiones.[7]

Debido a que Sawyer estaba en vacaciones en ese momento, Russell respondió a Bevier el 25 de agosto, diciéndole que había leído su carta a Sawyer y que había revisado el informe de la comisión de 1916, en la cual se informaba claramente que ni la epidemia de 1885, ni la de 1907, ni la de 1916, reportadas en Muzo habían sido de fiebre amarilla, y que la comisión de 1916 no había encontrado larvas de *Stegomyia*. Cerraba la discusión diciendo que, por lo tanto, juzgaba que, por la altura y por la ausencia de *Stegomyia,* no había probabilidad de que la fiebre amarilla ocurriera en esa región.[8]

En mayo de 1928, surgió un inesperado brote de fiebre amarilla en Río de Janeiro, ciudad que estaba libre de la enfermedad desde 1908, como consecuencia de las campañas antimosquito de Oswaldo Cruz. Los datos oficiales hablaron de 108 casos y de una mortalidad del 55,5 %. El director general de Salud de Brasil explicó el brote como resultado del regreso de los soldados del norte, en donde, como ya dijimos, había surgido un brote en 1927 en la selva y que, según él, podrían estar sufriendo enfermedad leve o enmascarada. No obstante, Vincent opinó que tal vez la enfermedad se había mantenido viva en rescoldos

---

5 Sawyer, Wilbur A. (1927). *Sawyer to George Bevier*. Letter. New York, August 17. Museo Instituto Nacional de Salud. Documentos de la campaña contra la fiebre amarilla. Fundación Rockefeller. Correspondencia. Tomo 1: 157-158.

6 Bevier, George (1927). *Bevier to Wilbur A. Sawyer*. Letter. Bogotá, September 6. Museo Instituto Nacional de Salud. Documentos de la campaña contra la fiebre amarilla. Fundación Rockefeller. Correspondencia. Tomo 1: 159.

7 Bevier, George (1927). *Bevier to Wilbur A. Sawyer*. Letter-Report. Bogotá, August 11. Museo Instituto Nacional de Salud. Documentos de la campaña contra la fiebre amarilla. Fundación Rockefeller. Correspondencia. Tomo 1: 163-170.

8 Russell, Frederick F. (1927). *Russell to George Bevier*. Letter. New York, August 25. Museo Instituto Nacional de Salud. Documentos de la campaña contra la fiebre amarilla. Fundación Rockefeller. Correspondencia. Tomo 1: 160.

en el interior del país y que era necesario más investigación y un mayor control (Vincent, 1929: 26-29).

Figura 28. César Uribe Piedrahíta, enviado a Muzo por el gobierno, en 1927, a estudiar nuevos casos sospechosos de fiebre amarilla, en compañía de George Bevier, nuevo representante de la Fundación Rockefeller en el país, en reemplazo de Miller. Ambos funcionarios determinaron que la epidemia de Muzo no podía ser de fiebre amarilla, puesto que no se encontraron mosquitos *Aedes aegypti* en la zona.

Fuente: imagen propiedad del Museo del Instituto Nacional de Salud.

La reconfiguración del modelo epidemiológico

Simultáneamente, la investigación continuó en África. En 1928, Bauer reportó la transmisión experimental en el laboratorio de la fiebre amarilla por dos especies de *Aedes,* diferentes al *aegypti* (Bauer, 1928); a su vez, Hudson estableció las lesiones histopatológicas de la fiebre amarilla en monos (Hudson, 1928). Así mismo, basándose en el postulado de que el suero de individuos que padecieron la enfermedad y sobrevivieron protegía de las inoculaciones con el virus, se realizaron pruebas de protección en monos, que consistían en inocular estos animales con sueros de pacientes recuperados de la enfermedad e inyectarles luego sangre de pacientes o monos enfermos. Al hacerlo se demostró que el suero de los pacientes recuperados protegía a los monos contra la fiebre amarilla, pues, a pesar de inyectarles sangre de enfermos activos, no se contagiaban. Con esta prueba, Beeuwekes, Bauer y Mahaffy llevaron a cabo la primera tentativa de determinar la endemicidad en una región, recogiendo 275 muestras de suero en pobladores del África Occidental y haciendo las pruebas de protección en *Macacus rhesus* para ver qué porcentaje de sueros protegía a los monos, y, por lo tanto, saber qué porcentaje de personas había tenido algún grado de infección amarílica y cuándo. Según las edades de las personas a las que se les había tomado las muestras, se podía determinar qué tan antigua o reciente había sido la infección. Si los adultos daban pruebas positivas y los niños no, la infección era antigua, pero, si ambos daban positivos, la infección había sido constante, es decir, había endemicidad (Beeuwkes, Bauer & Mahaffy, 1930; Hudson, 1928).

Partiendo de estos experimentos y para resolver el problema planteado por los infructuosos experimentos de Noguchi en África y su hipótesis de que la enfermedad americana era distinta de la africana, Wilbur Sawyer, jefe de la División de Laboratorios de la Fundación en Nueva York, propuso un experimento simple (Farley, 2004: 95): se repitieron de forma cruzada los experimentos en monos realizando pruebas de protección en monos africanos con sueros de pacientes brasileños recuperados de la enfermedad, las cuales fueron positivas, y, como consecuencia, se demostró así que la fiebre amarilla africana y la americana era iguales (Hudson, Bauer & Philip, 1929; Hudson, Philip & Davies, 1929). La teoría de Noguchi llegaba así a su fin. Noguchi murió de fiebre amarilla el 21 de mayo de 1928 antes de regresar a los Estados Unidos (The Rockefeller Foundation, International Health Board, 1929: 38).

En vista de los nuevos brotes y de los nuevos descubrimientos, la Fundación decidió crear un laboratorio para la investigación de la fiebre amarilla en Nueva York, el cual se abrió el 24 de junio de 1928, bajo la dirección de Wilbur Sawyer. Allí se iniciaron investigaciones sobre el virus (The Rockefeller Foundation, International Health Board, 1929: 49-50; Warren, 1951: 21). Ese mismo año, Max Theiler, investigador de la Universidad de Harvard, produjo encefalitis experimental inoculando virus de fiebre amarilla en cerebros de ratones blancos (Theiler, 1930).

Estos descubrimientos permitieron al principal actor sociopolítico en el campo, la Fundación Rockefeller, recomponer el concepto de fiebre amarilla. Esta comenzó a entenderse ahora como una enfermedad causada por un virus filtrable, transmitida por el *Aedes aegypti,* y posiblemente por otras especies similares, que afectaba a los monos y al hombre; enfermedad esta que se podría transmitir entre monos y hombres por la picadura de los mosquitos, que se presentaba de manera epidémica en los centros claves por la presencia de personas no inmunes a la enfermedad y que, finalmente, se controlaba disminuyendo los índices del *Aedes aegypti*. La enfermedad africana y la americana eran la misma fiebre amarilla. El modelo de Noguchi entró así en crisis y desapareció como explicación posible.

La alarma en El Socorro en 1929

Al cerrar la década de los veinte, la Fundación Rockefeller se había posicionado como el más destacado actor sociopolítico del campo de la lucha contra la fiebre amarilla, tanto en el ámbito internacional como en Colombia. Los nuevos conocimientos, el nuevo concepto sobre la enfermedad y las nuevas herramientas diagnósticas componían el capital simbólico del campo y este estaba hegemonizado por la Fundación, institución que manejaba todos los programas de erradicación y control de esta enfermedad, tanto en América Latina como en África. Su afianzamiento en el campo se debía no solo al poder que ejercía sobre el saber y la práctica, sino también al prestigio que había alcanzado debido a la capacidad casi militar de sus campañas de erradicación del mosquito *Aedes aegypti,* que le habían permitido al momento prácticamente acabar los brotes urbanos de fiebre amarilla en América Latina, con la excepción de unos pequeños reductos en el nordeste brasileño.

En el ámbito nacional, las luchas en el campo habían estado relativamente apaciguadas después de la epidemia de Bucaramanga de 1923. Por un lado, como ya lo mencionamos atrás, la comisión norteamericana había logrado que la Fundación se configurara como el principal actor sociopolítico del campo en Colombia, imponiendo, más por su poder que por su saber, un diagnóstico que cerró la discusión entre los médicos locales y los del poder central. Por otro lado, el sector mayoritario de la élite médica bumanguesa había recibido el apoyo de la comisión, al respaldar esta el diagnóstico y las medidas de control puestas en marcha por dicho grupo. Los galenos habían quedado pues bien posicionados en el campo, habiendo sido reconocidos como expertos, a la sombra de la Fundación. Finalmente, la Fundación había logrado comprometer al gobierno nacional en una campaña de erradicación del mosquito en una zona ampliamente aledaña a la región, no dejando ni espacio ni capacidad de movilización para nadie más en el campo. Parafraseando a Francis Bacon, quien en el epígrafe de su *Novum Organum* decía "saber es poder", la Fundación Rockefeller parecía estar escribiendo "poder es saber".

No obstante, la provisional estabilidad de las fuerzas del campo en el escenario nacional se vio alterada en marzo de 1929, cuando comenzó una epidemia febril en El Socorro (Santander), ciudad de unos 5000 habitantes. A mediados de abril, los médicos socorranos Próspero Azuero, Luis Eduardo Gómez Ortiz, Pedro Elías Mendoza, Carlos Rangel Pinzón y J. M. Rodríguez, sospechando que el brote fuera de fiebre amarilla, notificaron a la Dirección Nacional de Higiene y Asistencia Pública y a las autoridades departamentales la presencia de la enfermedad (Serpa Flórez, 1989: 45). Las condiciones geográficas, climáticas y demográficas locales, de acuerdo con el informe escrito por Antonio Peña Chavarría, Roberto Serpa y George Bevier, y publicado en 1930, eran favorables a la fiebre amarilla:

> El departamento de Santander contiene dos hoyas hidrográficas, cada una prácticamente rodeada por altas cadenas montañosas (páramos), con el Socorro en el centro de una de ellas y Bucaramanga en el centro de la otra, una región cafetera y tabacalera [...]. La región del Socorro tiene un clima cálido uniforme favorable para el desarrollo de los mosquitos *Aedes* aunque la temperatura en diferentes localidades varía de acuerdo con la altitud [...] Las estaciones de clima seco usualmente ocurren en los meses de diciembre y julio, mientras que en marzo, abril, octubre y noviembre son, por regla, meses lluviosos. La temperatura es de primaria importancia en la epidemiología de la fiebre amarilla ya que hay ciertas temperaturas límites por debajo y por encima de las cuales los mosquitos no pueden transmitir la enfermedad [...] En la región del Socorro el grupo más importante de la población desde el punto de vista de la fiebre amarilla es aquel que reside en altitudes desde 1000 a 1500 mts, donde el rango de temperatura va de 19 a 24°. Este grupo que vive en condiciones muy favorables para la existencia de los mosquitos *Aedes* comprende alrededor de un tercio de la población total. Las dos hoyas hidrográficas mencionadas en donde prácticamente la totalidad de la población del departamento está concentrada y en donde existe constante intercambio entre las ciudades están sometidas al problema de la fiebre amarilla [...] Como aparentemente existe una relación entre la endemicidad de la fiebre amarilla y los tipos de fuentes de agua de uso común, debe anotarse que en la vecindad

del Socorro, San Gil y Guadalupe, existen pequeños arroyos montañosos y una escasez de agua superficial [...] y por lo tanto pasará un largo tiempo para descontinuar el uso de contenedores hogareños. Socorro solamente tiene agua adecuada durante las estaciones húmedas. (Peña Chavarría, Serpa & Bevier, 1930: 432-527)

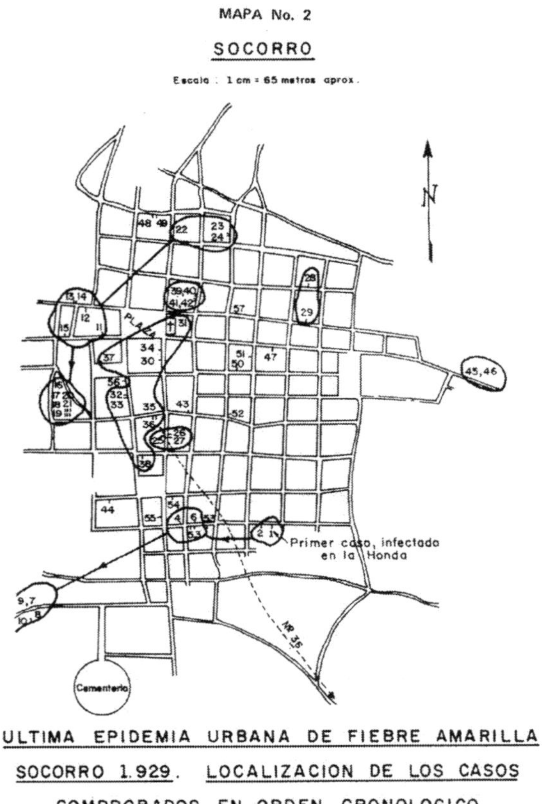

Figura 29. Mapa de la distribución de casos en la última epidemia de fiebre amarilla de El Socorro en 1929

Fuente: tomada de Gast Galvis, Augusto (1982). *Historia de la fiebre amarilla en Colombia*. Bogotá, Ministerio de Salud Pública-Instituto Nacional de Salud: 48.

En estas condiciones, según el informe que venimos citando, la epidemia había comenzado desde los meses de enero, febrero y marzo, en Guadalupe, población distante unos 40 kilómetros hacia el sur de El Socorro, es decir, un viaje de 7 a 8 horas a caballo. Las personas que viajaban de El Socorro hacia Bogotá o hacia cualquier otra parte pernoctaban normalmente el primer día en

Guadalupe; así mismo, las personas que viajaban hacia el norte, desde Guadalupe a Bucaramanga, o a Barrancabermeja, dormían esa noche en El Socorro. En los meses de enero, febrero y marzo, la temperatura estaba en su punto más alto, el clima fue reportado como muy bueno y hubo mucho movimiento de viajeros entre las dos ciudades. Así pues, fue en los meses de abril, mayo y junio que la epidemia se movió hacia El Socorro. En Guadalupe el brote fue popularmente diagnosticado como una gripa con neumonía. La aparición de la epidemia fue súbita y de corta duración, pero causó más muertes que en El Socorro. Debido a que ningún médico residía en Guadalupe, el párroco hizo el diagnóstico. La epidemia no fue informada a las autoridades nacionales de higiene (Peña Chavarría, Serpa & Bevier, 1930: 432-433).

No se supo de ninguna otra población de la vecindad donde se presentara con carácter epidémico esta gripa con neumonía o cualquier otra enfermedad relacionada. Solamente cuando el brote apareció en El Socorro fueron los médicos locales los que levantaron la sospecha de que la enfermedad pudiera ser fiebre amarilla (Peña Chavarría, Serpa & Bevier, 1930: 432-433). La alarma se vuelve noticia en los medios escritos bumangueses el 20 de junio de 1929, cuando en una columna del diario local *Vanguardia Liberal* se anunció un nuevo brote de la enfermedad en la región. El periódico publicó una comunicación de la Dirección Nacional de Higiene, en la cual se ordenaba la formación de una comisión médica para que colaborase con el diagnóstico de la epidemia en El Socorro, puesto que a Bogotá había llegado la noticia acerca de la presencia de casos sospechosos.[9]

Igualmente, se declaraba que la enfermedad estaba originando alarma en las poblaciones vecinas y se indicaba "que convendría que se llevase adelante una campaña de prensa, a fin de que el gobierno nacional como el departamental tomen activas y enérgicas medidas para impedir que se extienda el contagio a los demás pueblos del sur".[10] Sin embargo, para la tranquilidad de estos territorios, se señalaba que los organismos del Estado tenían noticia de la epidemia e intentaban establecer las gestiones para impedir su propagación.

Como consecuencia, el gobierno departamental nombró una comisión médica encargada de examinar la gravedad de la epidemia y establecer la campaña contra el 'zancudo'. Para el efecto se nombró a Roberto Serpa Novoa, por parte de la Dirección Nacional de Higiene, y a Rafael Ordóñez, bacteriólogo, por parte

---

9 "¿Fiebre amarilla?" (1929). *Vanguardia Liberal,* 20 de junio. Año X, N° 2990: 5.

10 "Fiebre amarilla en El Socorro" (1929). *Vanguardia Liberal,* 20 de junio. Año X, N° 2990: 5.

de la gobernación del departamento de Santander. Igualmente, se nombró un inspector general, seis inspectores sanitarios para El Socorro y tres para San Gil.[11]

Por su parte, George Bevier, quien para ese momento todavía era el director del Departamento de Uncinariasis y representante de la Fundación Rockefeller en Colombia, notificó por escrito el 22 de junio a H. H. Howard, director asociado de la División Internacional de Salud de la Fundación (antes llamada Junta Sanitaria Internacional), sobre la aparición de la epidemia en El Socorro, opinando que tal vez debería ser de malaria.[12]

La comisión bumanguesa llegó a El Socorro el 24 de junio y permaneció allí hasta el 16 de julio. Se organizó una campaña con un equipo de seis inspectores, cada uno responsable de un sector de la ciudad, un supervisor y una secretaria. Se obligó a los dueños de casa a cumplir las instrucciones dadas para la prevención de la cría de mosquitos y cada una de las casas donde se encontrara algún tipo de larva fue considerada como infectada, aunque el *Aedes aegypti* no fuese probablemente el tipo más común de mosquito (Peña Chavarría, Serpa & Bevier, 1930: 435). Para apoyar la campaña, la comisión sanitaria lanzó un edicto de instrucciones, el 27 de junio, en el que se solicitaba, entre otras cosas, beber agua hervida; destruir los mosquitos y larvas, reduciendo los depósitos de agua o tapándolos; mantener las cisternas o aljibes y los depósitos grandes cubiertos o sembrarles peces larvicidas, de los que reparten los inspectores de la ciudad.[13] También se impuso un cordón sanitario para impedir que los viajeros exportaran la fiebre a otras regiones.[14]

Mientras se desarrollaban la campaña y el cordón sanitario puestos en marcha por la comisión, los funcionarios de la Fundación Rockefeller seguían dudando

---

11 "Se iniciará pronto una campaña sanitaria en El Socorro" (1929). *Vanguardia Liberal,* 20 de junio. Año X, N° 2990: 1.

12 No hemos encontrado esta comunicación, pero se puede deducir de la respuesta de Howard del 22 de junio: Howard, H. H. (1929). *Howard to George Bevier*. New York, July 12. Museo del Instituto Nacional de Salud. Documentos de la campaña contra la fiebre amarilla. Fundación Rockefeller. Correspondencia. Volumen 2 (1929-1934): 360.

13 Serpa, Roberto (1929). *Para evitar ser víctimas de la epidemia actual.* El Socorro, 27 de junio. Museo del Instituto Nacional de Salud. Documentos de la campaña contra la fiebre amarilla. Fundación Rockefeller. Correspondencia. Volumen 2 (1929-1934).

14 Serpa, Roberto; Rangel, Carlos M.; Gómez Ortiz, Luis E.; Azuero Vergara, Próspero & Gómez, Ángel Octavio (1929). *Comisión de Sanidad. Al público*. El Socorro, 27 de junio. Museo del Instituto Nacional de Salud. Documentos de la campaña contra la fiebre amarilla. Fundación Rockefeller. Correspondencia. Volumen 2 (1929-1934): 469.

de que se tratara de fiebre amarilla. Howard respondió a Bevier el 12 de julio a su carta del 23 de junio diciéndole que estaba de acuerdo en que la epidemia debería ser de malaria, pues consideraba que era muy difícil que la fiebre amarilla se hubiese introducido en una región tan interna del país. Ante esto, Howard decidió mantenerse expectante y solicitó a Bevier informar cualquier nuevo desarrollo referente a la epidemia.[15] Para el 16 de julio las medidas intensivas habían reducido el porcentaje de infestación del 80 % al 8 % y la epidemia estaba bajo control (Peña Chavarría, Serpa & Bevier, 1930: 435).

Llama la atención esta posición de los funcionarios de la Fundación que no se arriesgaron a considerar el diagnóstico de fiebre amarilla a la luz de la forma en que se presentaron los nuevos brotes de carácter rural y de los nuevos conocimientos aportados recientemente por la misma institución, a partir de las investigaciones en África y Nueva York, y que abrían la posibilidad de pensar un posible origen autóctono rural. Esta actitud contrasta con la del veterano médico bumangués Luis Ardila Gómez, quien había hecho parte del grupo respaldado por la Fundación en 1923. Él decidió resumir en un artículo de prensa[16] el estado de los conocimientos sobre fiebre amarilla en ese momento, incluyendo el fracaso de las teorías de Noguchi y de los 'centros claves', la posibilidad de su transmisión por otros moquitos, los experimentos de contaminación a monos y la consecuente posibilidad de la existencia de reservorios no humanos.[17]

La posición de Ardila Gómez deja ver de qué manera al menos un sector de los médicos bumangueses estaba al día en el desarrollo del conocimiento de punta sobre la enfermedad, incluyendo información sobre experimentos realizados el año anterior en lugares tan apartados como la costa occidental de África. Pareciera ser que el artículo de Ardila Gómez pudiera ser el 'case' inicial de una posible polémica que podría volverse a desatar, como en 1910 y en 1923, en torno al reiterado diagnóstico de fiebre amarilla en la región. Era su reposicionamiento en el campo como experto en el tema, movimiento este que podríamos caracterizar como un intento de convertirse en punto de referencia simbólico para el resto de médicos locales.

---

15 No hemos encontrado esta comunicación, pero se puede deducir de la respuesta de Howard del 22 de junio: Howard, *Howard to George Bevier, op. cit.*

16 Es de anotar que en Bucaramanga se utilizaba la prensa local para la difusión de conocimientos científicos, pues no existía una revista médica local.

17 "La actualidad científica sobre fiebre amarilla" (1929). *Vanguardia Liberal,* 23 de julio. Año X, N° 3019: 3.

Figura 30. Antonio Peña Chavarría, médico que participó en el estudio de la epidemia de fiebre amarilla de El Socorro en 1929, en compañía de Roberto Serpa Novoa y George Bevier.

Fuente: imagen propiedad del Museo del Instituto Nacional de Salud.

Cuarentena, comercio y nueva polémica

A mediados del mes de julio, el gobierno ecuatoriano confirmó la cuarentena impuesta por las autoridades sanitarias a los barcos procedentes de Colombia, a causa de la epidemia de fiebre amarilla que se presentaba en la ciudad de El Socorro.[18] Por tal motivo, los comerciantes bumangueses, representados por la Cámara de Comercio de Bucaramanga, enviaron al Ministro de Educación e Higiene un telegrama donde le solicitaban su intervención para modificar la disposición, que se caracterizaba por ser "torpe, dañina e injusta" para los puertos santandereanos sobre el Magdalena, a causa de la epidemia de fiebre amarilla que aquejaba la ciudad de El Socorro. Los comerciantes afirmaban que la medida

[18] "Confirmada la cuarentena. Guayaquil, 22 de julio" (1929). *Vanguardia Liberal,* 23 de julio. Año X, N° 3019: 8.

obedecía en gran medida a la ignorancia respecto a la geografía de Santander, puesto que, si se trataba de una epidemia en El Socorro, el cordón sanitario debía establecerse en aquella ciudad, valiéndose de los límites fronterizos conocidos: el río Fonce al norte, el río Suárez al occidente, la quebrada Honda al sur y la sierra 'La Cuchilla' al oriente. Circunscribiendo tales zonas se verían disminuidos los perjuicios económicos ocasionados a las zonas no afectadas, puesto que instaurar tales límites a 220 kilómetros del lugar infectado y en una sola dirección no armonizaba con la ciencia y menos con el sentido común.[19]

Los comerciantes solicitaban insistentemente el apoyo del Ministro con el fin de modificar la medida y se remitía copia de la comunicación citada al Ministerio de Relaciones Exteriores, que a la fecha se encontraba en cabeza de Carlos Uribe, quien respondía que la Dirección Nacional de Higiene había informado oportunamente a los Estados Unidos, Panamá, Venezuela, Ecuador, de acuerdo con las estipulaciones del Código Sanitario Panamericano, de la aparición de la fiebre de El Socorro, el número de casos, la campaña inmediata, el aislamiento de la zona infectada, el índice del vector a la fecha y la distancia de El Socorro a los puertos fluviales y al mar del Pacífico.[20]

El Ministerio también comunicaba haber informado a los agentes del gobierno en Washington, La Habana, Panamá, Caracas, Lima, Santiago y Guayaquil, para desvanecer las alarmas exageradas. La representación de Washington avisaba haber comunicado a las agencias periodísticas, a la Oficina Sanitaria Panamericana y a los consulados colombianos los informes transmitidos sobre la fiebre de El Socorro y las medidas implementadas.[21]

Pero, más allá de las comunicaciones oficiales, desde el día 19 de julio había comenzado a incubarse una nueva polémica entre los médicos bumangueses en torno al diagnóstico de fiebre amarilla en El Socorro. Una nueva lucha por la hegemonía del capital simbólico del campo había comenzado. Los dos miembros de la comisión enviada por el gobierno nacional y departamental a estudiar la fiebre de El Socorro entraron en contradicción. Roberto Serpa Novoa, representante del gobierno nacional, que también había hecho parte en 1923 del grupo respaldado por la comisión norteamericana y que en ese año había

---

[19] Cámara de Comercio de Bucaramanga (1929). "La Cámara de Comercio de Bucaramanga y la cuarentena. Telegrama al Ministro de Educación". *Vanguardia Liberal,* 24 de julio. Año X, Nº 3020: 5.

[20] *Idem.*

[21] *Idem.,* 5.

sido nombrado para trabajar con ella en la campaña de erradicación del mosquito, confirmaba el diagnóstico de fiebre amarilla, mientras que Rafael Ordóñez, representante del gobierno de Santander, le adjudicaba la enfermedad a un microorganismo que había observado en su laboratorio, planteando la posibilidad de que fuera una enfermedad desconocida.[22]

En efecto, Ordóñez, en su estudio bacteriológico sobre la epidemia, afirmaba que en los quince días que estuvo siguió el curso clínico de diez enfermos, hizo cultivos e inoculaciones en curíes y exámenes al microscopio, observando bacilos gram negativos.[23] De sus análisis clínicos y anatomopatológicos concluyó que, además del daño hepático y renal y de los demás signos relacionados con el cuadro hemorrágico, era un hallazgo constante encontrar los pulmones hepatizados en sus bases. Esto significaba para él que la epidemia tenía un componente neumónico.[24] Ordóñez concluyó que la discusión sobre la naturaleza amarílica de la fiebre que existía desde 1923 solo podía resolverse por la prueba bacteriológica. Además, la cantidad de *Stegomyias* de El Socorro era muy baja.[25] Ponía así en duda el diagnóstico de fiebre amarilla. Serpa Novoa, en cambio, había afirmado que sí se trataba de fiebre amarilla. El debate quedaba pues planteado.

Pero Ordóñez no estaba solo. Según Roberto Serpa Flórez, hijo de Roberto Serpa Novoa, David Mac Cormick y Luis Ardila Gómez también dudaron de que se tratara de fiebre amarilla (Serpa Flórez, 1989: 47). Mac Cormick, apoyando a Ordóñez, descalificó los conocimientos bacteriológicos de Serpa, quien, al parecer, había cuestionado los trabajos bacteriológicos de Ordóñez.[26]

---

22 Al igual que en el caso de la epidemia de 1923, reproduciremos aquí extensamente los textos que se cruzaron entre los médicos de la ciudad, pues nos parece importante dejar hablar a los actores del debate para que se pueda ver la intensidad de la lucha simbólica.

23 Ordóñez, Rafael (1929). *Epidemia del Socorro. Estudio baceriológico*. Bucaramanga. Museo del Instituto Nacional de Salud. Documentos de la campaña contra la fiebre amarilla. Fundación Rockefeller. Correspondencia. Volumen 2 (1929-1934): 410.

24 *Idem.,* 411.

25 *Idem.,* 412.

26 "El doctor Serpa no conoce la bacteriología ni por la pasta, dice el doctor Mac Cormick" (1929). *Vanguardia Liberal,* 23 de julio. Año X, N° 3019: 3; "El doctor Serpa dice que estudió bacteriología en la facultad, y la aprobó con la más alta calificación" (1929). *Vanguardia Liberal,* 25 de julio. Año X, N° 3021: 7.

Serpa, para defender su posición a favor del diagnóstico de fiebre amarilla, y como representante del gobierno central, envió el 26 de julio una carta a Pablo García Medina, acompañada del estudio hecho por él sobre la epidemia, en la que indicaba:

> [...] que al reducir el índice larvario del 80 al 8 % y de haber destruido los mosquitos infectados, con sustancias insecticidas, cesó la epidemia 'apagada como por un soplo divino', según la rabiosa expresión de un colega que quiso ser sarcástico y resultó apologético [...] El diagnóstico diferencial lo hice con la fiebre ictero-hemorrágica, la ictericia grave, las ictericias catarrales, la gripe o influenza, la fiebre biliosa hemoglobinúrica, el paludismo en sus diferentes formas, la uremia, la fiebre recurrente, el reboto o gastrohepatitis palúdica, el tifo exantemático, y en fin, todas las enfermedades icterígenas y hemorrágicas [...] En mi trabajo fui eficazmente ayudado por los médicos de esa ciudad, doctores Próspero Azuero Vergara, Luis Eduardo Gómez Ortiz, Pedro Elías Mendoza, Luis A. Nova, Carlos Rangel Pinzón, J. M. Rodríguez; por el bacteriólogo que envió el departamento, doctor Rafael Ordóñez O. [...] No hubo en El Socorro ni una voz discordante, en cambio aquí en Bucaramanga unos cuantos señores de los que saben de todo sin estudiar los casos y sin leer mi trabajo, han negado mis conclusiones arguyendo únicamente mi ignorancia y el que a Colombia no le conviene, porque la perjudica comercialmente, que haya fiebre amarilla en El Socorro [...] espero que usted [...] me transmita por telégrafo —si le es posible conseguirlos— los resultados de los estudios microscópicos de las vísceras que le envié y lo que haya resultado de los estudios y cultivos que el doctor Rafael Ordóñez envió al Dr. Federico Lleras y con los cuales tanto han amenazado aplastarme. (Serpa Flórez, 1989: 46-47)

En su informe anexo, Serpa hacía un análisis del estado sanitario de la ciudad de El Socorro, dando cuenta del abundante uso de barriles y vasijas para almacenar agua por la ausencia de acueducto, y resaltaba el alto índice de infestación de mosquitos, que alcanzaba el 80 %. No obstante, destacaba, entre otras cosas, que el *Stegomyia* no era el mosquito más común en la ciudad. Después de descartar la existencia de antecedentes cercanos de importancia epidemiológica, describía las formas clínicas de la enfermedad y los hallazgos anatomopatológicos. Es interesante anotar que no hace ninguna mención de las lesiones pulmonares descritas por Ordóñez.[27] Según dice Serpa en su informe, Ordóñez planteaba que normalmente

> [...] el diagnóstico de fiebre amarilla se impone en estos enfermos por sus síntomas, por la evolución de la enfermedad y por las lesiones anatomopatológicas que se hallan en los cadáveres. Pero [...] a todo menos a la fiebre amarilla, podía achacar los desastres que estaba contemplando, porque las ideas reinantes sobre epidemiología y génesis de esta enfermedad, piden la existencia de un foco de origen de donde parta el primer contagio y en El Socorro no se hallaba.[28]

Finalmente, Serpa menciona que hizo las averiguaciones correspondientes para buscar el foco de origen, pero todas fueron infructuosas. Cerró su informe con la descripción de la campaña y del tratamiento.[29]

Figura 31. George Bevier, nuevo representante de la Fundación Rockefeller en Colombia.

Fuente: Museo del Instituto Nacional de Salud.

[27] Serpa, Roberto (1929). *Informe que el Dr. Roberto Serpa rinde a la Dirección Nacional de Higiene sobre la epidemia que en el año de 1929 se presentó de la ciudad del Socorro.* Bucaramanga, julio 26. Museo del Instituto Nacional de Salud. Documentos de la campaña contra la fiebre amarilla. Fundación Rockefeller. Correspondencia. Volumen 2 (1929-1934): 430-436.

[28] *Idem.*, 437.

[29] *Idem.*, 441-444.

Vuelve la Fundación Rockefeller y se agudiza la polémica

El 12 de agosto de 1929, Frederick Russell, desde la oficina de la Fundación en Nueva York, escribió una carta a Connor informándole que, en vista de que se habían reportado 41 casos de fiebre amarilla con 23 muertes en El Socorro, él había recibido una solicitud de enviar a la región a algunos de los miembros del equipo para investigar; pero debido a que no había ninguna persona libre en el grupo de fiebre amarilla de la Fundación ordenó a Bevier, representante de la Fundación en Colombia, que se movilizara a El Socorro para realizar las pesquisas del caso. Comentaba que Bevier ya se encontraba en ese momento en El Socorro y que le había enviado un cable el 8 agosto diciéndole que la epidemia había terminado.[30]

Efectivamente, a comienzos del mes de agosto habían llegado a El Socorro los miembros de la comisión nombrada en Bogotá por el Director Nacional de Higiene compuesta por Antonio Peña Chavarría, del laboratorio Nacional de Salud, y George Bevier, de la Fundación Rockefeller. Acompañados de dos estudiantes de medicina, hicieron estudios epidemiológicos y recolectaron sueros de pacientes convalecientes para realizar pruebas inmunológicas (Peña Chavarría, Serpa & Bevier, 1930: 435). Aliados con Serpa, médico aún contratado por la Fundación, revisaron todos los casos y analizaron la situación. Según estos investigadores, la epidemia de El Socorro coincidía con las descripciones de fiebre amarilla[31] (Peña Chavarría, Serpa & Bevier, 1929: 442).

---

[30] Russell, Frederick F. (1929). *Russell to Connor*. Letter. New York, July 27. RAC-New York. RFA-IHB. RG. 1.1, S. 311, b. 10, f. 91.

[31] "La enfermedad se presentó en dos formas más o menos distintas, una benigna o abortiva que completaba su evolución alrededor de unas 24 a 36 horas y otra que duraba entre 7 y 12 días con síntomas más serios y terminando por la muerte o por una convalecencia prolongada caracterizada por un pulso lento y un tinte subictérico de la piel y las mucosas. El tipo abortivo comenzaba súbitamente con síncope, debilidad y en algunos casos con pérdida de la conciencia, escalofrío más o menos severo y ascenso de la temperatura a 38 o 39°C. Dolor a veces muy severo localizado en la región lumbar y en las articulaciones y masas musculares, seguido de intensa cefalea frontal, facies congestionada y abotagada, ojos brillantes con las conjuntivas inyectadas, la mucosa bucal congestionada y enrojecimiento de los brodes de la lengua. Estos síntomas eran seguidos por trastornos digestivos que comenzaban con vómito y náuseas intensas. El pulso aumentaba a 100, 120 por minuto con un latido, fuerte, amplio y regular. En muchos casos un leve tinte ictérico aparecía a veces solamente apreciable en la conjuntiva. La orina era escasa y usualmente contenía trazas de albúmina. Este estado duraba de 24 a 36 horas con el paciente especialmente atormentado por el persistente dolor lumbar. La convalecencia comenzaba con sudor y una sensación de malestar que llevaba a una terminación abrupta de la enfermedad. La segunda forma de la enfermedad se

Una vez revisadas las características de los casos clínicos, los miembros de la comisión tomaron muestras histopatológicas y sueros, los cuales fueron enviados a Nueva York para su estudio, dado que en los laboratorios de la Fundación ya se habían comenzado a usar las pruebas de protección en monos (Peña Chavarría, Serpa & Bevier, 1929: 447-453).

Al día siguiente de terminada la pesquisa, George Bevier informó por carta del 12 de agosto a H. H. Howard de la oficina de Nueva York los resultados de sus investigaciones. Dejó en claro que en vista de que ya los médicos locales y Serpa habían hecho los estudios clínicos y que Ordóñez había hecho los bacteriológicos, ellos se dedicaron a los análisis epidemiológicos y a la recolección de sueros de los casos más típicos para que fueran estudiados en Nueva York con las nuevas reacciones de inmunidad. Le adjuntó además a Howard copia y traducción de los informes de Serpa y Ordóñez, y le comentó que el gremio médico de Bucaramanga estaba dividido con respecto al diagnóstico y que, de cuando en cuando, aparecían en la prensa local disputas relativamente violentas. Finalmente, le informaba que habían tomado muestras de anatomía patológica y sueros para los estudios correspondientes.[32] Ya el 19 de agosto, con más calma,

caracterizaba por un comienzo similar, pero con una temperatura más alta y un cuadro de intoxicación más serio que producía una marcada debilidad y una sensación de ansiedad. Una aparente mejoría era seguida por el regreso de una temperatura de 38 o 39 °C o aún más alta. El pulso se volvía lento y aparecía una ictericia de variada intensidad y manifestaciones hemorrágicas que comenzaban por el sangrado de las encías. Las materias fecales se volvían oscuras, al principio del color del chocolate y gradualmente progresaban a un color negro que recordaba la brea, o si era líquido se parecía a tinta negra. Después el vómito se volvía negro. La tendencia hemorrágica se manifestaba en algunos casos como epixtasis, otorragia, hematuria, y aun con manifestaciones de infiltración purpúrica de la piel [...] En muchos pacientes el pulso se volvía tan débil que era imperceptible en la muñeca [...] La orina, cuando no había completa anuria contenía gran cantidad de albúmina [...] La intoxicación era tan severa que los temblores musculares y las convulsiones generalizadas aparecían [...] La hiperestesia era un síntoma prominente en los casos más graves [...] Aunque el paciente está usualmente consciente hasta el final, se presentaban ciertos cambios mentales como la pérdida del sentido del tiempo. La muerte estaba usualmente precedida por un período de agitación con una mente clara. Un paciente le decía a uno de nosotros dos horas antes de su muerte, 'estoy sufriendo mucho y usted no va a ser capaz de curarme porque este vómito negro no puede ser detenido. Póngame una inyección que me haga morir pronto y tranquilo" (Peña Chavarría, Serpa & Bevier, 1929: 442).

32 Bevier, George (1929). *George Bevier a H. H. Howard*. Carta. Bogotá, 12 de agosto. Museo Instituto Nacional de Salud. Documentos de la campaña contra la fiebre amarilla. Fundación Rockefeller. Correspondencia. Volumen 2: 386-389.

Bevier le remite a Howard todas las historias clínicas de los pacientes estudiados por los médicos de El Socorro, las muestras de sangre y de órganos.

El 30 de agosto, Bevier fue informado por cable de la oficina de Nueva York acerca del concepto de Hoffman, patólogo de La Habana, a quien le habían enviado una muestra de tejido de un paciente de la epidemia y que confirmaba el diagnóstico de fiebre amarilla.[33] Pero pareciera ser que la información llegó antes por otro lado, pues ese mismo día Ordóñez escribió a Bevier diciéndole que todavía no había entregado su informe oficial al gobierno y que cuando lo tuviera listo se lo enviaría para su revisión antes de publicarlo, pero le comentaba de un telegrama que el 28 de septiembre había aparecido en un periódico local, en el cual Daniel Peralta felicitaba a Serpa porque Hoffman había comprobado su diagnóstico[34] y planteaba que, teniendo en cuenta que ya una vez Noguchi se había equivocado, sería "muy prudente ponerle cuarentena a las afirmaciones del doctor Hoffman".[35] Le adjuntaba además un escrito titulado "Argumentos en contra de la fiebre amarilla".[36] Ordóñez seguía insistiendo en que la epidemia no era de fiebre amarilla.

No obstante, diez días más tarde, el 14 de septiembre, Peña Chavarría escribió al Director Nacional de Higiene una carta en la cual le remitía ya la comunicación definitiva del Laboratorio Finlay de Cuba, firmada por Hoffman, y fechada el 21 de agosto, en la cual informaba: "En las preparaciones que he

---

33 The Rockefeller Foundation (1929). *Cable to George Bevier*. New York, August 30. Museo del Instituto Nacional de Salud. Documentos de la campaña contra la fiebre amarilla. Fundación Rockefeller. Correspondencia. Volumen 2 (1929-1934): 370.

34 El telegrama dice: "El doctor Hoffman, de La Habana, autoridad mundial en anatomopatología amarílica, informa que halló lesiones características de fiebre amarilla, en las piezas anatómicas de los muertos del Socorro. Triunfaste y triunfó la clínica, como lo habíamos previsto. Felicítote. Daniel Peralta". El telegrama venía acompañado de una nota de Serpa que decía: "Ir acompañado de tan ilustre colega es siempre señal de triunfo. Salúdote. Roberto Serpa". Peralta, Daniel (1929). *Peralta a Roberto Serpa*. Telegrama. Bogotá, 30 de agosto. Museo Instituto Nacional de Salud. Documentos de la campaña contra la fiebre amarilla. Fundación Rockefeller. Correspondencia. Tomo 2: Anexo a la carta de Ordóñez a Bevier del 30 de agosto: 475-477.

35 Ordóñez, Rafael (1929). *Ordóñez a George Bevier*. Carta. Bucaramanga, agosto 30. Museo Instituto Nacional de Salud. Documentos de la campaña contra la fiebre amarilla. Fundación Rockefeller. Correspondencia. Tomo 2: 483-486. Cito la traducción en inglés, pues la versión en español está incompleta.

36 Ordóñez, Rafael (1929). *Argumentos en contra de la fiebre amarilla*. Carta. Bucaramanga, 30 de agosto. Museo Instituto Nacional de Salud. Documentos de la campaña contra la fiebre amarilla. Fundación Rockefeller. Correspondencia. Tomo 2: 478-482.

examinado del caso de El Socorro me he convencido de que se trata de un caso típico e indudable de fiebre amarilla" (citado en Serpa Flórez, 1989: 47).

Entre tanto, el debate continuaba y entraba en escena un nuevo miembro del cuerpo médico bumangués, Juan Jacobo Jaimes, quien sostenía que la epidemia de El Socorro sí había sido de fiebre amarilla, a pesar de las características en la forma y en las circunstancias excepcionales como se había presentado, señalando por tal motivo que su caracterización merecía un análisis científico. Elogiaba los trabajos de Ordóñez y afirmaba que la controversia debía resolverse serenamente en un terreno científico, donde cada médico pudiese someter su opinión a las objeciones de sus colegas sin que ninguna opinión de carácter personal llegase a enturbiarla. En cuanto a la epidemia de El Socorro, el doctor Jaimes opinaba que el contagio presentado allí era análogo al que tuvo lugar en Bucaramanga en 1923, por lo cual consideraba acertado el diagnóstico impartido por la Fundación Rockefeller.[37]

Así mismo, mencionaba que Peña Chavarría en Bogotá y el especialista Hoffmann, de La Habana, confirmaban la existencia de las lesiones típicas de la amarillosis en el hígado enviado para estudio por mediación de los Laboratorios Samper, proveniente de uno de los enfermos de El Socorro. No obstante, declaraba que tales exactitudes no restaban importancia a las cuestiones propuestas por Ordóñez, identificando que la fiebre de El Socorro ofrecía un campo nuevo para la epidemiología de la fiebre amarilla, ya que no se conocía en Santander un foco de origen que explicase la aparición del contagio. En cuanto a la forma de propagación que revestía la fiebre socorrana, indicaba ser esta merecedora de un escrupuloso análisis, puesto que la entidad carecía de los caracteres alarmantes que se manifestaban en otras regiones del mundo.[38]

Hacia una solución equitativa del debate

En medio del debate, surgió una voz que pretendía mantener la ecuanimidad: la de Luis Ardila Gómez, quien se lamentó de que no existiese en la región una institución con suficiente autoridad que permitiera dirimir la polémica, es decir, la ausencia de una institución que impusiera su saber y sus intereses hegemónicos

---

[37] Daimar (seudónimo) (1929). "El Dr. Juan Jacobo Jaimes sostiene que la epidemia del Socorro fue fiebre amarilla". *Vanguardia Liberal,* 14 de septiembre: 3.

[38] *Idem.*

por encima de los intereses personales y gremiales. Ardila Gómez no había escrito su artículo anterior en vano al posicionarse como experto. Así, continuando con la discusión, hacía una serie de comentarios que permitían caracterizar un conjunto de atributos que los médicos locales asignaban a la noción de ciencia, al señalar, al igual que Ordóñez, que la actitud del investigador debía mantenerse alejada de enfoques personalistas. Afirmaba que las pasiones individuales oscurecían la mente y llevaban a conclusiones unilaterales que se distanciaban de la legitimidad intelectual, consideradas condiciones previas y obligadas de todo juicio. Por tal razón, sugería la importancia de mantenerse por encima de todo prejuicio, puesto que quien buscaba el acercamiento a la ciencia debía aproximarse con el ánimo desprevenido, evadiendo toda polarización sistemática, y dispuesto a aceptar, cualesquiera que ellas fueran, las consecuencias lógicas de premisas cuya exactitud se hubiese podido comprobar con los recursos críticos que se tuvieran en cada momento.[39]

Tratando de establecer los términos para conducir la discusión, Ardila Gómez intenta definir el dilema en juego en el campo: en primer lugar, se trataba de clarificar la existencia de fiebre amarilla, o, en caso contrario, establecer las características de la otra enfermedad. Con relación a este punto, Ardila Gómez consideraba que el dilema carecía de sentido, ya que el cuadro clínico de los enfermos de la epidemia de Bucaramanga y los de El Socorro ofrecían características y perfiles sintomáticos bien definidos que permitían conferir a la enfermedad una fisionomía propia que hacía imposible que se confundiera con cualquiera de las otras entidades endémicas o epidémicas en la población.[40] Ardila Gómez resaltaba la necesidad de no perder de vista que ninguno de los médicos que combaten el diagnóstico de fiebre amarilla se ha atrevido a formular la menor objeción contra la perfecta similitud clínica entre los casos estudiados y los clásicos.

Refiriéndose a Ordóñez, considerado en ese momento como el más connotado impugnador del diagnóstico de fiebre amarilla, dice que él

> [...] ha declarado paladinamente, en ocasiones repetidas, que el conjunto clínico de las dos epidemias se acerca mucho más a la descripción internacional

---

[39] Ardila Gómez, Luis (1929). "El problema de la fiebre amarilla: consideraciones generales". *Vanguardia Liberal,* 19 de septiembre.

[40] *Idem.,* 3.

> de la fiebre amarilla que a cualquiera otra de las enfermedades conocidas, si se exceptúa la espiroquetosis íctero-hemorrágica, cuya semejanza con la amarillosis desafía la más sutil disquisición de diagnóstico diferencial [...] Los reparos [...] que se hacen ahora contra la posibilidad de que nos hallemos ahora ante la infección amarilla, se fundan en conceptos epidemiológicos y en resultados de patología experimental pero de ninguna manera en signos clínicos. Tenemos, pues, la conclusión evidente de que la disyuntiva angustiosa que nos apremia es esta: o las dos epidemias han sido de fiebre amarilla o, en caso negativo, nos encontramos frente a una entidad desconocida hasta hoy de patología tropical.[41]

En una segunda entrega, Ardila Gómez se planteaba el interrogante de si la epidemia de Bucaramanga de 1923 y la que acababa de extinguirse en El Socorro eran idénticas. Señalaba que Roberto Serpa Novoa estaba a favor de la identidad de estos dos brotes y consideraba necesario reconocer la autoridad de su dictamen, puesto que él estudió esta enfermedad a la cabecera de los enfermos durante la epidemia de 1923. Igualmente, recordó el fallo de la comisión americana, que vino a confirmar el concepto emitido por la mayoría del cuerpo médico de Bucaramanga, que solo se basó en fundamentos clínicos.[42]

Pero, según Ardila, los datos que se habían podido recoger sobre el cuadro clínico de los pacientes de El Socorro no eran lo suficientemente claros. Además de esto, el argumento de laboratorio surgía en contra de la identidad de estas dos epidemias, ya que los curíes inoculados por Mac Cormick durante la epidemia de Bucaramanga no murieron, en cambio los de Ordóñez sí. Al respecto, Ardila recalcaba que no había que olvidar que la fiebre amarilla no era inoculable a los animales utilizados en el país, lo cual parecería demostrar que las infecciones de Bucaramanga y El Socorro eran diferentes. Finalmente, Ardila insiste que no sería cuerdo, sin embargo, decidirse con estos solos argumentos en pro o en contra de la identidad de las dos epidemias y que debían continuarse los estudios antes de considerarse los dilemas resueltos.[43]

---

41 *Idem.*

42 Ardila Gómez, Luis (1929). "El problema de la epidemia de fiebre amarilla: ¿dos epidemias idénticas?". *Vanguardia Liberal,* 20 de septiembre: 3.

43 *Idem.*

Figura 32. Roberto Serpa Novoa, médico santandereano que trabajó en la epidemia de fiebre amarilla de El Socorro de 1929.

Fuente: archivo personal de Emilio Quevedo. Imagen cedida por el Dr. Roberto Serpa Flórez, hijo de Roberto Serpa Novoa.

En una tercera entrega, Ardila Gómez continúa su alegato tendiente a establecer unos términos más claros para el debate en torno a la fiebre amarilla. Así en el artículo "El problema de la fiebre amarilla: clínica y laboratorio", Ardila intenta establecer el valor de los estudios clínicos y de las pruebas de laboratorio en el diagnóstico de esta entidad:

> [...] entendemos por clínica el estudio directo de los enfermos, de sus cuadros sintomáticos, de sus reacciones individuales y de las diversas formas que asume el drama patológico en cada caso determinado. La experiencia acumulada, la intuición y los elementos sustanciales del raciocinio —la inducción y la deducción— son los factores que conducen a la síntesis que denominamos diagnóstico [...] El laboratorio se ocupa, en cambio, de aportar al estudio de las enfermedades los medios artifíciales que el progreso científico ha ido perfeccionando día por día para llegar al aislamiento de las causas, a la identificación de las especies microbianas patógenas y al análisis bioquímico de los medios orgánicos en sus relaciones con la enfermedad [...] Mientras la clínica aprovecha las facultades mentales de generalización abstracta de que dispone el médico gracias a su erudición científica, el laboratorio lleva la

colaboración de las ciencias exactas —física, química, matemáticas— a la exploración del organismo enfermo.[44]

Además de que Ardila Gómez destacó la tensión entre el análisis clínico y el de laboratorio que estaba detrás de la polémica alrededor del diagnóstico de la fiebre amarilla en El Socorro, puso en evidencia las diferencias de apreciación con relación a este papel de los estudios de laboratorio entre la medicina norteamericana, que los favorecía, y las tradiciones locales que enfatizaban en el estudio de los cuadros clínicos siguiendo las orientaciones de la clínica francesa, arraigada en el país desde mediados del siglo XIX:

> A este propósito es oportuno citar aquí la tendencia bien marcada de la medicina norteamericana a darle al laboratorio una injerencia y una autoridad exageradas en la solución de todos los problemas de la patología, no siendo sino un caso particular de la inclinación que siente el pueblo norteamericano a la esquematización de todos los valores, en tanto que las escuelas de Europa siguen siendo preferentemente clínicas, concibiendo apenas al laboratorio un modesto papel auxiliar en los procesos de investigación patológica [...] Estas dos tendencias andarían ambas erradas si pretendieran atribuirse cada una de ellas para sí, de modo exclusivo, la verdad científica puesto que lejos de excluirse, se complementan [...] Ahora bien: si, como sucede en el caso que contemplamos, surge una contradicción entre las constataciones clínicas y los datos aportados por el laboratorio, a cuál de los dos deberá darse la preferencia? [...] Es una verdad incuestionable que la síntesis clínica, cuando a ella se ha aportado todo el caudal de un médico de suficiente ilustración, con el concurso de unos sentidos externos cultivados y despiertos, tiene un valor extraordinario, superior a todas luces al resultado artificial de una investigación de laboratorio sujeta, quizá como ninguna otra de las obras humanas, a los más útiles peligros del error. En efecto es un hecho aceptado por todos que un examen bacteriológico negativo nada vale, cuando se tiene delante un cuadro clínico suficientemente explícito [...] por eso nos ha parecido digno de toda alabanza la actitud cauta y prudente del doctor Rafael

---

44 Ardila Gómez, Luis (1929). "El problema de la fiebre amarilla: clínica y laboratorio". *Vanguardia Liberal,* 21 de septiembre: 3.

> Ordóñez, quien no ha intentado siquiera la audacia de emitir concepto sobre la naturaleza específica del germen que ha encontrado en la sangre de los enfermos del Socorro, limitándose a constatar su presencia y sus caracteres generales en todos los enfermos examinados, así como sus aptitudes de cultivo, inoculabilidad, etc.
>
> Tenemos pues que las conclusiones obtenidas en el laboratorio de patología experimental sobre la epidemia del Socorro es lo que ha venido a dar interés excepcional a los trabajos del doctor Rafael Ordóñez, y en nuestro sentir, esos resultados que él sintetizó en el cuadro publicado en este mismo diario y que fueron los que dieron origen a este debate, constituyen un interrogatorio impresionante para nuestra fe clínica, al cual no es posible contestar con evasivas más o menos hábiles y que viene a plantear una controversia científica de trascendencia incalculable.[45]

La discusión que se estaba dando en el campo, como lo resaltaba Ardila Gómez en su cuarta entrega de "El problema de la fiebre amarilla", estaba fundamentada en el problema que planteaba el diagnóstico. Para Ardila Gómez, el problema residía en que Ordóñez consideraba que el cuadro clínico se acercaba más a la fiebre amarilla que a cualquiera de las demás enfermedades conocidas, pero las investigaciones de laboratorio intercalaban una antítesis desconcertante entre el diagnóstico clínico y los resultados de la experimentación:

> Mientras que la sangre de los amarílicos no es contagiosa después del tercer día, la de los enfermos del Socorro se muestra infectante durante toda la enfermedad; mientras que el virus amarillo no es inoculable a los pequeños animales de laboratorio, la infección que estudiamos contagió a todos los curíes y conejos inoculados y los mata después de un proceso uniforme; mientras que la sangre de los amarílicos se muestra invariablemente aséptica cuando se siembra en los medios habituales de cultivo, la de los enfermos del Socorro da bellísimas colonias en la estufa, de una manera constante; y mientras que la conexión de la cadena amarílica y el mecanismo de las medidas profilácticas deben responder a los datos conocidos sobre la biología del mosquito y exigencias para la continuidad

45 *Idem.*, 3.

> del virus, en el caso del Socorro no es posible explicar satisfactoriamente tales aspectos de la cuestión [...] Sería insensato pretender que todos estos argumentos carecen de valor, que todos ellos son consecuencia de errores de manipulación y que ninguna beligerancia debe concederse en la pugna científica que ha quedado planteada.[46]

Esta conclusión se complicaba más al recordar Ardila que Ordóñez había encontrado en la sangre de todos los enfermos de El Socorro un microorganismo de morfología bacilar que era siempre el mismo en todos los casos, que se podía cultivar y que infectaba cada vez que se inoculaba. En otras palabras, que cumplía todos los postulados de Koch.

En una quinta entrega, Ardila hizo la propuesta de que la Dirección Departamental de Higiene nombrara una comisión de médicos, en la que quedaran proporcionalmente representadas las dos tendencias, para que pidiera al doctor Ordóñez que repitiera sus experimentos bajo un control oficial:

> Un simple deber de consideración profesional nos obliga a aceptar las conclusiones del colega como formuladas de buena fe, pero en estos problemas difíciles ninguna precaución será exagerada, y suponemos que él mismo tendrá interés en repetir sus experiencias en condiciones insospechables, para que se juzgue de su valor, si es que realmente lo tienen. Si el informe de esta comisión fuera desfavorable a sus puntos de vista [...] el diagnóstico clínico del doctor Serpa recuperaría todo su valor y los médicos del Socorro que lo acompañaron confirmarían la superioridad de la clínica sobre el laboratorio como elemento diagnóstico. Si por el contrario el fallo de la comisión fuere conforme con las conclusiones provisionales que el doctor Ordóñez ha publicado ya [...] la medida indicada sería el envío inmediato del nuevo microorganismo en cultivos adecuados y en placas esmeradamente preparadas, a centros extranjeros de bacteriología universalmente conocidos, como el Instituto Pasteur de París y la Rockefeller Foundation de Nueva York, para que investigadores de verdadera autoridad

---

46 Ardila Gómez, Luis (1929). "El problema de la fiebre amarilla: los trabajos del Dr. Ordóñez". *Vanguardia Liberal,* 22 de septiembre: 3.

emitieran su opinión sobre el nuevo microbio patógeno. Lo demás que habrá de ocurrir es imposible preverlo desde ahora.[47]

Planteado así el problema, la controversia queda suspendida hasta que se repliquen en forma positiva los experimentos de Ordóñez o se defina la existencia de un nuevo microorganismo por investigadores de talla internacional. Vale la pena destacar, por ahora, que en la argumentación de Ardila Gómez se tuvieron en cuenta solo los resultados del laboratorio bacteriológico y no los del laboratorio anatomopatológico, que parecían ser concluyentes con lo planteado por Serpa Novoa.

El 25 de septiembre de 1929, Ardila Gómez informaba en Bucaramanga que se habían despachado para Nueva York los sueros de los enfermos de El Socorro para ser sometidos a las pruebas de receptividad en el *Macacus rhesus* y que se esperaba su resultado como fallo definitivo en esta emergencia. "Mientras tanto la Dirección Nacional de Higiene, asesorada por el representante en Colombia de la Fundación Rockefeller, se ha abstenido de aceptar oficialmente un diagnóstico determinado, y permanece en actitud de prudente expectativa hasta recibir las informaciones de New York, que probablemente les serán comunicadas por cable".[48]

Ese mismo 25 de septiembre la controversia inicia su cierre: la Oficina de Nueva York dio parte, por cable, a George Bevier, de manera preliminar y confidencial de que, al parecer, los 10 sueros enviados de El Socorro y 1 de los de Guadalupe sometidos a las pruebas de protección en monos eran positivos para fiebre amarilla.

A finales de septiembre, el proceso diagnóstico fue oficialmente reconfirmado por la Fundación Rockefeller. La Dirección Nacional de Higiene recibió el 29 de ese mes un telegrama de las oficinas de la Fundación en Nueva York en el que se confirmaba que los tejidos patológicos enviados de El Socorro eran ambos positivos y los sueros tomados en esa misma población también habían resultado positivos. Así mismo, el telegrama informaba que 1 de los sueros de

[47] Ardila Gómez, Luis (1929). "El problema de la fiebre amarilla: conclusiones". *Vanguardia Liberal,* 24 de septiembre: 3.

[48] Ardila Gómez, Luis (1929). "El problema de la fiebre amarilla: una reacción de valor absoluto para el diagnóstico de la enfermedad". *Vanguardia Liberal,* 25 de septiembre: 3.

Guadalupe había dado resultado positivo y que 2 de los de la epidemia de 1923 en Bucaramanga también habían salido positivos.[49]

Este telegrama estaba basado en el "Reporte preliminar del examen del material recibido de Colombia" fechado en septiembre de 1929 y firmado por H. Paul Hudson y A. J. Kitchen, en el que se listaban los casos estudiados con sus nombres y en el que aparecían como positivos para la prueba de protección en monos los 7 sueros enviados, 1 positivo de los 3 enviados de Guadalupe y 2 positivos de los 3 enviados desde Bucaramanga en 1923. También se reportaban como positivos para fiebre amarilla los dos especímenes de tejido humano.[50]

La controversia diagnóstica se clausura parcialmente

Sin embargo, este telegrama no se conoció en Bucaramanga sino hasta mediados de octubre y, por lo tanto, la polémica local continuó. Entre el 23 y el 29 de septiembre, Serpa y Ardila se cruzaron sendas cartas en las cuales se hizo manifiesto su malestar y su desconcierto por la forma como el debate se estaba llevando a cabo, y salieron a la luz pública los títulos y los cargos en que se sustentaba el prestigio de cada uno de los actores en la contienda. No obstante, Ardila, a pesar de lo acalorado de los términos, intentó mantener su ecuanimidad ante los dos polos en debate, Ordóñez y Serpa, es decir, el debate entre la bacteriología y la clínica, y resaltó el problema no resuelto acerca de la imposibilidad de determinar el foco de origen de la epidemia de El Socorro.[51]

Pese al llamado de Ardila a la cordura, Ordóñez y Serpa continuaron con la discusión, denunciando mutuamente las inconsistencias de las afirmaciones de uno y otro frente al diagnóstico de fiebre amarilla.[52] Mientras se daba esta discusión entre los dos adalides de la contienda, el 2 de octubre Pablo García Medina, como director nacional de Higiene, escribía a Serpa y le enviaba copia

---

49 Citado en García Medina, Pablo (1929). *García Medina a Roberto Serpa*. Carta. Bogotá, 2 de octubre. Archivo personal del Dr. Roberto Serpa Flórez. Documentos de Roberto Serpa Novoa. Copia amablemente cedida por el doctor Roberto Serpa Flórez.

50 Hudson, N. Paul (1929). *Preliminary report on examination of material received from Colombia*. Report. September. RAC-New York. RFA-IHB. 1.1, S. 311, b. 12, f. 107.

51 Ardila Gómez, Luis (1929). Del Dr. Luis Ardila Gómez para el Dr. Roberto Serpa. *Vanguardia Liberal,* 2 de octubre: 3 y 7.

52 Ordóñez, Rafael (1929). "Sobre fiebre amarilla: las trece conclusiones". *Vanguardia Liberal,* 9 de octubre: 3 y 7.

del telegrama del 29 de septiembre, en el que la Fundación Rockefeller confirmaba el diagnóstico de fiebre amarilla. García Medina concluye:

> No queda pues el problema de averiguar qué clase de fiebre fue la que se presentó en El Socorro y otras poblaciones. Resta estudiar cómo se presentó la fiebre amarilla y cómo quedo allí latente por un tiempo que no se puede calcular. No se trata pues, de descubrir una entidad para enriquecer la patología de las regiones tropicales y sorprender al mundo científico con tal descubrimiento. Este importante estudio ha venido a justificar el diagnóstico de fiebre amarilla que usted comunicó a esta dirección y los medios que ésta tomó oportunamente para organizar la campaña sanitaria con la valiosa colaboración de usted. Y demuestra también la necesidad de continuar la lucha contra el estegomia tanto en las regiones de Socorro, Guadalupe, Simacota y San Vicente, como las poblaciones cercanas a Bucaramanga. Estoy de acuerdo en reorganizar la campaña encomendando su dirección a un solo médico que consagre a ello todo su tiempo.[53]

Pero, a pesar de la contundencia del diagnóstico definido por la Fundación, la polémica en torno al origen del foco se mantuvo vigente. En el mismo artículo en que Ordóñez le responde a Serpa, el bacteriólogo comenta este hecho poniendo en duda la veracidad del diagnóstico de la Fundación:

> Cuando la epidemia de Bucaramanga, vino una comisión de la misma Fundación Rockefeller compuesta por los doctores White, Pothier y Pareja, y esa comisión informó a la Comisión Nacional de Higiene que la epidemia era de fiebre amarilla, porque así lo había podido comprobar con las reacciones serológicas basadas en los cultivos auténticos de *Leptospira icteroides,* de Noguchi, que la comisión traía de Nueva York. Y pocos años más tarde se demostró hasta la evidencia que la espiroqueta de Noguchi no es la causa de la fiebre amarilla, y que toda esa teoría no era sino un lamentable error [...] En Guadalupe no hay estegomias, y sin embargo, la Fundación Rockefeller afirma que la epidemia de aquella población fue también fiebre amarilla, como lo confirma la reacción

53 García Medina, *García Medina a Roberto Serpa, op. cit.*

> de defensa del suero de los convalecientes, pues los telegramas de Bogotá dicen claramente que tanto la epidemia del Socorro como la de Guadalupe resultaron ser fiebre amarilla. Y por otra parte, resulta evidente que la epidemia de Guadalupe se extinguió sin ninguna campaña contra el mosquito, pues a nadie se le había ocurrido pensar que esa enfermedad fuera fiebre amarilla, y nadie hizo en aquella población profilaxia contra el estegomia.
>
> ¿No es racional sostener en vista de esto, que la epidemia del Socorro se extinguió espontáneamente? ¿Con qué bases se puede asegurar que la campaña del Socorro fue la que acabó con esta enfermedad? Ya había dicho yo en mis conclusiones que resultaba inexplicable que la fiebre amarilla desapareciera después de veinte días de campaña contra las larvas, siendo imposible matar los mosquitos alados infectados. Y los hechos han venido a confirmar plenamente mis afirmaciones.
>
> Ya sabemos que la epidemia del Socorro fue de fiebre amarilla, cosa que no he negado rotundamente jamás. Pero le queda al doctor Serpa una labor bastante difícil. Ha llegado la hora de que me contesté con razones científicas el siguiente interrogatorio: ¿Dónde se infectó el primer mosquito del Socorro? ¿Cómo explica que hubiera fiebre amarilla en Guadalupe sin haber estegomias? ¿Por qué la enfermedad del Socorro no se propagó a San Gil donde hay más estegomias y temperatura más favorable? ¿Por qué la epidemia de Guadalupe se acabó sin combatir el mosquito? ¿Por qué se encuentra en la sangre de todos los enfermos del Socorro un microorganismo siempre idéntico, que no se parece al de la fiebre tifoidea, que se puede cultivar y que mata a los pequeños animales de laboratorio?
>
> Cuando todas estas preguntas hayan sido contestadas satisfactoriamente, me daré por convencido. Mientras tanto, no.[54]

Paso seguido, Ordóñez pidió que se nombrara la comisión de médicos de Bucaramanga, que había sido solicitada por Ardila Gómez, para que estudiara sus trabajos e insistió que, mientras que esto no se hiciese, sus conclusiones quedan aún en pie.[55] Intentando cerrar la polémica, el doctor David Mac Cormick

---

[54] Ordóñez, "Sobre fiebre amarilla: las trece conclusiones", *op. cit.*

[55] *Idem.*, 7.

escribió un artículo en *Vanguardia Liberal,* el 12 de octubre, en el cual, después de hacer una larga disquisición sobre las reacciones serológicas y los estudios bacteriológicos en la fiebre amarilla, dice lo siguiente:

> [...] hasta aquí había escrito cuando supe que la institución Rockefeller comunicó al Director Nacional de Higiene que la reacción de protección del suero de los individuos curados en El Socorro y en Guadalupe y las lesiones del hígado prueban que la epidemia fue fiebre amarilla. Ese diagnóstico no dirime la controversia como muchos han podido creer; debe de tomarse como una opinión más o menos autorizada siempre susceptible de revisión, por la sencilla razón de que en esa corporación no conocen el microbio que Rafael halló en todos los enfermos; él no se lo ha enviado y por consiguiente no conocen su morfología, su acción patógena, las lesiones que produce y sobre todo no saben que la reacción de protección de los sueros, en la cual fundan su diagnóstico, es claramente positiva con el coco-bacilo de Rafael, como lo atestigua el estado de salud perfecta de los curíes inoculados en el peritoneo con cultivo adicionado de una pequeña cantidad de suero desde hace más de veinte días, siendo así que hasta ahora ni uno sólo se ha salvado inoculado con cultivo puro.[56]

Continuando con el cierre del debate, la Fundación le envió a Bevier, el 28 de diciembre de 1929, el informe completo de las pruebas serológicas y de los estudios anatomopatológicos escrito por Hudson y Kitchen para sustentar definitivamente el diagnóstico de fiebre amarilla. Serpa, uniéndose a Antonio Peña Chavarría y a George Bevier, envió al *Journal of Preventive Medicine,* el 10 de abril de 1930, un artículo que recogía toda la información sobre la epidemia de El Socorro, incluyendo las conclusiones diagnósticas de la Fundación. El artículo fue publicado en noviembre de ese mismo año (Peña Chavarría, Serpa & Bevier, 1930: 417-457).

[56] Mac Cormick, David D. (1929). "Sobre fiebre amarilla: estudios de laboratorio". *Vanguardia Liberal,* 12 de octubre: 3 y 4.

Figura 33. Frederick F. Russell, director de la International Health Board desde 1923.

Fuente: álbum familiar de los Burnhan.

Pese al cierre de la controversia diagnóstica planteado por la Fundación, la agitación continuó en la oficina de Nueva York con relación al origen mismo de la epidemia. El 18 de enero de 1930, el patólogo canadiense Oskar Klotz escribía a Russell preguntándole si se sabía algo sobre la manera en la cual la fiebre amarilla había reaparecido en Colombia; preguntaba si había surgido de casos importados o si había aparecido como consecuencia de algún caso que hubiese pasado desapercibido en el interior del país, y comentaba:

> Este acontecimiento de fiebre amarilla, en la forma como existió en el interior de Bahía, así como en el distrito rural detrás de Recife, parece muy curioso. O sea, la enfermedad aparentemente es capaz de permanecer endémica en distritos en los cuales a primera vista pareciera tener una población muy pequeña para preparar la infección. ¿Fue este también el caso de Colombia, y es entonces necesario que cambiemos nuestras visiones sobre la endemicidad? Acabo de recibir una carta del doctor Beeuwkes y él me cuenta que

su estudio de los centros endémicos está probando ser una investigación extremadamente interesante.[57]

Russell respondió a las preguntas de Klotz, el 20 de enero, diciéndole que la fiebre amarilla en Colombia debió deberse a un centro endémico permanente insospechado:

> [...] en valles montañosos al este del río Magdalena en una rica región cafetera allí hay dos grandes ciudades con más de 75 000 habitantes y un buen número de pequeños lugares, de tal manera que la población total comprometida es alrededor de 300 000. Nosotros tenemos ahora una evidencia razonablemente buena de la existencia de brotes en 1910, 1918, 1923 y 1929. Nosotros estamos planeando un programa conservador para la región que incluye la introducción de sistemas de distribución de agua potable en las ciudades. Yo no pienso que sea necesario cambiar nuestros puntos de vista. El centro endémico del Salvador no se sospechó hasta que los centros de México, Panamá y Guayaquil fueron eliminados. Nosotros sospechamos un centro endémico permanente adicional en la Venezuela oriental a partir de rumores que nos han llegado de varias fuentes. Si podemos mantener las ciudades portuarias en Brasil libres de toda infección la enfermedad del interior del Brasil debe desaparecer. No podemos formarnos una opinión sobre posibles centros endémicos permanentes adicionales hasta que los ahora conocidos sean eliminados. Es posible que toda la fiebre amarilla del interior del Brasil venga de los centros permanentes conocidos en la costa. El tiempo, sin embargo, aclarará esto. Mientras tanto mantendremos el plan antiguo pero por supuesto continuaremos con el laboratorio en Bahía.[58]

Klotz continuó preocupado con el asunto, y en carta a Russell del 27 de enero, en la cual le agradece la información sobre el brote de Colombia, le comentaba que pareciera haber un foco silencioso entre 1923 y 1929, y que era difícil comprender cómo la infección se mantuvo en ese período en huéspedes

---

[57] Klotz, Oskar (1930). *Klotz to Russell*. Letter. Toronto, August 12. RAC-New York. RFA-IHB. RG. 1.1, S. 311, b. 10, f. 91.

[58] Russell, Frederick F. (1930). *Russell to Klotz*. Letter. New York, January 20. RAC-New York. RFA-IHB. RG. 1.1, S. 311, b. 10, f. 91.

humanos sin la aparición de casos clínicos ocasionales.[59] Teniendo en cuenta esta problemática, la Fundación comenzó a pensar en la posibilidad de enviar a un miembro del equipo de fiebre amarilla a Colombia para hacer un estudio de las regiones recientemente afectadas por la enfermedad, con lo cual Bevier está de acuerdo.[60]

El brote epidémico de El Socorro, la controversia que en torno a él se generó y las preguntas que quedaron abiertas y sin respuestas obliga a una corta reflexión sobre el asunto. En el ámbito nacional, en primer lugar, fue notoria la presencia de fuerzas en conflicto en el campo a nivel local, y la manera como cada uno de los actores tenía explicaciones fundadas en premisas diferentes, unos desde los principios ancestrales de la clínica y otros desde la naciente bacteriología y las técnicas del laboratorio, coherentes en sí mismos pero que entraban en confrontación al momento del diálogo. El enfrentamiento desató además el conflicto entre los intereses personales de los médicos comprometidos, en su afán por obtener el reconocimiento profesional y mantener o lograr su posicionamiento individual en el 'campo social' del saber y de la práctica sobre la fiebre amarilla. En segundo lugar, el conflicto personal dejaba ver no solo la pugna por el capital simbólico en juego, sino también las características regionales propias de la cultura local. En tercer lugar, en el conflicto se expresaron las contradicciones internas del conocimiento desarrollado hasta ese momento: por una parte, el obstáculo que representaba la teoría de los centros claves en la comprensión del origen mismo de los brotes epidémicos en regiones del interior, aisladas de las costas, y la imposibilidad de concebir el problema de la endemicidad de una manera diferente; por otra parte, se apreciaba el reto planteado por las teorías bacteriológicas para una explicación integral de la etiología de la enfermedad. Finalmente, también se hace aparente la limitación de la teoría del *Aedes aegypti* para explicar la existencia de brotes en su ausencia.

En el ámbito internacional era claro que la Fundación se mantenía en su posición oficial relacionada con la teoría de los centros claves, pero introdujo nuevos elementos de diagnóstico de carácter inmunológico y anatomopatológico

---

59 Klotz, Oskar (1930). *Klotz to Russell*. Letter. Toronto, January 27. RAC-New York. RFA-IHB. RG. 1.1, S. 311, b. 10, f. 91.

60 Bevier, George (1930). *George Bevier a H. H. Howard*. Letter. Bogotá, January 25. RAC-New York. RFA-IHB. RG. 311, S. 311, b. 10, f. 91.

que dieron respuesta parcial a los interrogantes que planteaban las nuevas epidemias, como las de El Salvador, Brasil y El Socorro (confirmación del diagnóstico).

En resumen, esta polémica deja ver la dificultad que implica abandonar unas concepciones dominantes por parte de los actores que detentan el poder sobre el capital simbólico y material en un campo social, a pesar del surgimiento de preguntas que cuestionaban el modelo epidemiológico dominante, tanto en el ámbito local como metropolitano.

Queda claro que el papel desempeñado por la Fundación como actor hegemónico del campo, al imponer su diagnóstico y cerrar el debate, desconoció la riqueza del conflicto local e impidió que los actores autóctonos pudiesen continuar en la consolidación de un conocimiento propio y en la construcción de una institución local que les permitiera aclarar por sí mismos los fundamentos técnicos de dicho conocimiento, tal como lo proponía Ardila Gómez, con la comisión mediadora, para superar sus rencillas personales y enriquecer una patología nacional.

Figura 34. Luis Patiño Camargo (izquierda) y Roberto Serpa Novoa (derecha) en trabajo de campo en fiebre amarilla

Fuente: archivo personal de Emilio Quevedo. Imagen cedida por el Dr. José Félix Patiño, hijo de Luis Patiño Camargo.

Capítulo VIII
De la fiebre amarilla rural a la fiebre amarilla selvática, 1930-1948

La fiebre amarilla ha sido endémica durante muchos años en las zonas rurales del municipio de Muzo, habiéndose presentado en esta región casos de la enfermedad en fecha tan reciente, como el año de 1921 [...] la enfermedad ha sido continuamente endémica durante este tiempo en tal región. Y aún más: la enfermedad no se ha mantenido en las poblaciones, sino que parece probablemente endémica de las zonas rurales.

Patiño Camargo, 1936: 54

El laboratorio reemplaza a la clínica en el diagnóstico de la fiebre amarilla

Mientras se mantenía la polémica local y metropolitana, discutida en el capítulo anterior, sobre el origen de las epidemias de fiebre amarilla, fueron surgiendo nuevas tecnologías diagnósticas de la enfermedad en la década de 1930, que serían aplicadas en el estudio de las epidemias que se presentaron a partir de estas fechas en el país.

En abril de 1928, M. E. Connor, quien había reemplazado a White como director del Servicio de Fiebre Amarilla de la Fundación Rockefeller en el norte de Brasil, había comenzado a tomar muestras de hígado *post mortem* de los pacientes de fiebre amarilla para hacerles estudios anatomopatológicos. Simultáneamente, a Decio Parieras, jefe del Servicio de Fiebre Amarilla del Distrito Federal de Río de Janeiro, se le ocurrió la idea, en febrero de 1930, de hacer que los ayudantes sacaran muestras de hígado con un bisturí de los cadáveres de pacientes sospechosos de haber muerto por fiebre amarilla, para practicarles los estudios de patología (Franco, 1969: 113).

El 1° de junio de 1930, Fred L. Soper fue nombrado director general del Servicio de Fiebre Amarilla de Brasil. Según el médico brasileño Odair Franco, en una visita de Soper al Servicio de Fiebre Amarilla de Niterói, este y Parieras conversaron sobre la necesidad de un aparato que permitiese a los legos practicar la toma de muestras de hígado sin tener que abrir los cadáveres. Más tarde, Parieras y Werneck Genofre diseñaron un primer instrumento, el 'viscerotomo', el cual había sido proyectado en esta misma época por E. R. Ricard, director del Servicio de Fiebre Amarilla de Pernambuco (Benchimol, 2001: 137). El instrumento permitía la obtención fácil de una muestra hepática por personas que no requerían de un entrenamiento muy grande, para ser estudiada en el laboratorio. La viscerotomía era pues una biopsia *post mortem* que permitía la confirmación histopatológica de las muertes por fiebre amarilla, sin necesidad de practicar la autopsia. Así, con esa muestra se podía saber de una manera definitiva si la epidemia en curso era o no de fiebre amarilla.

Complementariamente, una vez que Max Theiler descubrió la acción del virus de la fiebre amarilla sobre el cerebro de ratón, realizó pruebas de protección por inyección intracerebral reemplazando los monos por ratones (Theiler, 1931). Mezclando una suspensión de virus amarílico con suero tomado de las personas que serían estudiadas, al inyectarlo intracerebralmente en el ratón blanco, el suero protegía a los ratones de presentar encefalitis amarílica. No obstante, esta técnica era muy compleja por la dificultad que implicaba la dosificación del virus para la suspensión (Patiño Camargo, 1936: 30). Sawyer y Lloyd hallaron luego un método más simple usando la inoculación intraperitoneal de una mezcla de suero de pacientes con virus neurotrópico procedente de cerebro de ratón, modificando así la prueba que desde entonces pasó a llamarse 'prueba de protección intraperitoneal en el ratón blanco', más conocida como 'prueba de protección en ratón' y que se convirtió en la clave para la investigación de la inmunidad y la endemicidad de la fiebre amarilla (Sawyer & Lloyd, 1931).

Epidemia de fiebres en Santa Marta en 1930-1931

En el curso del año de 1930, la División de Salud de la United Fruit Company de Colombia observó casos de una fiebre con ictericia en Santa Marta, que parecía ser fiebre amarilla. Las manifestaciones clínicas de la enfermedad, además de la ictericia, eran fiebre alta, vómito que frecuentemente contenía sangre, biluria, moderada albuminuria y residuos granulares. En esta epidemia, dos de los casos fueron fatales. El Dr. Herbert C. Clark, del Gorgas Memorial Laboratory de Panamá, hizo estudios histopatológicos de los dos casos muertos, descartando la fiebre amarilla. Tejidos hepáticos de una de estas dos personas fueron estudiados por el Dr. Oskar Klotz, de la Universidad de Toronto, quien reportó que los especímenes tenían lesiones que eran indistinguibles de las de la fiebre amarilla. Así mismo, se recolectaron muestras de sangre de un número de pacientes, tanto durante la enfermedad como después de su recuperación, las cuales fueron enviadas para su examen en el Laboratorio de Fiebre Amarilla de la División Internacional de Salud de la Fundación Rockefeller, en Nueva York. La mayoría de las pruebas de protección realizadas dieron negativas. Las pocas que dieron positivas correspondían a personas que habían vivido en Santa Marta durante una epidemia de fiebre amarilla ocurrida 25 años atrás.[1]

La Dirección Nacional y Departamental de Higiene manejó con cautela la información relativa a esta epidemia. Para no alarmar, esta última se comunicó con la United Fruit Company con el fin de aislar, alojar y tratar los casos. Al final se reportaron tres casos fatales. La Fundación Rockefeller, al enterarse de estos casos, solicitó permiso para enviar un experto que estudiara el estado sanitario de Santa Marta por la posible aparición de fiebre amarilla. Así, enviaron a George H. Ramsey, en abril de 1931 (García Medina, 1931: 20-21), quien estuvo allí por seis meses y vio varios casos, algunos de ellos mortales. Sus esfuerzos por transmitirla a animales de laboratorio fueron infructuosos. Los tejidos enviados por él a Clark y Major Dart, a Panamá, y a Klotz, en Toronto, fueron inespecíficos para fiebre amarilla, pero mostraron indicios de una hepatitis intersticial debida a algún proceso infeccioso. Ante eso, Ramsey hizo un cuidadoso y extensivo estudio de seguimiento de los registros de mortalidad entre 1923 y 1931 inclusive, llegando a la conclusión de que durante esos años se había presentado un buen número de casos de fiebre con ictericia, pero que habían aumentado entre 1930 y 1931. No obstante, las pruebas de protección en ratón fueron negativas.[2]

---

1 Bauer, J. H. & Kerr, J. Austin (1933). *A febril disease confused with yellow fever on the Atlantic coast of Colombia*. Report. New York. RAC-New York. RFA-IHB. RG. 2. Stacks 1933, General Correspondence, b. 558, f. 3776: 1-2.

2 *Idem.*, 2-4.

De todas formas, el gobierno decidió reiniciar una campaña contra el Aedes aegypti en la costa Atlántica. Por la Resolución 55, del 14 de julio de 1931, el gobierno nacional, a través de su nuevo Departamento Nacional de Higiene,[3] ordenó crear el cargo de inspector de saneamiento de puertos marítimos del Atlántico y Barranquilla y de inspectores locales. Se nombró así al experto sanitario G. O. Richardson en el primer cargo (García Medina,1932: 447-448).

Al parecer la epidemia de Santa Marta se extendió hasta finales del año, pues el Departamento Nacional de Higiene emitió la Resolución 79 de 1931 el 11 de septiembre, por la que se confería una misión al médico epidemiólogo del Departamento Nacional de Higiene, Ignacio Moreno Pérez, para investigar la naturaleza de la enfermedad. Adicionalmente, se le autorizó a viajar en avión para poder conferenciar con G. H. Ramsey, que aún se encontraba allí, sobre la naturaleza de la enfermedad y las medidas profilácticas que debían adoptarse (García Medina, 1932: 354-355).

Ramsey, médico de la Fundación Rockefeller, retornó en octubre de 1931 a Nueva York, convencido de que la fiebre con ictericia reinante en Santa Marta era una enfermedad comunicable y recomendó a las oficinas centrales de la Fundación que se llevara a cabo un estudio más profundo de la epidemia debido a que su etiología, su modo de transmisión y sus características epidemiológicas no habían sido determinadas.[4]

La Oficina Internacional de Salud de la Fundación, después de analizar el informe de Ramsey, decidió enviar una comisión, compuesta por Johannes H.

---

3 La Dirección Nacional de Higiene dependió primero del Ministerio de Agricultura y Comercio (1920), luego del Ministerio de Instrucción y Salubridad Pública (1925), posteriormente del Ministerio de Educación Nacional (1930). En 1931, por Ley 1 del 5 de enero, esta Dirección se transformó en Departamento Nacional de Higiene, dependiendo directamente de la Presidencia de la República, pero, en 1932, pasó a hacer parte del Ministerio de Gobierno. De acuerdo con Alejandro Villa Álvarez, en este nuevo Departamento, el cargo de Director Nacional de Higiene fue dividido en dos: el Director Nacional de Higiene, que siguió actuando como director científico y técnico; y el Administrador Nacional de Higiene, que actuaba como Director Administrativo del Departamento (Villa Álvarez, 1932: 128-129). Con esta reforma, que ocurrió durante la República Liberal, Pablo García Medina fue retirado de su cargo de Director Nacional de Higiene. Fue reemplazado por Enrique Enciso, salubrista formado por la Fundación Rockefeller en la Escuela de Higiene y Salud Pública de la Universidad Johns Hopkins, en el cargo de Director Técnico, y por Alejandro Villa Álvarez, como Director Administrativo.

4 Bauer & Kerr, *A febril disease confused with yellow fever...*, *op. cit.*: 4.

Bauer y John Austin Kerr, para continuar la investigación. La comisión salió de Nueva York, el 5 de marzo de 1932, rumbo a Santa Marta, con buen bagaje de animales y equipos de laboratorio destinados a montar en esta ciudad un laboratorio de carácter temporal. A su vez, el gobierno colombiano nombró a Luis Patiño Camargo para que acompañara y asistiera a estos médicos en sus investigaciones. El laboratorio fue establecido en la Estación de Cuarentena de Santa Marta, de común acuerdo con el gobierno colombiano[5] (Villa Álvarez, 1932: 136).

Al llegar estos investigadores a Santa Marta, fueron informados, tanto por el médico Eduardo Urueta, director departamental de Higiene, como por Laurence H. Drenan, superintendente médico de la United Fruit Company, de que el último caso se había presentado en noviembre de 1931. Por lo tanto, y en vista de que no había casos para estudiar, los investigadores se dedicaron a hacer una búsqueda de fiebre amarilla en toda la costa. Tomaron sueros de personas en varias ciudades, los cuales fueron enviados a Nueva York, y midieron la incidencia de *Stegomyia,* la cual resultó casi siempre alta, ya que las medidas tomadas como consecuencia de la epidemia de 1923 habían sido descontinuadas. La excepción fue Santa Marta, pues las medidas puestas en marcha a comienzos de 1931 por Richardson todavía estaban activas. Las pruebas de protección resultaron siempre negativas. Los investigadores estuvieron en la costa durante ocho meses sin poder demostrar la existencia de fiebre amarilla, a pesar de que al final de su permanencia en la zona vieron algunos casos de fiebre con ictericia moderados que no fueron conclusivos para fiebre amarilla.[6]

Finalmente, Bauer y Kerr publicaron en español un informe en el cual concluían que la epidemia de Santa Marta no había sido de fiebre amarilla (Bauer & Kerr, 1933) y enviaron copia en inglés a Nueva York.[7] Patiño Camargo anota que las muestras que se estudiaron fueron tomadas en las zonas urbanas y no en las zonas rurales vecinas (Patiño Camargo, 1936: 52).

---

5 *Ibid.,* 5.

6 *Ibid.,* 5-44.

7 Se trata del informe que hemos venido citando y que se encuentra en el *Basement* del RAC en Nueva York: Bauer & Kerr, *A febril disease confused with yellow fever..., op. cit.*

Figura 35. John Austin Kerr, investigador de la Fundación Rockefeller, que participó en la epidemia de fiebres de Santa Marta, entre 1930 y 1931, y luego en el estudio de la fiebre amarilla rural de Santander y Muzo, en compañía de Luis Patiño Camargo. Los dos demostraron la existencia de endemicidad rural en dichas zonas, en 1932.

Fuente: imagen perteneciente al Museo del Instituto Nacional de Salud.

John Austin Kerr y Luis Patiño Camargo redescubren la fiebre amarilla rural

Para 1932, continuaban vigentes las disposiciones legales contra la fiebre amarilla emitidas en las dos décadas anteriores: el Acuerdo 5 de 1905, sobre profilaxis de la fiebre amarilla; el Acuerdo 24 de 1916, sobre saneamiento de las poblaciones invadidas por la fiebre amarilla o amenazadas por ella; la Ley 17 de 1908, que ponía en vigencia la Convención Sanitaria Internacional de Washington; y la Ley 109 de 1912, por la cual Colombia se suscribía a la convención de París. A esta legislación vigente años atrás se sumaron nuevas resoluciones y leyes sobre la lucha contra el mosquito y sobre la sanidad internacional, pero estas adiciones no habían variado en mucho la esencia de las ya mencionadas. Es decir que las políticas de control sanitario impuestas por el gobierno colombiano, hasta la década de los treinta, continuaron centradas en el modelo epidemiológico que se apoyaba en la 'teoría de los centros claves' y en las prácticas de erradicación del mosquito.

Pero, en la medida en que, desde 1928, tanto en Brasil[8] como en Colombia y otros países fueron apareciendo nuevas epidemias y parecía que las acciones sanitarias habían fracasado, la Fundación Rockefeller impulsó una serie de estudios epidemiológicos apoyados en las nuevas técnicas de laboratorio que fueron transformando el panorama del conocimiento y la política de control sobre la fiebre amarilla en el mundo y en el país. Estos cambios fueron propuestos por Wilbur A. Sawyer a Frederick Russell, en un memorando enviado el 5 de diciembre de 1931, en el cual le hacía un balance de la situación y le proponía que se continuara con las campañas de erradicación de mosquitos en Brasil, único lugar en donde la fiebre amarilla continuaba activa en las costas, pero que se iniciaran, además, una serie de estudios continentales utilizando las pruebas de protección en ratón y la búsqueda de otros posibles animales receptores, para identificar las zonas endémicas amarílicas y así poder continuar el combate, ya que la estrategia costera estaba llegando a su fin, pues no lograba controlar los focos urbanos lejanos a las costas.[9]

Fue de esta manera como la División Internacional de Salud de la Fundación, en asocio con el Departamento Nacional de Higiene de Colombia, decidieron patrocinar un estudio que aclarara, con las nuevas pruebas de protección en ratón, la realidad de la fiebre amarilla en el país, principalmente en las regiones de Muzo y de Santander, y la confirmación de su existencia en el pasado. Este estudio lo realizaron Kerr y Patiño Camargo en 1932.

Kerr se había unido al equipo de la Fundación en 1926 y trabajó durante una década en la investigación sobre fiebre amarilla y malaria en Colombia y Brasil. Patiño Camargo había nacido en Iza (Boyacá), el 24 de noviembre de 1891. Ingresó a la Facultad de Medicina de la Universidad Nacional en 1914 y se graduó como médico de esta universidad en 1922, con una tesis sobre el tifo

---

8 En mayo de 1928 surgió un brote de fiebre amarilla en Río de Janeiro, ciudad que estaba libre de la enfermedad desde 1908 como consecuencia de las campañas antimosquito de Oswaldo Cruz; Vincent opinó que tal vez la enfermedad se mantenía viva en rescoldos en el interior del país y que era necesario más investigación y un mayor control (Vincent, 1929: 26-29).

9 Sawyer, Wilbur A. (1931). *Sawyer a Frederick F. Russell.* Memorandum and report. New York, December 5. RAC-New York. RFA-IHB. RG. 5, S. 4, b. 36, f. 404.

exantemático, en la cual definió por primera vez en Colombia las diferencias entre el tifo exantemático y la fiebre tifoidea (Andrade Valderrama, 1988: 59-60). Desde 1927 y hasta 1932, vivió en Cúcuta y fue encargado por el director nacional de Higiene, Pablo García Medina, para dirigir la campaña de saneamiento y erradicación del *Aedes aegypti* en la región. Fue profesor de Botánica y Zoología, Patología Tropical y Clínica Tropical en la Universidad Nacional y fue contratado por la Fundación Rockefeller para estudiar el brote de fiebre en Santa Marta, en 1932, en donde trabajó con Bauer y Kerr en el laboratorio que se implementó allí.[10]

Entre junio y septiembre de ese año de 1932, Patiño Camargo y Kerr recorrieron las regiones de Muzo y de Santander, a lomo de mula, buscando fiebre amarilla. Utilizaron algunas de las muestras que habían sido tomadas previamente en Muzo en 1931 por Moreno Pérez, durante una epidemia febril que fue diagnosticada como malaria. Viajaron, además, a Muzo y a las distintas poblaciones de Santander y obtuvieron más de 1000 muestras, que enviaron al laboratorio de Nueva York para su análisis. Igualmente, realizaron estudios sobre la presencia de *Aedes aegypti* en la zona. Las pruebas de protección en ratón fueron positivas en un 47 % para los habitantes de las zonas rurales de Muzo, en pacientes mayores de 10 años. Este hecho confirmaba los resultados de las investigaciones de Roberto Franco y comprobaba que había una endemicidad rural en ausencia de *Aedes aegypti* desde muchos años atrás y que la última epidemia estuvo activa por lo menos hasta 1921. Por otra parte, las pruebas de protección realizadas en el Departamento de Santander mostraron que la fiebre amarilla había sido endémica sin interrupción en la zona durante el período transcurrido entre 1910 y 1929, y no encontraron razón de peso para pensar que la enfermedad hubiese desparecido de la región hasta ese momento. Adicionalmente, los datos mostraban que la enfermedad no se había mantenido endémica en las poblaciones y zonas urbanas, sino en las zonas rurales, hecho que confirmaba las ideas de Roberto Franco y sus colaboradores, y de Mac Cormick. Pero no lograron identificar cuál podría ser el vector de la enfermedad en las zonas rurales (Patiño Camargo & Kerr, 1933: 334-335).

---

[10] *Datos sobre Luis Patiño Camargo* (s/f). Archivo personal del doctor José Félix Patiño. Papel mecanografiado amablemente cedido a Emilio Quevedo por el Dr. José Félix Patiño. Para una visión más amplia de los trabajos y la personalidad científica de Patiño Camargo, ver Guzmán Esponda (1981a, 1981b), Neghme R. (1987) y Patiño Restrepo (1992).

Figura 36. Luis Patiño Camargo, codescubridor de la fiebre amarilla endémica rural con John Austin Kerr.

Fuente: foto propiedad de la Academia Nacional de Medicina de Bogotá.

Epidemia del Valle de Canaán

En diciembre de 1930, el doctor Álvaro Mello, director del Departamento de Salud Pública del Estado de Espíritu Santo, denunció algunos casos de fiebre ocurridos en el municipio de Santa Teresa, localizado en el Valle de Canaán (Brasil), como sospechosos de ser amarílicos. Por esta razón, solicitó el apoyo del Servicio de Fiebre Amarilla del municipio de Vitória. No obstante, los funcionarios de este servicio no encontraron casos que justificaran dicha sospecha, por lo tanto, no le dieron importancia a la situación. Pero en enero de 1932, cuando el doctor A. W. Walcott, de la Fundación Rockefeller, visitó el Estado del Espíritu Santo con el fin de organizar un servicio de viscerotomía, el doctor Mello aprovechó para comentarle sobre la denuncia que había realizado dos años atrás acerca de los casos del municipio de Santa Teresa, localizada a 600 metros de altura sobre el nivel del mar. Walcott visitó entonces el lugar mencionado, pero no encontró allí rastros de *Aedes aegypti* y, siguiendo los preceptos del modelo de los centros claves, consideró que era imposible que existiera allí esta enfermedad si no estaba el mosquito transmisor. Por lo tanto, desistió de la instalación del mencionado puesto de viscerotomía (Benchimol, 2001: 144; Franco, 1969: 122).

Según Jaime Benchimol, la geografía de esta región, "inmortalizada por Graça en su novela *Canaã*", está compuesta por valles y estrechos formados por el río Santa María y otros más que desembocan en el río Dulce en la parte central del estado. El ferrocarril que unía a Vitória con la ciudad de Colatina pasaba por Santa Teresa y el alto del Valle de Canaán dejando ver un escenario "de cuento de hadas", según lo describía Fred L. Soper, y en cuyos márgenes se encontraban algunas viviendas dispersas. Al pasar por allí, Walcott se imaginó que en un escenario tal "nunca brotaría la fiebre amarilla" (Benchimol, 2001: 145).

El 3 de marzo del mismo año de 1932, el médico Arnaldo de Andrade, vinculado al Departamento de Salud Pública del Estado del Espíritu Santo, consideró como sospechoso de fiebre amarilla un nuevo brote surgido en el Valle de Canaán. El material hepático recogido durante la autopsia realizada por el propio Andrade y por Américo de Oliveira fue remitido a los doctores Amadeu Fialho y N. C. Davis, quienes confirmaron el diagnóstico clínico de fiebre amarilla. Como consecuencia, se iniciaron las investigaciones entomológicas en la región, no obstante, no se encontró ningún vector transmisor conocido. Pero, antes de terminar el mes de marzo, dos casos más fueron confirmados por el examen histopatológico (Franco, 1969: 122), y las pruebas de inmunidad (tests de protección en *Macacus*), efectuadas en el laboratorio de Bahía, fueron positivas, descartando definitivamente que la epidemia fuese 'tifo negro', nombre con el que los nativos llamaban esta enfermedad y confirmando una vez más el diagnóstico de fiebre amarilla (Benchimol, 2001).

Según Odair Franco, cuando la epidemia fue descubierta, esta ya estaba en su fase final y solamente 21 casos y 3 muertes fueron constatadas después del primer caso identificado. Las investigaciones posteriores demostraron que entre enero y marzo de ese año habían ocurrido 83 casos sospechosos, de los cuales 9 habían sido fatales, en un área de 50 kilómetros cuadrados. Así mismo, se descubrió que esta no era la primera vez que una epidemia de este tipo asolaba aquel valle, que estas se repetían con intervalos de algunos años, mataban a algunas personas y luego desaparecían. El estudio con pruebas de protección de ratón reveló inmunidad contra la fiebre amarilla en algunos casos, lo que indicaba la posible presencia anterior de la enfermedad (Franco, 1969: 123).

A partir de estos hallazgos, el equipo de investigación de la Junta Sanitaria Internacional de la Fundación Rockefeller, que tenía base en Brasil, coordinado por Fred Soper y conformado además por Henrique Penna, E. Cardoso, J. Serafim Jr., Martin Frobisher y J. Pinheiro, inició la recolección de 648 muestras de sangre en la zona sospechosa, en donde habitaban 3262 residentes, en las 496 casas allí situadas, para realizar con ellas pruebas de protección en ratón, con el fin de tratar de identificar la posible endemicidad rural en dicha zona. No obstante, los resultados fueron diferentes a lo esperado, pues solo un 12 % fue positivo para inmunidad (Benchimol, 2001: 145; Franco, 1969: 123).

Con estos datos los investigadores comenzaron a pensar en que el transmisor de esa epidemia no debería tener hábitos domésticos y que, por lo tanto, su contacto con la población pudiera ser menor que el del *Aedes aegypti* (Soper, 1970 [1933]: 158-159). Así, siguiendo la teoría de que en los lugares donde se presentaba la fiebre amarilla deberían existir focos de este mosquito, se llevaron a cabo minuciosas investigaciones en el Valle de Canaán y en la ciudad de Santa Teresa, pero sus resultados fueron totalmente negativos. Se pensó entonces que el contagio se hubiese realizado por la picadura de otros insectos chupadores de sangre, pero en este caso los hallazgos también fueron infructuosos (Benchimol, 2001: 145; Franco, 1969: 123).

Como consecuencia, el equipo comandado por Soper comenzó a escribir un informe en el cual se referían a esta enfermedad como "fiebre amarilla rural sin *Aedes aegypti*" y se presentaba como "explicación más lógica" para la epidemia del Valle de Canaán la suposición de que "el virus amarílico se introduce de vez en cuando desde zonas de endemicidad latente de las inmediaciones en las que está el *Aedes aegypti*. Una vez introducida la enfermedad, la transmite algún vector relativamente ineficaz pero muy esparcido" (Soper, 1970 [1933]: 156).

Por lo tanto, según esta explicación, en el Valle de Canaán el virus era transmitido por uno o más vectores muy diseminados, pero ineficientes, ya que los casos nunca alcanzaban una densidad comparable a la de las epidemias urbanas. De las especies de mosquitos incriminadas en el laboratorio como potenciales vectores, solamente el *Aedes scapularis* y el *Aedes fluviatilis* existían en el área en número suficiente para ser considerados (Benchimol, 2001: 145). Soper y su equipo lograron establecer la existencia de fiebre amarilla rural, pero no pudieron demostrar la presencia de inmunidad adquirida endémica (endemicidad rural) en la zona del Valle de Canaán estudiada por ellos.

Soper versus Patiño Camargo y Kerr o el triunfo del poder

Mientras tanto, y a partir de sus hallazgos, Patiño Camargo y Kerr escribieron un artículo, con una versión en inglés y otra en español, afirmando que la fiebre amarilla no era una enfermedad solamente urbana, sino que también se contraía en los bosques, y no necesariamente en las habitaciones, ni se transmitía solo por moquitos caseros. A partir del alto número de resultados positivos de las pruebas de protección en ratón realizadas en las poblaciones de Muzo y de Santander, concluyeron que la enfermedad era endémica en estas zonas desde mucho tiempo atrás, confirmando así el diagnóstico de fiebre amarilla de los bosques realizado por Roberto Franco y sus colaboradores, casi 30 años atrás. Al no encontrar *Aedes aegypti,* supusieron que la enfermedad debía ser introducida en las zonas rurales desde zonas cercanas, en donde el *Aedes* debería estar presente. La versión en español fue remitida a la *Revista Médica de Bogotá* y fue publicada en su número 506 del 15 de octubre de 1933 (Patiño Camargo & Kerr, 1933: 334-335). En este trabajo, Kerr y Patiño Camargo mencionaban el artículo, que aún estaba en proceso de publicación, sobre una epidemia rural de fiebre que se presentó en el Valle de Canaán (Brasil) en ausencia de *Aedes aegypti,* escrito por Fred L. Soper, director de los trabajos sobre fiebre amarilla de la Fundación Rockefeller en Suramérica, y sus colaboradores.

La versión en inglés fue enviada a la Fundación para su publicación, el 22 de febrero de 1933. Fred L. Soper, como director de los trabajos de fiebre amarilla de la Fundación Rockefeller, recibió en primera instancia esta versión en inglés y era él el que debía enviarla a las oficinas centrales en Nueva York. Al revisarla, se opuso a que estos resultados se publicaran, enviando una carta a Wilbur Sawyer en la que le pedía que no se publicara dicho trabajo, pues consideraba que los resultados allí expuestos podían ser "peligrosos".[11] El informe fue recibido en Nueva York el 14 de mayo y fue archivado en el sótano del archivo de la Fundación.[12]

---

11 National Library of Medicine, History of Medicine Division, MS (de aquí en adelante NLM), Fred L. Soper Papers, 1919-75, C 359, b. 37: Yellow Fever-Colombia, f. 1, Soper, Fred L. Notes to be taken into consideration in discussing Kerr-Patiño Muzo, Colombia, report in fls. Correspondence with Greer Williams (1966), June 22: 1-2.

12 La versión en inglés llegó a Nueva York y fue archivada. Esta versión se encuentra aún en el archivo de la Fundación Rockefeller, con una anotación a lápiz en el margen superior derecho que dice *"Not published in english"* y un sello que dice *"Basement"*: Kerr, J. Austin. Colombia - Yellow fever survey of Muzo and Santander region. March, 1933. RAC-New York. RFA. RG. 2, b. 58, f. 3777.

Figura 37. Fred Lowe Soper

Fuente: Wellcome Collection.

Por su parte, Soper envió al *American Journal of Hygiene* su artículo sobre la epidemia del Valle de Canaán, que fue recibido para su publicación el 30 de marzo. Era aquel que había sido citado por Patiño y Kerr, como en prensa. El artículo fue publicado en noviembre de ese mismo año de 1933 (Soper et al., 1933). En él se describía la epidemia de fiebre rural en ausencia de *Aedes aegypti,* en la cual las pruebas de inmunidad habían mostrado un bajo porcentaje de positividad para endemicidad rural, a diferencia del porcentaje presentado por Kerr y Patiño. Es decir que Soper no había podido demostrar la endemicidad en la epidemia estudiada en Brasil, mientras que Kerr y Patiño presentaban la endemicidad rural, en el caso colombiano, como un importante descubrimiento.

A pesar de que ambos grupos utilizaron las pruebas de protección en ratón, Soper no había podido demostrar la endemicidad debido a que la epidemia estudiada por él se había presentado en un "claro" de la selva recién abierto en donde antes no había habitantes humanos. El problema para Soper no era la prioridad del descubrimiento de la fiebre amarilla rural, sino la imposibilidad de demostrar la endemicidad rural, descubrimiento en el cual Kerr y Patiño se le adelantaron. Es por esto por lo que Soper utilizó el argumento de que los resultados de Kerr y Patiño podían ser peligrosos, para evitar su publicación en inglés. Soper obtuvo así la prioridad del descubrimiento de la fiebre amarilla rural, al comenzar a figurar como su descubridor. La asimetría entre el poder metropolitano y periférico vuelve a hacerse aparente. Los mecanismos son los mismos, pero ahora pareciera que otra clase de interés comienza también a entrar en juego: el interés personal.

El Servicio de Fiebre Amarilla

Las últimas epidemias y los resultados de las investigaciones de Soper y colaboradores (Benchimol, 2001: 145), y de Kerr y Patiño Camargo, así como la imposibilidad de demostrar fácticamente la presencia de *Aedes aegypti* en las zonas en donde ocurrieron las epidemias estudiadas por estos dos grupos de investigadores, motivaron a la Fundación Rockefeller a establecer un programa de reevaluación de la situación de la fiebre amarilla en América y su posible control en esta región, a partir de la idea de que esta tal vez no dependía solo del *Aedes aegypti,* de que la enfermedad no fuera necesariamente ni solamente una enfermedad urbana y de que ni siquiera tuviera origen en las habitaciones humanas y pudiera persistir en una comunidad rural por varios meses y desaparecer espontáneamente. El dogma del rol del *Aedes aegypti,* como transmisor exclusivo de la fiebre amarilla, comenzaba pues a tambalear.

Benchimol resalta y recupera la participación de los investigadores brasileños en ese proceso y, siguiendo a Löwy (Löwy, 1997), plantea que el derrocamiento de dicho dogma no habría ocurrido si no hubiesen aparecido herramientas que hicieran evidente la presencia del virus en los cadáveres y en las comunidades, como la viscerotomía y las pruebas de protección en monos y luego en ratones. Pero agrega, además, que ese cambio de punto de vista, al menos en Brasil, "se debió también al creciente escepticismo de los médicos brasileños que se rebelaban contra el dogma sustentado por los dirigentes de la Fundación Rockefeller en la década de 1920". De acuerdo con Benchimol, "[...] el fermento de la duda se exacerbó con la publicación de Adolfo Lutz, en 1928, en la que describía las observaciones realizadas por él, en 1899, en el interior del estado de São Paulo, sobre casos de fiebre amarilla sin *Stegomyia fasciata,* nombre que tenía en la época el *Aedes aegypti* [...], teniendo, probablemente, el papel de transmisor otros mosquitos del bosque, más o menos parientes del *Aedes aegypti*" (Benchimol, 2001: 146; Lutz, 1930: 130). Sin embargo, Benchimol no menciona, de manera específica, los trabajos realizados y los resultados alcanzados por los investigadores que trabajaron sobre el asunto en Colombia, y en los cuales se apoyó Soper para sacar futuras conclusiones.

Como consecuencia de esta toma de conciencia por parte de los directivos de la Fundación, H. H. Howard escribió el 15 de agosto de 1933 a George Bevier, representante de la Fundación en Colombia y director del Departamento de Uncinariasis, señalándole que valdría la pena establecer un servicio de investigación sobre fiebre amarilla en el país, en vista de que parecía razonable esperar brotes futuros de la enfermedad.[13] Al siguiente día, Russell escribió a Soper, quien continuaba en Brasil, señalándole que la Fundación estaba interesada en que él colaborara con Bevier en el estudio de la fiebre amarilla en Colombia.[14] Soper aceptó la propuesta de cooperación[15] y viajó entonces desde Brasil a Colombia, entre el 16 y 23 de septiembre de 1933, con el propósito de llamar la atención sobre la necesidad de estudiar la distribución de la fiebre amarilla y de delinear un programa como los que él ya había puesto a andar en Brasil y Bolivia.[16] En su reunión con Bevier, Soper discutió la situación sobre la enfermedad amaril y señaló lo deseable que sería organizar un servicio de investigación, particularmente de viscerotomía, para establecer cuáles serían las áreas en las que la enfermedad pudiera ocurrir en el futuro. Ciertamente, las nuevas pruebas diagnósticas (prueba de protección y viscerotomía) habían contribuido a demostrar que la fiebre amarilla podía persistir silenciosamente por varios años en áreas endémicas sin que sucediera una epidemia, a no ser que llegaran individuos no inmunes o que el virus fuera llevado accidentalmente fuera del área endémica a sitios relativamente no inmunizados (Bevier, 1933: 138). Además, se había demostrado su existencia en sitios donde nunca antes había ocurrido la enfermedad.

Así pues, la propuesta de la Fundación, en cabeza de Soper, llegó al Ministro de Gobierno, a través del entonces director técnico nacional de Higiene, Enrique Enciso. Este último manifestó que sería deseable que si a través del nuevo programa se llegase a detectar casos positivos, estos hallazgos fueran usados solo como guía para el gobierno en el programa de control de la enfermedad y no como generador de pánico entre la gente o de medidas de cuarentena por

---

13 Howard, H. H. (1933). *Howard to George Bevier*. New York, August 15. Museo del Instituto Nacional de Salud. Documentos de la campaña contra la fiebre amarilla. Fundación Rockefeller. Correspondencia. Volumen 2 (1929-1934): 584.

14 Russell, Frederick F. (1933). *Russell to Fred L. Soper*. Letter. New York, August 16. RAC-New York. RFA-IHB. RG. 1.1, S. 311, b. 10, f. 92.

15 Soper, Fred L. (1934). *Soper to Frederick F. Russell*. Letter. September 10. RAC-New York. RFA-IHB. RG. 1.1, S. 311, b. 10, f. 92.

16 Bevier, George (1933). *George Bevier a H. H. Howard*. Carta. Bogotá, 26 de septiembre. Museo del Instituto Nacional de Salud. Documentos de la campaña contra la fiebre amarilla. Fundación Rockefeller. Correspondencia. Volumen 1: 136-137.

parte de otros países.[17] Así, el programa que la Fundación propuso al gobierno colombiano se centraba en la investigación sobre la distribución de la inmunidad de la fiebre amarilla mediante las pruebas de protección en ratón, identificación de la distribución de la enfermedad usando la técnica de la viscerotomía y, finalmente, la realización de investigaciones epidemiológicas y entomológicas de las áreas positivas en las dos pruebas (Bevier, 1933: 139). Se esperaba que de esta investigación resultara, entre otras cosas, información para un programa de control antilarvario, pues, según Bevier, las campañas contra la enfermedad se estaban haciendo sobre la base arbitraria de presencia de mosquitos en lugares donde tal vez no eran necesarias (Bevier, 1933: 140). Además, la Fundación pensó que probablemente era mejor hacer esa investigación en conexión con las actividades de uncinariasis y malaria en las que ya estaban involucrados el Departamento Nacional de Higiene y la misma Fundación.

En los informes de la Fundación se recomendó, como base para la cooperación en el caso específico de la fiebre amarilla en Colombia, que el gobierno autorizase primero las viscerotomías o autopsias en todos los casos de interés para la salud pública, modificara los certificados de defunción para incluir información útil para el servicio de fiebre amarilla y ofreciera 10 000 pesos como gratificación a los familiares de los enfermos que pusieran a disposición del programa los cadáveres de las víctimas (Bevier, 1933: 140). La Fundación ofreció, por su parte, los servicios del laboratorio de Nueva York y Brasil para las pruebas inmunológicas y de diagnóstico patológico, el servicio de expertos técnicos y 1000 dólares para apoyar económicamente el programa (Bevier, 1933: 141). Los miembros de la Fundación querían hacer ver que la cooperación técnica no solo serviría para calmar cualquier temor de otro país frente a la incidencia de la enfermedad, sino también para aminorar el uso político de la desinformación y el miedo en las distintas regiones del país. Ciertamente, según Bevier, en algunas regiones del país en donde la amenaza de fiebre amarilla era real o falsa, esta amenaza había sido utilizada por los políticos para demandar servicios de salud (Bevier, 1933: 142-143).

Georges Bevier presentó al gobierno colombiano la propuesta de creación de un Servicio de Fiebre Amarilla a finales de 1934. En su memorando del 21 de octubre de 1934, dirigido al Director Nacional de Higiene, Bevier anexó el

---

[17] *Idem.*

proyecto orgánico del servicio, proponiendo que fuera parte de la Sección de Saneamiento Rural del Departamento Nacional de Higiene. Recogiendo lo propuesto por Soper, el servicio se encargaría entonces de estudiar la enfermedad a través de la recolección de muestras de hígado de quienes murieran por enfermedades agudas, del estudio epidemiológico de brotes de casos sospechosos o positivos, de los estudios de inmunidad en masa, por medio de la prueba de protección de ratones y de la construcción de laboratorios dedicados a la detección de los principales factores biológicos responsables de la endemicidad selvática.[18]

Todo esto quería decir que, aunque Soper había impedido la publicación en inglés de los resultados de Patiño Camargo y Kerr, él y los altos funcionarios de la Fundación sí se habían apropiado ya de la idea de la endemicidad rural, concepto sobre el cual comenzaban a fundamentar el nuevo programa de investigación sobre la fiebre amarilla en Colombia, sin darle el reconocimiento apropiado a estos dos investigadores.

Este memorando muestra pues que las actividades de la Fundación con relación a la fiebre amarilla en Colombia comenzaron a transformarse. De unas acciones tendientes al control del *Aedes aegypti,* puestas en marcha durante las epidemias de Bucaramanga en 1923 y de El Socorro en 1929, la Fundación pasaba ahora a centrarse en actividades puramente investigativas, dejando así en manos del gobierno las medidas de control del mosquito. El nuevo concepto de endemicidad rural y la posibilidad de que otros mosquitos diferentes al *Aedes Aegypti* fueran también vectores transmisores de la enfermedad contribuyeron a este cambio de énfasis por parte de la Fundación.

En la práctica, esta nueva postura conceptual ante la fiebre amarilla significó que la Fundación, junto con el gobierno, creara en Colombia la Sección de Estudios Especiales y, dentro de ella, el Servicio de Fiebre Amarilla, en 1935. Además de las funciones que Soper y Bevier habían pensado en su propuesta, se incluyó la construcción de laboratorios dedicados a la detección de los principales factores biológicos responsables de la endemicidad selvática (Soper, 1935a: 82).

Las primeras actividades del Servicio de Fiebre Amarilla fueron las del Servicio de Viscerotomía iniciadas en septiembre de 1934 (Gast Galvis, 1982: 77).

---

18 Bevier, George (1934). *George Bevier a Director Nacional de Higiene.* Carta. Bogotá, 21 de octubre. Museo Instituto Nacional de Salud. Documentos de la campaña contra la fiebre amarilla. Fundación Rockefeller. Correspondencia. Tomo 2: 595.

Patiño Camargo fue nombrado jefe del dicho servicio en 1935.[19] Kerr quedó participando en el servicio como representante de la Fundación Rockefeller. Los acompañaban seis médicos colombianos y un número importante de personal de ayudantes (Patiño Camargo, 1936: 56). A través de la información obtenida en dicho servicio, se realizaron mapas de la distribución de la fiebre amarilla en el país, los cuales, unidos a los estudios inmunológicos de su distribución, tanto en Colombia como en los países vecinos, le permitieron a la Fundación establecer el límite norte de la endemia latinoamericana (República de Colombia, Ministerio de Trabajo, 1943: 282).

Figura 38. Fred L. Soper en compañía de los investigadores del Servicio de Fiebre Amarilla de la Fundación Rockefeller en Colombia, en 1938.

De izquierda a derecha: John A. Kerr, Wilbur A. Sawyer, Huge H. Smith, Akin y Fred L. Soper.

Fuente: imagen propiedad del Museo del Instituto Nacional de Salud.

Una nueva epidemia en la selva: el desplazamiento del descubrimiento de Kerr-Patiño Camargo

Mientras Kerr y Bevier trabajaron en la creación del Servicio de Fiebre Amarilla en Colombia, Soper se vio enfrentado a una nueva epidemia en Brasil, en la zona

[19] Antes de este cargo, Luis Patiño Camargo había sido Director Administrativo del Departamento Nacional de Higiene y Director (Técnico) Nacional de Higiene (Patiño Camargo, 1934: 85).

de Colonel Ponce, a 180 km al este de Cuiabá, en el Estado de Matto Grosso, en junio de 1934. Esta región era selvática y muy poco poblada. Fue quizá con esta epidemia que Soper finalmente aceptaría que hombres jóvenes podían infectarse durante sus jornadas laborales en la selva y sin la presencia de *Aedes aegypti*.[20]

De esta forma, según Benchimol, el Servicio de Fiebre Amarilla de Brasil, bajo el mando de Soper, comenzó a distinguir tres escenarios epidemiológicos diferentes con relación al comportamiento de la fiebre amarilla:

> El primero, ya tradicional [desde los tiempos de la teoría de los centros claves], era el de la enfermedad urbana, trasmitida por el *Aedes aegypti*, restringido a las ciudades de los litorales. El segundo, que se fue comenzando a prefigurar desde la década de 1920, en la medida en que se fueron multiplicando las anomalías en el paradigma vigente, era el de la fiebre amarilla rural endémica, principalmente en el interior del noreste brasileño, transmitida por el *Aedes aegypti* ocasionando muertes sobre todo en niños. Esta fiebre amarilla resistió la campaña llevada a cabo en las ciudades seleccionadas a la luz de la teoría de los centros claves, al menos hasta 1934, cuando ya la campaña fue finalmente extendida a las pequeñas ciudades del interior y las viscerotomías comenzaron a dejar de revelar casos fatales en el noreste brasileño. El tercer escenario, que solo se tornó visible después de 1932 y en el cual el virus se esparcía por áreas enormes del bosque, teniendo posiblemente como hospederos a macacos y otros vertebrados e insectos mal conocidos. En este escenario, la fiebre amarilla atacaba y, a veces mataba, a personas que ingresaban al bosque, principalmente adultos, en regiones apartadas [... de los litorales], formando un vasto reservorio de virus para la eventual re-infestación de las aglomeraciones urbanas, por medio del *Aedes aegypti*.[21] (Benchimol, 2001: 146-148)

Como consecuencia de estas reflexiones, el 14 de noviembre de 1934, Soper anunció, ante la IX Conferencia Sanitaria Panamericana, celebrada en Buenos Aires, la demostración de la endemicidad rural de la fiebre amarilla (Soper, 1934). Si bien Soper mencionó la ocurrencia de epidemias en Colombia en ausencia

---

20 Soper, Fred L. (1934). *Soper to Frederick F. Russell*. June 22. RAC-New York. RFA. RG. 1.1, S. 305, b. 22, f. 173.

21 Traducción libre de Emilio Quevedo V.

de *Aedes aegypti,* tanto en Muzo como en Santander, no hizo mención alguna a los trabajos de Patiño Camargo y Kerr en los que originalmente se confirmó esa observación.

Igualmente, Soper mencionó las recientes epidemias de Caparrapí[22] y Restrepo, en Colombia, también en ausencia de *Aedes;* se refirió, así mismo, al inesperado brote que se había presentado en Santa Cruz de la Sierra, en Bolivia, a cientos de leguas de todo brote conocido y que posiblemente fuera una extensión de la endemicidad reinante en la cuenca del Amazonas, y a la epidemia que él mismo había conocido en el Valle de Canaán, en ausencia del mosquito. Concluyó, primero, que las medidas contra los mosquitos eran eficaces para la eliminación de los brotes urbanos de fiebre amarilla, pero que este sistema no siempre garantizaba la desaparición de la enfermedad en las zonas tributarias; segundo, que la fiebre amarilla podía persistir por períodos relativamente largos en las zonas alejadas de grandes centros de población que podían servir de fuentes constantes del virus; tercero, que la fiebre amarilla podía existir en zonas rurales en que se encontraba el *Aedes aegypti* o en ausencia de este mosquito; cuarto, que las zonas rurales podían infectarse de fiebre amarilla sin que existiera la menor prueba de que la enfermedad procediese directa o indirectamente de ciudades o pueblos próximos, aunque tuvieran una numerosa población susceptible y acusaran un alto índice de *Aedes aegypti* (Soper, 1934: 161-165).

---

22 En junio de 1933 se había presentado otra epidemia febril en el pueblo de Caparrapí, en Cundinamarca, y el médico Augusto Gast Galvis fue enviado a estudiarla. La sintomatología era ampliamente sospechosa. La epidemia atacó a hombres adultos y respetó a mujeres y niños. Los hombres se enfermaron mientras trabajaban en los bosques aledaños y no en la zona urbana. Se tomaron muestras de tejidos y sueros que fueron enviados a Nueva York. Gast Galvis, cauteloso, llegó a la conclusión de que no podía "dar un diagnóstico preciso hasta no conocer el resultado del análisis de las sangres y del examen anatomopatológico de la muestra de hígado obtenida en la necropsia" —ver Gast Galvis, Augusto (1933). Report of an epidemic having some symptoms of yellow fever which occurred in the municipality of Caparrapí (Colombia) in June, 1933. Report. Bogotá, June. RAC-New York. RFA-IHB. RG. 1.1, S. 311, b. 10, f. 92—. Aunque la muestra de hígado estudiada por Klotz parecía indicar fiebre amarilla, el 22 de diciembre, Loring Whitmann remitió los resultados negativos de todos los sueros a Bevier, vía Howard —ver Klotz, Oskar (1933). *Klotz to Russell.* Letter and report. Toronto, August 10. RAC-New York. RFA-IHB. RG. 1.1, S. 311, b. 10, f. 92; Whitman, Loring (1933). *Whitman to George Bevier*. Letter. New York, December 22. Museo Instituto Nacional de Salud. Documentos de la campaña contra la fiebre amarilla. Fundación Rockefeller. Correspondencia. Tomo 2: 576—. Posiblemente se trató de una hepatitis infecciosa inespecífica.

Soper se había apropiado pues de los conocimientos producidos por Kerr y Patiño Camargo y los había incorporado a una explicación general de lo que estaba ocurriendo con la fiebre amarilla en distintas regiones de América del Sur en ese momento. Pareciera como si Soper, además de actuar a nombre de la Fundación, considerada como actor sociopolítico, también involucrara sus propios intereses personales en el campo de la lucha contra la fiebre amarilla. Se estaba pues en presencia no solo de un actor que defendía un capital simbólico acumulado, sino que también comenzaba a apropiarse de él, negando a otros representantes de su misma institución —la Fundación Rockefeller—, como lo era Kerr, y a un médico colombiano, Patiño Camargo, la autoría de los resultados con los cuales Soper anunció el descubrimiento de la endemicidad rural de la enfermedad. Es decir que, como agente científico, Soper estaba buscando su propio posicionamiento, desplazando a funcionarios de menor rango dentro de su institución, uno de ellos médico de un país periférico y que no tenía mecanismos suficientes para rescatar su lugar en el campo. Cabe señalar, además, que Soper fungía más como funcionario con labores administrativas como coordinador del Programa de Fiebre Amarilla de la Fundación para América del Sur que como investigador.

El texto de Soper fue publicado en las Actas de la Conferencia por la Oficina Sanitaria Panamericana, con amplia divulgación internacional. No sabemos si Patiño Camargo y Kerr reaccionaron conjuntamente a la forma como Soper manipuló la información. Pero Patiño Camargo, por su propia iniciativa, escribió en 1936 un pequeño libro titulado *Notas sobre fiebre amarilla en Colombia*, en el cual expuso toda la investigación sobre el tema hasta ese momento y puso en un orden cronológico adecuado los distintos descubrimientos, mostrando la prioridad de Kerr y de él mismo en el descubrimiento de la endemicidad rural de la fiebre amarilla (Patiño Camargo, 1936). Sin embargo, este libro, publicado por la Editorial Cromos, una editorial no científica y de carácter local,[23] solo tuvo circulación en ese ámbito local y no impactó el saber internacional. Los médicos colombianos no tenían aún acceso fácil a los medios de divulgación científicos internacionales. La asimetría volvió a hacerse presente.

23 La Editorial Cromos publicaba la revista semanal *Cromos,* con noticias sociales y de actualidad, y en ocasiones publicaba algunos libros de divulgación.

Reconocimientos, arrepentimientos y reconceptualizaciones

Si bien en su presentación en la Conferencia Sanitaria Panamericana Soper había ignorado los trabajos de Kerr y Patiño, casi un año después se retractó públicamente, no solo de esta omisión, sino de haber ignorado también los trabajos de Roberto Franco, publicados a comienzos del siglo. Esto sucedió en la conferencia que dictó en Bogotá, en la Facultad de Medicina de la Universidad Nacional, el 5 de abril de 1935.

En esa conferencia de Bogotá, Soper reconoció la prioridad del descubrimiento de Roberto Franco de la fiebre amarilla selvática (Soper, 1935a: 14-17), y comentó el descubrimiento de Kerr y Patiño Camargo de la endemicidad rural, aceptando públicamente su error al impedir publicar la versión en inglés del texto de estos dos últimos (Soper, 1935a: 18-21). No obstante, de manera contradictoria, antes de hacer ese reconocimiento, Soper dice que la demostración de la ocurrencia de fiebre amarilla rural en ausencia de *Aedes aegypti* se dio por primera vez en marzo de 1932, y cita su propio trabajo de 1933 sobre la epidemia del Valle de Canaán, sin hablar del trabajo de Patiño Camargo y Kerr.

Así mismo, en dicha conferencia Soper, apoyándose en la nueva clasificación surgida en el Servicio de Fiebre Amarilla de Brasil y en la cual él debió tener una participación activa, reorganizó la clasificación de la fiebre amarilla, explicando que existían cuatro formas de la enfermedad: 1) fiebre amarilla urbana con *Aedes aegypti,* la forma típica que desaparece cuando bajan los índices de *Aedes aegypti;* 2) fiebre amarilla rural, que se presenta en regiones rurales con altos índices de *Aedes aegypti* y que desaparece cuando bajan los índices; 3) fiebre amarilla rural en ausencia de *Aedes aegypti* pero con alta densidad de población; y 4) fiebre amarilla selvática en ausencia de *Aedes aegypti,* que ocurre en zonas rurales y selváticas muy poco pobladas a lo largo de los ríos, lo cual sugiere que los casos humanos son accidentes de una epizootia más que de una epidemia limitada a los humanos (Soper, 1935a: 11).[24]

No obstante, al relatar las demostraciones por autopsia de las epidemias rurales y selváticas presentadas en amplias zonas alejadas unas de otras, como

---

[24] Pareciera ser que esta idea tomó más cuerpo en la mente de Soper después de que, en 1935, Gastão Cesar, médico del Servicio de Fiebre Amarilla de Brasil, presentara una ponencia en la conferencia anual de dicho servicio (Cesar, 1935) relatando que en 1932 había realizado una exhaustiva investigación en el Estado de Amazonas obteniendo un 35,6 % de positividad en las pruebas de protección en ratón realizadas con muestras de sangre tomadas a indígenas de la zona, sin que se pudiese identificar un foco activo de *Aedes aegypti* (Benchimol, 2001: 46; Franco, 1969: 124).

Bolivia, en los Estados brasileños de Bahía, Espíritu Santo, Goyaz, Matto Grosso, Para y Amazonas, y en los municipios colombianos de Caparrapí, Muzo y Restrepo, y que dieron origen a la nueva clasificación, claramente elaborada por los miembros del Servicio de Fiebre Amarilla de Brasil, no le dio crédito a los distintos grupos de investigadores del servicio que trabajaron e identificaron dichas epidemias rurales y selváticas. No cita a nadie, y, por lo tanto, pareciera que todo lo que allí dice fuera resultado de su propio trabajo de investigación (Soper, 1935c: 10-11).

Después de estas aseveraciones, para finales de 1935, la teoría de los centros claves terminó de resquebrajarse en la mente de Soper. Como se muestra en la correspondencia que mantuvo con Sawyer, entre septiembre y octubre de ese año, es evidente que Soper había llegado a la conclusión de que la fiebre amarilla era primariamente una enfermedad rural, que las ciudades solo se infectaban incidentalmente y que la epidemia de Matto Grosso no dependió de huéspedes humanos, sino que pudo haber sido transmitida por los monos.[25] Así, el 17 de octubre de 1935 presentó un trabajo a la Academia Nacional de Medicina de Río de Janeiro, en el cual ya se refería de manera nueva a la 'fiebre amarilla selvática' hablando solo de dos tipos de fiebre amarilla: la urbana en presencia de *Aedes aegypti* y la selvática en ausencia de *Aedes aegypti*. Así mismo, señaló que iba a ser muy difícil eliminar la enfermedad de Brasil, pues era una enfermedad de los monos que se transmitía a los hombres, sospechas que fueron confirmadas cuando demostró que monos capturados en la selva, a los que se les aplicaron pruebas de protección en ratones, eran inmunes, es decir que habían adquirido la enfermedad de forma natural en la selva y no de manera experimental.[26] Con todo, y a pesar de que en su trabajo presentado en la Academia Nacional de Río de Janeiro Soper citó a muchos autores que habían estudiado la fiebre amarilla anteriormente, no mencionó a Franco, y cuando habló de la epidemia de El Socorro en Colombia y los estudios sobre endemicidad rural hechos allí, no nombró para nada ni a Patiño Camargo y ni a Kerr (Soper, 1936a). Tampoco aludió al papel desempeñado por Alexander W. Burke, quien fue realmente el que estudió

---

[25] Soper, Fred L. (1934). *Soper to Sawyer*. Letter. September 13. RAC-New York. RFA-IHB. RG. 1.1, S. 305, b. 22, f. 174; Soper, Fred L. (1934). *Soper to Sawyer*. Letter. October 6. RAC-New York. RFA-IHB. RG. 1.1, S. 305, b. 22, f. 174; Soper, Fred L. (1934). *Soper to Sawyer*. Letter. October 11. RAC-New York. RFA-IHB. RG. 1.1, S. 305, b. 22, f. 174.

[26] Annual Report. Yellow Fever Service, 1937. RAC-New York. RFA. RG. 5.3, S. 308, b. 121.

el brote de Colonel Ponce y estableció el rol de los monos como reservorios de la fiebre amarilla selvática (Burke, A. W., 1937: 313-314).

Finalmente, en 1938, Soper reconoció que la fiebre amarilla de Suramérica era primordialmente una infección selvática en la que el *Aedes aegypti* no actuaba de vector y en la que el ser humano no solía ser una importante fuente de virus para su persistencia. Afirmaba que esta enfermedad selvática afectaba a extensas zonas del continente en las que nunca se había identificado la fiebre amarilla, así como a regiones aparentemente exentas de la enfermedad durante muchos años. Aunque volvió a retomar el tema de los estudios hechos después de la epidemia de El Socorro, tampoco mencionó ni a Franco, ni a Patiño Camargo, ni a Kerr, por ningún lado (Soper, 1938: 207-208). Soper lograba así, apoyándose en la hegemonía de la Fundación en el campo, apropiarse del capital simbólico, manipulando el proceso de construcción social del concepto de fiebre amarilla selvática, y destacarse como autoridad internacional en el campo.

Figura 39. Fred L. Soper y Alexander W. Burke, descubridor del papel de los monos en la transmisión de la fiebre amarilla selvática durante la epidemia de Colonel Ponce, en Brasil, en 1934.

Fuente: imagen propiedad del archivo de la Fundación Rockefeller.

Discusión
Epistemología, poder y política: ¿prioridad o demarcación epistemológica?

Una cosa es una cosa, y otra cosa es otra cosa.
Refrán popular

Los investigadores colombianos que han trabajado sobre el tema de la construcción del concepto de fiebre amarilla selvática (Corredor Arjona, 1999; Gast Galvis, 1982; Mejía Rodríguez, 2004) han puesto el énfasis en recuperar y resaltar la prioridad del descubrimiento de Franco sobre el de Soper. Nosotros mismos estuvimos de acuerdo con esta interpretación (Quevedo V. et al., 2004: 280-282). No obstante, hoy creemos que este no es el problema fundamental. Es cierto que el descubrimiento de Franco y sus colaboradores fue la primera formulación del concepto de fiebre amarilla de la selva, llamándola 'fiebre amarilla de los bosques'. Pero, desde el punto de vista epistemológico, el concepto formulado por ellos era diferente al que fue formulado por Patiño Camargo y Kerr y por Soper, años más tarde. El concepto de Franco y colaboradores se apoyó en una concepción clínica, bacteriológica y anatomopatológica de tipo macroscópico de la fiebre amarilla, articulada a la mentalidad etiopatológica, que comenzaba a afianzarse en el ambiente médico colombiano a comienzos del siglo XX.

Por el contrario, las formulaciones de Patiño Camargo y Kerr y la de Soper estaban fundamentadas en un saber entomológico, inmunológico e histopatológico no existente en la época en que Franco formuló el suyo. No era que simplemente Patiño Camargo, Kerr y Soper supieran más sobre la fiebre amarilla, sino que, lo que sabían, lo sabían de forma diferente. Si adoptamos el punto de vista de la perspectiva constructivista predominante en las nuevas tendencias sobre la historia de la enfermedad,[1] los dos grupos de investigadores estaban hablando de dos realidades distintas, y, por lo tanto, de dos enfermedades diferentes, caracterizadas con métodos bien distintos, aunque las denotaran con el mismo nombre.[2]

Lo que Patiño Camargo y Kerr descubrieron fue que efectivamente en Santander y en Muzo había existido y existía una forma endémica de fiebre amarilla, lejos de las ciudades, lo que en ese momento comenzó a llamarse 'fiebre amarilla rural' y lo hicieron coincidir con aquello que Franco había llamado 'fiebre amarilla de los bosques', pero esta última era una enfermedad identificada con métodos totalmente distintos y, por lo tanto, con características diferentes. Aceptar hoy que estas dos descripciones correspondieran a la misma enfermedad sería caer en lo que Jon Arrizabalaga denuncia como el uso y el abuso del "diagnóstico retrospectivo" y del "presentismo", herramientas características de la historia de la medicina positivista (Arrizabalaga, 1992: 154-160).

Asimetría, primacía y reconocimiento

Pero, más allá de lo epistemológico, hay otros elementos en juego en el proceso de construcción social del concepto de fiebre amarilla selvática, que están relacionados con el juego de intereses de poder para manipular el capital simbólico en el campo. El caso de la polémica entre Patiño Camargo-Kerr y Soper aporta elementos para entender el asunto. Muchos años después de las publicaciones de Soper y Patiño Camargo y Kerr, Greer Williams[3] envió a Soper una carta acusándolo de haber obstaculizado la publicación de Patiño y Kerr con el fin de poder él publicar primero.[4] Soper le argumentó a Williams que él había conseguido

---

1 Estas tendencias están muy claramente explicadas en el trabajo de Jon Arizabalaga (Arrizabalaga, 1992).

2 Un concepto es una palabra más su definición. Y es precisamente esa definición la que establece a qué realidad se está refiriendo la palabra. Desde un punto de vista epistemológico, el desarrollo de la ciencia implica el paso de un concepto a otro, pero eso no significa que cuando esto ocurre cambie la palabra que lo denota. Así, 'fiebre amarilla' significa una cosa muy distinta en el siglo XVII, en el XIX, en 1907 y en 1935. No podemos decir que estamos hablando en cada momento de la misma enfermedad que se continúa en el tiempo y que lo que cambian son los conceptos sobre ella. Al cambiar el concepto, cambia la realidad percibida, aunque la denotemos con la misma palabra.

3 Greer Williams escribió una historia de la Fundación Rockefeller (Williams, G., 1969).

4 Efectivamente, en los papeles personales de Soper hay una referencia a un comentario que le hizo Greer Williams a Soper acerca de la carta que Soper envió a Kerr diciéndole que detuviese la

una copia del informe de Kerr-Patiño con el Dr. Richard en abril y la había leído a bordo del barco en la ruta hacia Belem. Como una parte de ese trabajo sugería la existencia de otra área de fiebre amarilla rural sin *Aedes aegypti,* Soper le dice a Williams que él le escribió una carta detallada a Kerr, el 30 de abril, sugiriéndole que detuviera la publicación de su trabajo sobre Muzo y el Valle de Santander o, al menos, la modificara antes de ser publicada. Así mismo, dice Soper que copia de esa carta fue enviada por él a Nueva York, para que se tomara una acción inmediata, mientras Kerr podía responder a la carta de Soper.[5]

Esto quiere decir que Soper, con su poder de alto funcionario, indujo a que la Junta Sanitaria Internacional, dirigida en ese momento por Wilbur Sawyer, también comprometido en la investigación y la lucha contra la fiebre amarilla, fuera cómplice del bloqueo a la publicación de Kerr y Patiño Camargo. Soper le aclaraba a Greer Williams que "el reporte sobre el brote del Valle do Chanaan fue recibido en los Estados Unidos para su publicación en marzo 30, 1933". Esto, para demostrarle a Williams que él había completado su propio informe de la epidemia del Valle de Canaán antes de escribir a Kerr.[6] Lo que Soper no le contó a Williams fue que la versión en inglés del artículo de Patiño Camargo y Kerr había sido remitida a Nueva York para publicación el 22 de febrero de ese mismo año. Es decir que Soper había bloqueado la publicación de un trabajo producido un mes antes de enviar el suyo.

Podemos decir que tanto el dueto Patiño-Kerr como Soper habían descubierto la fiebre amarilla rural sin *Aedes aegypti* prácticamente de manera simultánea y el alegato de Williams sobre las manipulaciones de Soper para aparecer como primer descubridor resultó infundado, aunque en la práctica, y como consecuencia de

---

publicación de su trabajo. Williams le recriminaba a Soper que esa carta había sido escrita mientras el propio Soper estaba envuelto en la publicación de su trabajo sobre la fiebre amarilla rural de Brasil, en ausencia de *Aedes aegypti,* basándose en observaciones y pruebas idénticas a las de Patiño y Kerr (NLM, Soper Papers, C 359, b. 37: Yellow Fever-Colombia, f. 1, Soper, Fred L. Notes to be taken into consideration in discussing Kerr-Patiño Muzo, Colombia, report in fls. Correspondence with Greer Williams (1966), June 22: 1. Hay una nota al final de la primera página que dice "no enviada a G. Williams".

5 NLM, Soper Papers, C 359, b. 37: Yellow Fever-Colombia, f. 1. Soper, F. L. Notes to be taken into consideration in discussing Kerr-Patiño Muzo, Colombia, report in fls. Correspondence with Greer Williams (1966),: 1.

6 NLM, Soper Papers, C 359, b. 37: Yellow Fever-Colombia, f. 1. Soper, F. L. Notes to be taken into consideration in discussing Kerr-Patiño Muzo, Colombia, report in fls. Correspondence with Greer Williams (1966), June 22.

las asimetrías hasta aquí descritas, Soper salió triunfante de la contienda. Soper le dice explícitamente a Williams que él no tenía objeción de que los datos de Patiño y Kerr se publicaran,[7] pues quedaba claro que el descubrimiento lo habían hecho los dos grupos casi simultáneamente. Insistía, además, que el trabajo de Soper había sido recibido para su publicación en marzo, en cambio el de Kerr y Patiño Camargo había salido finalmente publicado en español en octubre de 1933. Soper sabía además que, si el trabajo de Patiño Camargo y Kerr había sido publicado en español, aunque el de él hubiese aparecido en noviembre, unas pocas semanas después del de Kerr y Patiño Camargo, este último no tendría circulación suficiente y el de él sería leído primero por la comunidad científica internacional, lo que le garantizaba, como así ocurrió, la primacía del descubrimiento. El problema no es solamente quién descubre y publica primero, sino también quién reconoce el descubrimiento.

Figura 40. Jorge Boshell Manrique, descubridor del mosquito *Haemagogus*, transmisor de la fiebre amarilla selvática.

Fuente: fotografía propiedad del Museo del Instituto Nacional de Salud.

[7] *Idem.*

La 'hipótesis revolucionaria' y sus consecuencias políticas

Soper anotó en su diario que Wilbur Sawyer le había enviado una carta en 1933[8] diciéndole que los datos de Kerr y Patiño Camargo deberían ser publicados. Soper dijo que él no tenía objeción a los datos, pero que pensaba que la "hipótesis revolucionaria" empleada en el informe de Kerr y Patiño Camargo debería ser eliminada de la publicación.[9] Williams no se percató de que el verdadero problema para Soper no era la prioridad del descubrimiento de la fiebre amarilla rural en ausencia de *Aedes aegypti*. El problema candente era el que Soper llamaba "la hipótesis revolucionaria": la demostración de la existencia de fiebre amarilla rural endémica de larga data. Ese sí era un gran descubrimiento que ponía en riesgo la teoría de los centros claves y prometía cambiar toda la epidemiología de la enfermedad, y Soper no había podido confirmarla cuando escribió su artículo sobre la epidemia del Valle de Canaán, pues allí no se había hecho aparente la endemicidad rural.

El propio Soper deja entrever que, al momento de analizar la epidemia del Valle de Canaán, él no tenía aún suficientes argumentos para entender y sustentar ese hecho y, por lo tanto, que dicho aspecto no quedó incluido en su artículo de 1933. Así le dice a Williams:

> [...] mi actitud contemporánea sobre la interpretación de los tests de protección en el momento de la discusión del trabajo de Kerr-Patiño se encuentra en las notas de mi diario del 1° de mayo, 1933 relativas a la discusión con el Dr. Porter Crawford en Belén.[10]
>
> Yo no estaba de acuerdo con la declaración de endemicidad rural. En mi carta a Kerr yo decía: 'Es verdad que una epidemia rural de fiebre amarilla fue estudiada el año pasado en el Valle de Canaán; es verdad que la enfermedad aparentemente se mantuvo en ausencia de *aegypti* al menos por tres o cuatro meses. Pero la fiebre amarilla desapareció del área espontáneamente dejando un porcentaje muy leve de población inmune, lo que sugiere que el agente transmisor local no era muy exitoso para garantizar la endemicidad continua.

---

8 Él no especifica la fecha exacta.

9 NLM, Soper Papers, Soper, Fred L. Publication of the Kerr-Patiño paper on yellow fever in Muzo and Santander, folder 2: Yellow Fever-Colombia.

10 NLM, Soper Papers, Soper, Fred L. Publication of the Kerr-Patino paper on yellow fever in Muzo and Santander.

> Posiblemente el cambio de estación haya tenido algo que ver con la desaparición de la enfermedad. La experiencia en Brasil hasta la fecha, ha fallado como indicadora de que la fiebre amarilla vaya a continuar en las áreas rurales o semi-rurales durante un largo período en ausencia de *A. Aegypti*' [...].[11]

La "hipótesis revolucionaria" podría tener entonces varias consecuencias. La primera tenía que ver con que Soper hizo explícita la crisis que le plantearía a su programa de erradicación del *Aedes aegypti* en Brasil la aceptación de la afirmación de Patiño y Kerr:

> [...] en mi carta, las razones para oponerme a dicha publicación están clara y francamente estatuidas: 'Yo he analizado cuidadosamente este informe porque las conclusiones, si son justificadas, alterarían la perspectiva completa sobre el control de la fiebre amarilla en el continente americano; después de todo, Colombia está contigua al Brasil. La publicación de este informe, tal como está, hará que la mayoría de los lectores no familiarizados con todos los detalles del servicio [de fiebre amarilla] en Brasil planteen dudas sobre la continuación de la campaña sobre las bases actuales, justamente cuando aquellos que trabajan acá en el servicio han comenzado a sentirse esperanzados en un éxito eventual [...] mis críticas sobre este informe son completamente gratuitas; el trabajo fue realizado fuera de mi campo [...]. Sin embargo, el problema planteado es de tal importancia que yo debo mediar, especialmente ahora que usted trabaja en este territorio. Yo odiaría tener que solicitar 12 millones de contos al gobierno brasileño el próximo año para llevar a cabo un programa para el cual uno de nuestros propios funcionarios locales ha demostrado que es imposible en Colombia. Nosotros ya estamos teniendo que afrontar el problema de explicar una serie de conclusiones epidemiológicas basadas en los reportes de Aragão en trabajos sobre garrapatas. Yo no sé cuándo fue remitido su informe para la publicación. Pero me estoy tomando la libertad de escribir a Nueva York desde Pará, sugiriendo que se suspenda la publicación mientras se reciben próximas instrucciones suyas. Si después de

11 NLM, Soper Papers, Soper, Fred L. Notes to be taken into consideration in discussing Kerr-Patiño Muzo, Colombia, report in fls. Correspondence with Greer Williams (1966), June 22: 1.

> leer esta carta usted aún desea publicarlo tal como está, por favor considérese en libertad de hacerlo.[12]

La preocupación de Soper era lícita por las consecuencias que la "hipótesis revolucionaria" podría implicar, teniendo en cuenta que el campo de la salud es a la vez un campo científico y un campo político, y que la Fundación pensaba en la investigación más como un medio para garantizar su fin: el control de las enfermedades que aseguraría el progreso. Por otra parte, la Fundación ponía en marcha sus programas a partir de convenios con las naciones en las que participaba y al poner en riesgo uno de sus programas se ponía también en riesgo el prestigio de la Fundación y la propia colaboración bilateral. Como funcionario de la Fundación, Soper preveía el problema que se venía encima para continuar un programa que aún para él era prioritario: la erradicación del *Aedes* en las ciudades para evitar la urbanización y la extensión de los posibles brotes a las zonas rurales.

Por eso, indujo a Kerr a retractarse de sus conclusiones. De hecho, Kerr, como funcionario obediente de segundo rango de la Fundación que era, reconsideró y reescribió sus conclusiones en un trabajo titulado "Reinterpretación de los hallazgos en las investigaciones en las regiones de Muzo y Santander, Colombia", que envió a Nueva York el 5 de septiembre de 1933 y que tampoco fue publicado. El trabajo concluye diciendo que "en la actualidad, y con los datos que se tienen, es mejor no establecer conclusiones definitivas con respecto a si la enfermedad ha sido o es endémica en la región de Santander".[13]

Esta afirmación es claramente contradictoria con lo que el mismo Kerr había planteado el 22 de febrero de 1933 en una carta que a través de Russell le enviaba a Beeuwkes, en la cual le decía:

> [...] nuestros hallazgos en el interior de Colombia pueden ser resumidos brevemente como sigue: la fiebre amarilla ha sido endémica en Muzo y en la

---

12 Transcripción hecha por Soper en su diario de la carta que él envió a Kerr cuando leyó el informe de Kerr y Patiño Camargo. NLM, Soper Papers, Soper, Fred L. Notes to be taken into consideration in discussing Kerr-Patiño Muzo, Colombia, report in fls. Correspondence with Greer Williams (1966), June 22: 1-2.

13 Kerr. J. Austin Reinterpretation of findings in survey of Muzo and Santander region, Colombia. September 5, 1933. RAC-New York. RFA-IHB. RG. 5, S. 4, b. 17, f. 186: 20.

> región de Santander, pero no pudimos encontrar evidencia de que se hubiese mantenido activa en las ciudades de la región, muchas de las cuales estaban libres de *Stegomyias*. En la medida en que pensamos que se presente continuamente en la región nosotros creemos que ésta es mantenida activa en las partes rurales de la región. Nuestros estudios no fueron lo suficientemente extensos para permitirnos descubrir cómo es que se mantenía activa. Los hallazgos que le he resumido arriba son los que me han conducido a cambiar el énfasis [...] apuntando que tal vez otros vectores ayudan a mantener la endemicidad de una forma distinta del *Aedes aegypti*.[14]

Para un administrador como Soper, esta era una lógica coherente: si no se podía demostrar la existencia de endemicidad rural, había que seguir matando mosquitos, pues el riesgo de urbanización era muy alto. Los brotes selváticos tenían que estar conectados con la persistencia del virus en las ciudades a través de la intervención del *Aedes:* "La explicación más lógica que podemos ofrecer de la epidemiología de la fiebre amarilla en el Valle de Canaán es que el virus amarílico se introduce de vez en cuando desde zonas de endemicidad latente de las inmediaciones en las que está presente el *Aedes aegypti*. Una vez introducida la enfermedad, algún vector relativamente ineficaz pero muy esparcido la transmite" (Soper, 1970 [1933]: 156).

Pero el problema era aún más grave e iba más allá de poner en riesgo un programa de la Fundación en Brasil: toda una estrategia y unos métodos (Soper, 1970 [1933]: 148) "que de manera tan universal y espectacular resultaron satisfactorios durante 30 años, no son aplicables [...] Si las nuevas investigaciones revelan la existencia de grandes zonas endémicas rurales, difícilmente cabe esperar que se establezcan métodos profilácticos económicamente viables" (Soper, 1970 [1933]: 156). Esto significaba que la erradicación de mosquitos en la selva sería imposible y su programa continental de erradicación del *Aedes* quedaría 'fuera de lugar'. Eran pues dos actores los que estaban en riesgo: la Fundación con sus programas de erradicación de la fiebre amarilla y el propio Soper, cuya actividad fundamental, matar mosquitos, se quedaría sin piso. La recomendación lógica fue entonces: "Es preciso proceder con mucha prudencia al formular

---

[14] Kerr, J. Austin (1933). *Kerr to Beeuwkes*. Letter. New York, February 22. RAC-New York. RFA-IHB. RG. 5, S. 4, b. 17, f. 186: 2.

generalizaciones puesto que las condiciones del Valle de Canaán se consideran excepcionales, por lo menos en lo que se refiere a la zona amarílica de Brasil" (Soper, 1970 [1933]: 148-149).

En 1934, Soper ya había reconocido la existencia de la endemicidad rural después de haber analizado cuidadosamente el caso colombiano y, como consecuencia, mostraba síntomas de perplejidad, tanto ante el problema de los factores determinantes de dicha endemicidad como ante su futuro como erradicador de mosquitos: "[...] hay que aceptar que los factores determinantes de la endemicidad persistente en zonas rurales de escasa población por el momento son desconocidos. Se ignoran así mismo los métodos apropiados para la lucha en zonas en que el vector no es el *A. aegypti*" (Soper, 1970 [1934]: 164).

En efecto, estos dos problemas solo se resolverían posteriormente. El primero quedará aclarado cuando, en 1936, otro médico colombiano, Jorge Boshell Manrique, funcionario de la Fundación, confirme el papel del mosquito *Haemagogus* en la transmisión de la fiebre amarilla selvática y establezca el ciclo de su acción: el *Haemagogus,* que vive en las copas de los árboles infecta a los monos de la selva. Pero cuando se produce la tala de árboles, al caer estos al suelo, los mosquitos pican a los humanos dedicados a esa tarea (Boshell Manrique, 1938: 407-427).

El segundo problema quedó resuelto cuando habiéndose inventado una vacuna estable[15] contra la fiebre amarilla (Lloyd, 1935: 2365-2368), a partir de estudios que se venían haciendo desde 1931 (Lloyd, Theiler & Ricci, 1936: 104-112; Sawyer, 1934: 1072-1074; Sawyer, Kitchen & Lloyd, 1931: 62-64; Smith, 1938: 437-465), se pudo iniciar la vacunación masiva en 1937. Así, con la masificación de la vacunación, Soper perdió el interés en la erradicación del *Aedes aegypti* y viró su trabajo hacia la erradicación del *Anopheles gambiae,* nuevo vector de la malaria en Brasil.

La 'hipótesis revolucionaria' y sus consecuencias científicas

Pero esta explicación, si bien coherente y válida, no da cuenta de todo el comportamiento de Soper. Es aquí donde aparece la segunda consecuencia de la "hipótesis revolucionaria". Un análisis de la conferencia de Soper en Bogotá

---

15 Después de la identificación del virus de la fiebre amarilla y luego de varios intentos de crear una vacuna, en el Laboratorio de Fiebre Amarilla en Nueva York se había logrado en 1937 la producción de una vacuna bastante efectiva (Farley, 2004: 169).

en 1935 y de su comportamiento posterior da luces sobre el asunto. ¿Por qué Soper reconoció públicamente la primacía del descubrimiento de Franco de la fiebre amarilla rural? ¿Por qué aceptó que Patiño y Kerr tenían razón en que la fiebre amarilla rural podía tener carácter endémico en ausencia de *Aedes aegypti*? ¿Por qué aceptó que ellos tenían razón al haber reconocido la existencia de un foco autóctono de endemicidad rural? ¿Por qué aceptó además que estaba equivocado al interferir en la publicación de los resultados en inglés, reconociendo que las condiciones de la endemicidad de la fiebre amarilla colombianas eran distintas a las de Brasil? ¿Por qué toda esta expresión de reconocimiento y arrepentimiento si posteriormente eliminó sistemáticamente a Franco, a Patiño Camargo y a Kerr de sus informes y artículos?

En su artículo de 1933, Soper había dicho que "posiblemente no existen regiones rurales en las Américas que sean realmente de fiebre amarilla endémica" (Soper, 1970 [1933]: 159). Si fue cierto que dicho artículo fue enviado en febrero para su publicación y recibido en marzo y que Soper solo leyó el informe de Kerr-Patiño en abril o mayo, esto significa que Kerr y Patiño Camargo habían planteado el problema de la existencia de la endemicidad rural antes que Soper, y sus hallazgos contradecían esta afirmación.

Debido a que la lucha contra la fiebre amarilla comparte simultáneamente las características de un campo político y de un campo científico, y que la razón de ser de la lucha en un campo científico es la hegemonía de un saber y del prestigio que de él se deriva, Soper no podía permitir que un funcionario de más bajo rango que él en la Fundación y un colombiano se le adelantaran en el descubrimiento de la endemicidad rural, pieza clave de todo el engranaje de la nueva epidemiología de la fiebre amarilla selvática. Esto implicaría perder su hegemonía en el campo científico. Tenía entonces que desplazar a Kerr y a Patiño Camargo del centro del campo, poniendo a funcionar la asimetría a su favor.

Efectivamente, eso fue lo que hizo utilizando dos mecanismos tácticos. En primer lugar, desplazó la originalidad del descubrimiento hacia Franco. Para Soper quedaba claro que el descubrimiento de Franco estaba basado en fundamentos epistemológicos distintos al suyo, apoyado en la inmunología (pruebas de protección en ratón) y en la nueva histopatología microscópica (viscerotomía) y no en la bacteriología ni en la anatomía patológica macroscópica decimonónicas. Soper tenía claro pues que su descubrimiento era de nuevo tipo y que cualquiera que hiciera un análisis posterior podría captar esta diferencia. En 1935, en la conferencia que dictó en Bogotá, comentando el descubrimiento de Franco, Soper dice: "Es verdaderamente admirable que estas conclusiones, exceptuando sólo lo que se refiere a la presencia del *Aedes aegypti,* estén tan de completo acuerdo con las nuestras, que se basan en un conocimiento mucho más completo de la fiebre amarilla que el que se tenía en 1907" (Soper, 1935b: 174).

El descubrimiento de Franco era entonces inocuo para Soper. En segundo lugar, haciendo énfasis en la prioridad del descubrimiento de Franco, Soper opacó el descubrimiento de Kerr y Patiño Camargo, que era el verdaderamente problemático para él, pues, aunque basado en la mismas premisas epistemológicas que las suyas, sí demostraba la existencia de la endemicidad rural y echaba por tierra sus afirmaciones de 1933, así como las de la primera Comisión de Fiebre Amarilla sobre el diagnóstico de Franco en Muzo, y permitía la reconformación de la epidemiología de la enfermedad.

Esta manipulación surtió el efecto esperado, pues los colombianos se olvidaron de Kerr y Patiño Camargo y centraron su atención en Franco. Kerr, quien se había retractado de la "hipótesis revolucionaria" (Kerr, 1933), siguió trabajando con la Fundación en Colombia por un tiempo y luego fue trasladado silenciosamente a trabajar en el control de la malaria en Cerdeña. Patiño Camargo continuó también trabajando con la Fundación en Colombia: se le asignaron tareas de cierta responsabilidad en la Sección de Estudios Especiales y en 1935 fue nombrado como director del Servicio de Fiebre Amarilla, pero sin ningún reconocimiento especial por su descubrimiento. Franco en cambio recibió honores, su artículo fue publicado nuevamente en la *Revista de la Facultad de Medicina,* en 1936 (Franco Franco, Toro Villa & Martínez S., 1936) y se volvió personaje nacional destacado: fue nombrado rector general de la universidad nacional y, luego, primer rector de la Universidad de los Andes, entre otros cargos.

Así mismo, Soper conocía los alcances de la publicación de su conferencia de 1935 en Bogotá: se publicaría en ambos idiomas (en español en la *Revista de Higiene* y en inglés en un folleto), y así se hizo, pero él sabía que la *Revista de Higiene* solo tenía circulación local y no hizo nada para garantizar que el folleto en inglés se divulgara más allá de Bogotá, teniendo todo el poder para hacerlo. En efecto, el reconocimiento de la prioridad del descubrimiento y de los propios errores no trascendió, en un principio, del ámbito local bogotano.

Figura 41. Roberto Franco Franco en sus últimos años

Fuente: Colección personal de Emilio Quevedo V.

Por lo tanto, de ahí en adelante, Soper pudo presentar públicamente, en todos sus trabajos subsiguientes, todos los hallazgos sobre fiebre amarilla rural y selvática de manera integrada como si hubieran formado parte de una misma lógica y de un proceso único, coordinado por él en su totalidad, sin tener que volver a mencionar nunca a Franco como primer descubridor de la 'fiebre amarilla de los bosques', ni a Patiño Camargo y Kerr como autores del redescubrimiento de la fiebre amarilla rural (Soper, 1936b; Soper, 1936c; Soper, 1937a; Soper, 1937b; Soper, 1938). En sus memorias, publicadas en 1977 en inglés y en 1979 en español, Soper, uniendo la idea de fiebre amarilla selvática con la de endemicidad rural en un solo concepto, insinuó que su descubrimiento fue primero que el de Patiño Camargo y Kerr y que ellos habían sido informados previamente de dicho descubrimiento, lo que vino a reforzar sus conclusiones (Soper, 1979: 191-192).

Pero esta no fue la única vez que Soper utilizó este mecanismo. Recordemos que también en sus memorias reconoció que fue el Dr. Alexander W. Burke quien estudió el brote de fiebre amarilla de Colonel Ponce, en Brasil, y que fue Burke quien señaló que las elevadas tasas de inmunidad entre la población indígena indicaban que el brote se explicaba probablemente por la endemicidad de la selva amazónica. Igualmente, reconoció que Burke fue quien anotó la escasa población humana del distrito afectado y que los casos tan dispersos eran una razón en contra de que el humano fuera el único huésped vertebrado que intervenía (Soper, 1979: 194-195). Burke hizo notar también que "los sueros de cinco monos *Cebus* capturados para ese estudio en distritos de infección conocida presentaron resultados positivos para la prueba de protección, lo que indicaba por primera vez una inmunidad natural adquirida en la selva" (Burke, A. W., 1937: 313-314). Estos datos nunca fueron mencionados antes por Soper. Esto significa que tampoco Soper aportó el conocimiento sobre el papel de los monos en el mantenimiento de la zoonosis, a partir de la cual se mantenía la endemicidad rural, pero que lo incluyó como parte de su relato sobre descubrimiento de la fiebre amarilla selvática, sin mencionar al descubridor.

Soper, que como dijimos antes, era un administrador en salud más que un investigador, terminó apropiándose de los saberes producidos por los investigadores, presentando toda la secuencia del descubrimiento dentro de una misma lógica que daba la impresión de que este había sido un descubrimiento suyo. De esta manera, Soper preparó el camino para no tener competidores de ahí en adelante, hecho que le permitió, con calma, reformular su propuesta de la fiebre amarilla rural para plantear el concepto de fiebre amarilla selvática, cosa que ya comenzaba a intuir en su conferencia de 1935 en Bogotá cuando, al final de la clasificación que hacía de la enfermedad, decía: "Es posible que después de futuros estudios se demuestre que la epidemiología de la fiebre amarilla rural sin *Aedes aegypti* y la de la fiebre amarilla selvática sea la misma [...] Es interesante anotar que todas las observaciones que se han hecho hasta ahora sobre fiebre amarilla sin *Aedes* se han hecho en lugares en donde la tala de la selva no ha sido completa" (Soper, 1935c: 12).

La asimetría fue pues efectiva otra vez. Pero, de igual forma, Soper preparó el camino para los historiadores de la ciencia, mencionados atrás, que obviamente le adjudicaron el descubrimiento a él, pues la publicación internacional de la conferencia de Bogotá, en 1935, solo se realizó cuando, en 1970, Kerr publicó la selección de trabajos escogidos de Soper (Soper, 1970a; Soper, 1970b), mucho tiempo después de que el reconocimiento del descubrimiento se había consolidado.

Un ciclo que se cierra

El campo de la fiebre amarilla había sido dominado, es decir, hegemonizado en términos de Antonio Gramsci y de Peter Burke, definitivamente por el actor técnica y políticamente más fuerte, la Fundación Rockefeller, tanto en el ámbito internacional como en el nacional. En este último, la Fundación había sacado la discusión sobre la fiebre amarilla rural del ámbito público desde la última epidemia de El Socorro y, con su poder, había cerrado el campo de tal forma que ya solo era posible la participación de especialistas. Era la dueña total del capital simbólico y monopolizaba el uso del capital material en juego, incluyendo aquella parte de los aportes que el Estado colombiano hacía para las campañas y para las investigaciones, pues era la Fundación la que decidía cómo se invertía y cómo se gastaba dicho capital. Los otros actores sociopolíticos estaban sometidos a su designio. Los comerciantes ya no tenían la palabra. Del cuerpo médico nacional solo podían intervenir aquellos de sus miembros que trabajaban para la Fundación y se sometían a sus órdenes; y el gobierno, representado por el Director Nacional de Higiene, había quedado sometido a las órdenes de la Fundación. La Fundación manejaba el Servicio de Fiebre Amarilla, tomaba las decisiones y daba las órdenes. Pero, además, uno de sus agentes, Fred L. Soper, obviamente con el respaldo tácito de las oficinas centrales de la Fundación en Nueva York, se había apropiado de la parte más valiosa del capital simbólico, el concepto de fiebre amarilla selvática, colocándose en el centro técnico del campo y desplazando de dicho centro a otros investigadores, incluyendo a los de la misma Fundación.

El Servicio de Fiebre Amarilla siguió funcionando en Colombia bajo el control de la Fundación Rockefeller, realizando estudios epidemiológicos, identificación y clasificación de nuevos mosquitos vectores, búsqueda de otros animales reservorios, pruebas de protección y viscerotomías en las regiones de focos endémicos y en otras zonas del país. Como ya dijimos, en 1934 se inició el Servicio de Viscerotomía y a partir de 1937 se comenzaron los programas de vacunación masiva contra la fiebre amarilla en el país. En 1948, la Fundación consideró que su trabajo había terminado en Colombia y que el gobierno nacional ya estaba en condiciones de seguir manejando la campaña de vacunación y decidió retirarse de sus trabajos en salud en el país, cerrando su representación.

Solo regresaría en la década siguiente, para dedicarse a apoyar la reforma de la educación médica, programa ya más prioritario para la Fundación.

Una época y un ciclo se habían cerrado pero la lucha contra esa enfermedad no había terminado, como lo demuestran los frecuentes ciclos epidémicos que se presentan cada 8 a 10 años y que comenzando por la selva brasileña bajan hacia Paraguay para volver a subir desde Bolivia hasta Colombia, pasando por Perú y Ecuador (Monath, 1991). Las epidemias colombianas de fiebre amarilla siguen apareciendo de cuando en cuando, como las que se presentaron en Simití (Bolívar) en 1973, en la región del Ariari-Quejar (Campos Garrido et al., 1980: 7), de Cumaribo (Vichada) en 1974 (Instituto Nacional de Salud, 1994), en Orito en Putumayo en 1975, Yopal en Casanare en 1976, una extensa y grave epidemia en la región de Catatumbo (Norte de Santander) en 1978, las epidemias constantes de San Vicente de Chucurí (1975-1978), en Cimitarra (Carare, Opón) también en 1978, en el Cesar en 1979, en la Sierra Nevada de Santa Marta en 1980 (Campos Garrido et al., 1980: 7) y muchas otras más. Además, la comprensión de este proceso y de sus resultados es pertinente porque la fiebre amarilla sigue presentando una constante amenaza de urbanización de la enfermedad, debida a la múltiple cantidad de monos que frecuentemente se encuentran muertos en las selvas colombianas, en el corredor selvático que va desde el valle medio del río Magdalena y el pie de monte de la Cordillera Oriental hasta la frontera con Venezuela, la Orinoquia-Amazonía y la región de Urabá, a causa de la fiebre amarilla epizoótica (Campos Garrido et al., 1980: 7).

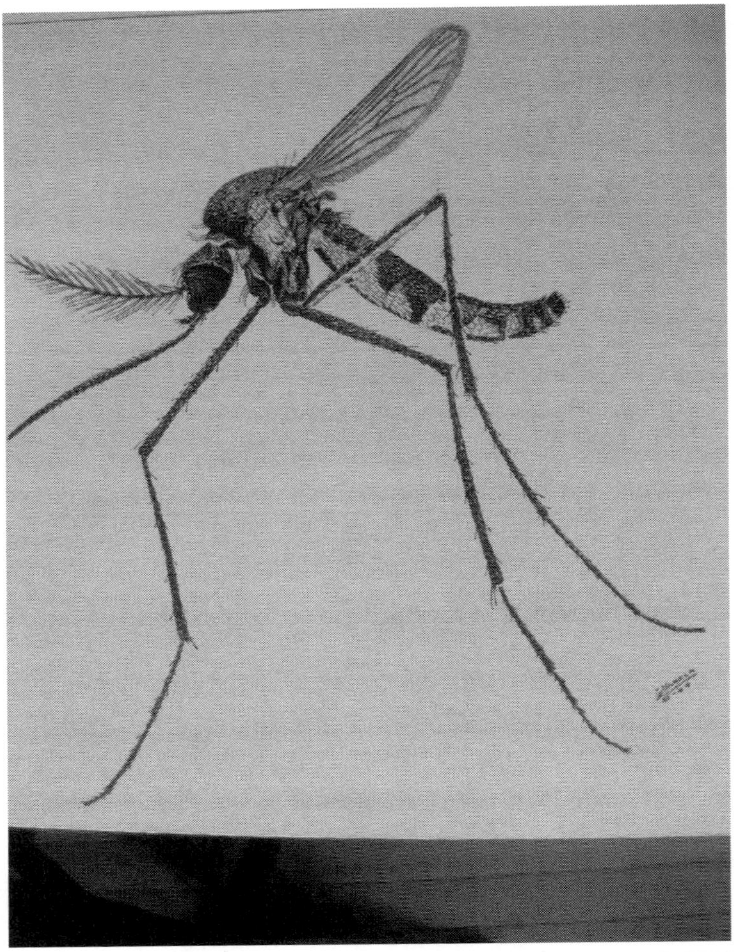

Figura 42. Mosquito *Haemagogus janthinomys*, transmisor de la fiebre amarilla selvática, cuyo ciclo mono-*Haemagogus*-mono-*Haemagogus*-hombre fue descrito por Jorge Boshell Manrique en Colombia.
Dibujo en plumilla, Guillermo Varela, 1944. Laboratorio de entomología, Instituto Carlos Finlay (Bogotá, Colombia).

Fuente: tomado de *Revista Biomédica, 16*(4).

A manera de epílogo

Esta investigación sobre la construcción del concepto de fiebre amarilla selvática en Colombia ha puesto de relieve dos silencios, uno histórico y otro historiográfico. En primer lugar, el histórico, es el que constituye el corazón de este libro: el hecho de que la comunidad médica colombiana había postulado mucho antes y en oposición a sus contrapartes norteamericanos la idea de que la fiebre amarilla podía originarse en los bosques. Los médicos colombianos no solo postularon la idea de una 'fiebre amarilla de los bosques' tan tempranamente como en 1907, sino que repitieron ideas similares en posteriores epidemias ocurridas también en el interior del país, en las décadas de los años veinte y treinta. Por supuesto, hubo controversias sobre el diagnóstico mismo de la enfermedad y sobre su origen selvático o portuario. Y esas controversias no solo se dieron entre médicos colombianos y la Fundación Rockefeller, sino también entre los mismos médicos locales en algunos casos. Con todo, esta investigación muestra la marginalidad de la medicina nacional frente a la ciencia internacional, marginalidad que tienen que ver tanto con el poder económico y cultural que la Fundación Rockefeller ejerció en la primera década del siglo XX en la salud pública colombiana e internacional, como con la concomitante hegemonía del modelo epidemiológico sobre la enfermedad que la Fundación defendió y que la hacía ciega o negligente frente a las propuestas de médicos locales —en este caso, frente a la idea de la 'fiebre amarilla de los bosques'—. Igualmente, esta investigación dejó ver que las controversias alrededor del diagnóstico de la fiebre amarilla estuvieron vinculadas a divergencias en los criterios con los cuales debía definirse el diagnóstico de la enfermedad: clínicos, bacteriológicos, anatomopatológicos e inmunológicos, por lo menos hasta los años treinta. La fuerte tradición clínica francesa y la débil infraestructura de laboratorios del país a veces se chocaron con el énfasis en la ciencia de laboratorio de los investigadores de la Fundación Rockefeller —y de algunos médicos locales también—.

En segundo lugar, el silencio historiográfico que esta obra ha tratado superar es de la misma naturaleza del silencio histórico: a los historiadores de la fiebre amarilla en la región no les ha interesado lo que dijeron sobre la enfermedad los médicos nacionales o aun latinoamericanos. Quizás asumen que estos médicos no tendrían nada que aportar a la ciencia universal por ser científicos 'periféricos', mientras que los científicos de la Fundación Rockefeller sí habrían hecho aportes valiosos, por haber hecho ciencia de punta. Pero tampoco, según se puede deducir de sus escritos, han revisado sistemáticamente los archivos en donde se encuentran las fuentes documentales sobre este problema. Los historiadores de la fiebre amarilla han reforzado los relatos mismos de los funcionarios de la Fundación para llevarse el crédito de ser quienes descubrieron la idea de la fiebre amarilla selvática. Sin intentar en este libro hacer reivindicaciones nacionalistas ni juzgar la verdad o falsedad de las descripciones pasadas sobre la enfermedad, hemos más bien querido darle voz a la comunidad de médicos nacionales a partir de la exploración de cómo se construyó el saber médico sobre la fiebre amarilla selvática y hacer visibles a estos actores hasta ahora ignorados por los historiadores.

Estas historias, en su mayoría de carácter institucional, no incorporan en su haber metodológico conceptos y métodos propuestos por otras disciplinas complementarias a la historia general, la de la medicina y la de la salud pública, como la historia epistemológica, la sociología de las ciencias, la sociología política. Esta obra, al recurrir adicionalmente a dichos recursos teórico-metodológicos, muestra la complejidad en la actuación de los actores sociopolíticos involucrados en el campo de conocimiento de la fiebre amarilla, así como las asimetrías de poder que explican el control del capital simbólico de los investigadores norteamericanos en el campo la fiebre amarilla, por encima de los actores periféricos.

Un enfoque como este es pertinente porque deja abierta la posibilidad de construcción de nuevos elementos para que próximas investigaciones puedan ampliar la comprensión de las dinámicas de interacción entre los grupos de científicos y los actores sociopolíticos en el marco de las relaciones locales y de la cooperación técnica internacional. Esto permitirá a los científicos y a los tomadores de decisiones una mayor claridad para definir criterios que los habilitan para establecer unas relaciones de cooperación científica y técnica internacional más equitativas.

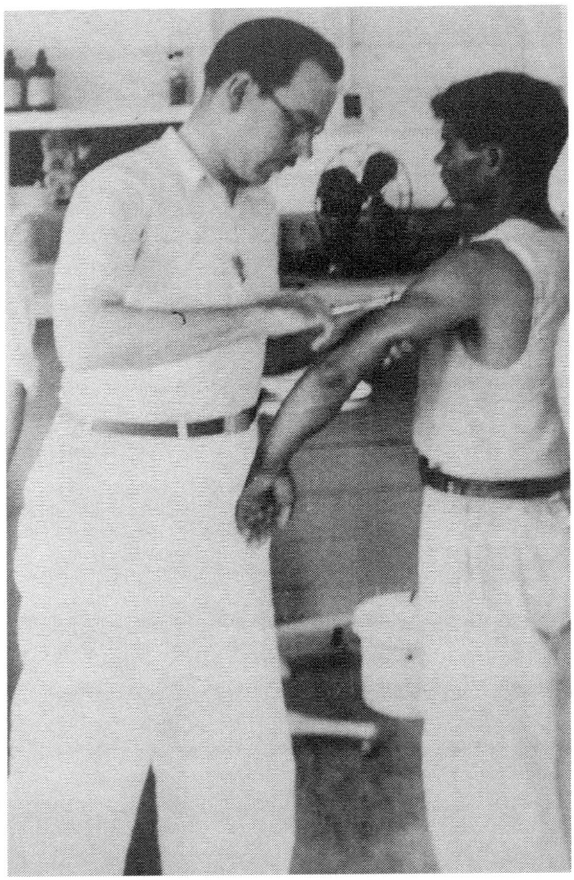

Figura 43. Augusto Gast Galvis vacunando en 1938

Fuente: imagen propiedad del Museo del Instituto Nacional de Salud.

Bibliografía

Academia Nacional de Medicina (1913a). "Convocatoria del Segundo Congreso Médico de Colombia". En *Segundo Congreso Médico de Colombia. Vol. 1.* Bogotá, Escuela Tipográfica Salesiana: III-XVII.

Academia Nacional de Medicina (1913b). *Segundo Congreso Médico de Colombia. Vol. 1.* Bogotá, Escuela Tipográfica Salesiana.

Academia Nacional de Medicina (1915). "Sesión del 2 de julio de 1915". *Revista Médica de Bogotá, XXXIII*(398-402), agosto-diciembre: 423-426. Hemeroteca, Biblioteca Central, Universidad Nacional de Colombia.

Andrade Valderrama, Ernesto (1988). "Luis Patiño Camargo (1891-1978)". *Cirugía, 3*(1), abril: 59-60.

Aparicio, Julio (1915). "Informe del secretario del Consejo Superior de Sanidad sobre los trabajos de esta corporación del 1° de enero al 10 de junio de 1914". *Revista de Higiene, 6*(91), 15 de junio: 362-383.

Arrizabalaga, Jon (1992). "Nuevas tendencias en la historia de la enfermedad: a propósito del constructivismo social". *Arbor. Ciencia, Pensamiento y Cultura, 142*(558-560): 147-165.

Ashmead, Albert S. (1905). "Estudio acerca de la evolución de los insectos o la fiebre amarilla y los mosquitos". *Revista Médica de Bogotá, 26.*

Asimov, Isaac (1986). *Los Estados Unidos, de la Guerra Civil a la Primera Guerra Mundial.* Madrid, Alianza Editorial.

Balfour, Andrew (1915). "Tropical problems in the new world". *Transactions of the Royal Society of Tropical Medicine and Hygiene, VIII*(3), January.

Bauer, J. H. & Kerr, J. Austin (1933). "Una enfermedad pirética confundida con la fiebre amarilla en la costa del Atlántico de Colombia". *Bol. Ofic. San. Pan., 12:* 700-715.

Bauer, J. H. (1928). "The transmission of yellow fever by mosquitoes other than *Aedes Aegypti*". *American Journal of Tropical Medicine, 8*(4): 261-282.

Beeuwkes, Henry; Bauer, J. H. & Mahaffy, A. F. (1930). "Yellow fever endemicity in West Africa with special reference to protection tests". *American Journal of Tropical Medicine, 10:* 305-333.

Bejarano, Jesús Antonio (1994). "El despegue cafetero, 1900-1928". En José Antonio Ocampo (Comp.), *Historia económica de Colombia*. Bogotá, Tercer Mundo: 173-207.

Belmartino, Susana & Bloch, Carlos (1994). *El sector salud en Argentina. Actores, conflictos de interés y modelos organizativos, 1980-1985*. Nº 40. Buenos Aires, Organización Panamericana de la Salud.

Benchimol, Jaime (1999). *Dos micróbios aos mosquitos. Febre amarela no Rio de Janeiro (1880-1930)*. Rio de Janeiro, Editora Fiocruz/Editora da Universidade Federal do Rio de Janeiro.

Benchimol, Jaime (2001). *Febre Amarela. A doença e a vacina, uma história incabada*. Rio de Janeiro, Bio-Manguinhos/Editora Fiocruz.

Bevier, George (1933). "Higiene rural". *Revista de Higiene, XIV*, 5 de mayo: 139-152.

Blánquez Fraile, Agustín (1975). *Diccionario latino-español. Tomo II*. Barcelona, Editorial Ramón Sopena, S.A.

Borrero Mancilla, Armando (1985). "Cólera, cuarentenas y libre cambio". *CIIUP. Revista del Centro de Investigaciones Interdisciplinarias. Universidad Piloto de Colombia, 2*(2), enero-julio: 104-114.

Boshell Manrique, Jorge (1938). "Informe sobre la fiebre amarilla silvestre en la región del Meta, desde julio de 1934 hasta diciembre de 1936". *Revista de la Facultad de Medicina, 6*(8), febrero: 407-427.

Bourdieu, Pierre (1990). *Sociología y cultura*. México, Consejo Nacional para la Cultura y las Artes/Grijalbo.

Bourdieu, Pierre (2000) [1976]. "El campo científico". En Pierre Bourdieu, *Los usos sociales de la ciencia*. Buenos Aires, Ediciones Nueva Visión: 11-57.

Bourdieu, Pierre (2000) [1997]. "Los usos sociales de la ciencia. Para una sociología clínica del campo científico". En Pierre Bourdieu, *Los usos sociales de la ciencia*. Buenos Aires, Ediciones Nueva Visión: 59-140.

Bourdieu, Pierre (2003). *El oficio de científico*. Barcelona, Anagrama.

Braudel, Fernand (1979). "La larga duración". En Fernand Braudel, *La historia y las ciencias sociales*. Madrid, Alianza Editorial: 60-106.

Braudel, Fernand (1985). *La dinámica del capitalismo*. Madrid, Alianza Editorial.

Briceño Ayala, Leonardo (2009). "El efecto de la mortalidad ocupacional sobre la economía. Las fiebres del Magdalena y la siembra de tabaco en Colombia en el siglo XIX". *Revista Ciencias de la Salud, 7*(3): 9-16.

Burke, A. W. (1937). "An epidemic of jungle yellow fever on the planalto of Matto Grosso, Brazil". *The American Journal of Tropical Medicine, 17*(3), May: 313-334.

Burke, Peter (2000). *Historia y teoría social.* México, Instituto Mora.

Cáceres, Humberto & Cuéllar-Montoya, Zoilo (1998). "Roberto Franco Franco". En Humberto Cáceres & Zoilo Cuéllar-Montoya, *Academia Nacional de Medicina de Colombia. Sus miembros, 1873-1997.* Bogotá, Academia Nacional de Medicina: 89-91.

Cáceres, Humberto (1992). *El solitario de la calle 14. Carlos Michelsen Uribe.* Bogotá, Ediciones Fondo Cultural Cafetero.

Calderón Reyes, Luis Felipe (1905a). *Carta del Rector de la Facultad de Medicina y Ciencias Naturales a los señores Santiago Samper, José María Samper y Joaquín Samper.* Bogotá, Archivo Satélite, Facultad de Medicina, Universidad Nacional de Colombia, Copiador de Correspondencia, 1899-1906.

Calderón Reyes, Luis Felipe (1905b). *Carta del Rector de la Facultad de Medicina y Ciencias Naturales, Luis Felipe Calderón, al profesor de Clínica de Patología Interna, 1ª sección, Ismael Gallego B.* Bogotá, Archivo Satélite, Facultad de Medicina, Universidad Nacional, Copiador de Correspondencia, 1899-1906: folder 795.

Calderón V., Fructuoso (1890). *La fiebre amarilla en la provincia de Cúcuta* (Tesis para optar al grado de Doctor en Medicina, Facultad de Medicina, Universidad Nacional, Bogotá).

Calderón, Clímaco (1881). "Cuarentenas. Carta de Clímaco Calderón a SMCN, del 13 de septiembre". *Revista Médica de Bogotá, 6*(68), 20 de diciembre: 342-343.

Campos Garrido, Germán; Vidales Neira, Hernando; Rodríguez Hernández, Jorge; Morales Alarcón, Alberto & Sanín, Luz Helena (1980). *Fiebre amarilla en la Sierra Nevada de Santa Marta: estudio y control de una epidemia.* Bogotá, Ministerio de Salud - Servicio Nacional de Erradicación de la Malaria (SEM).

Canguilhem, Georges (1977). "O efeito da bacteriologia no fim das teorias médicas do século XIX". En Georges Canguilhem, *Ideologia e racionalidade nas ciências da vida.* Lisboa, Edições 70: 51-70.

Carmona y Valle, Manuel (1881a). "Clínica médica. Estudio etiológico de la fiebre amarilla". *Gaceta Médica de México,* 15 de noviembre.

Carmona y Valle, Manuel (1881b). "Clínica médica. Hospital de San Andrés. Dr. Carmona y Valle. Investigaciones sobre la fiebre amarilla. Manuel Santibañez y

J. Mendoza taquígrafos. Agosto 9 de 1881". *Escuela de Medicina, 3*(4), agosto 15-febrero 15, 1982.

Carmona y Valle, Manuel (1885). *Leçons sur l'etiologie et la prophylaxie de la fièbre jaune*. México.

Carrasquilla H., Tomás (1913). "Datos históricos sobre la fiebre amarilla". En *Segundo Congreso Médico de Colombia. Vol. 1*. Medellín, Escuela Tipográfica Salesiana: 152-157.

Carter, Henry Rose (1931). *Yellow fever: an epidemiological and historical study of its place of origin*. Baltimore, The Williams & Willkins Company.

Castañeda, Gabriel (1887). "Informe relativo a la obra del doctor Carmona de Méjico sobre etiología y profilaxis de la fiebre amarilla y a las observaciones de inoculaciones profilácticas de la misma fiebre, practicadas por el doctor Julio Uricoechea, en Cúcuta. Marzo 19 de 1887". *Revista Médica de Bogotá, X*(112), 20 de marzo: 530-543. Hemeroteca, Biblioteca Central, Universidad Nacional de Colombia.

Cesar, Gastão (1935). *Colheita de sangue no Estado do Amazonas em 1932*. Relatório apresentado na Conferencia Anual do Serviço de Febre-Amarela, Rio de Janeiro.

Cipolla, Carlo M. (1993) [1989]. *Contra un enemigo mortal e invisible*. Barcelona, Crítica-Grijalbo.

Coleman, William (1987). *Yellow fever in the North*. Madison, Wisconsin University Press.

Consejo Superior de Sanidad (1914a). "Acuerdo 5 del 12 de marzo de 1914". *Revista de Higiene, 6*(88), 30 de abril: 178-179.

Consejo Superior de Sanidad (1914b). "Carta del Consejo Superior de Sanidad a la Junta Departamental de Higiene del Valle". *Revista de Higiene, 6*(87), 15 de abril: 139-142.

Consejo Superior de Sanidad (1914c). "Resolución 3 del 6 de abril de 1914". *Revista de Higiene, 6*(83), 15 de mayo: 252.

Corpas, Juan N. (1925). "Sanidad pública". En *Memoria del Ministro de Instrucción y Salubridad Pública presentada al Congreso de Colombia de 1925*. Bogotá, Imprenta Nacional.

Corredor Arjona, Augusto (1999). "La fiebre amarilla en Colombia: una investigación seminal". *Revista de Salud Pública, 1*(2): 137-151.

Costa, Nilson do Rosario (1986). *Lutas urbanas e controle sanitario*. Rio de Janeiro, Vozes.

Cuervo Márquez, Luis (1886a). "Apuntes para el estudio clínico de las fiebres del Magdalena. Primera parte". *Revista Médica de Bogotá, 10*(104), 20 de julio: 118-124. Hemeroteca, Biblioteca Central, Universidad Nacional de Colombia.

Cuervo Márquez, Luis (1886b). "Apuntes para el estudio clínico de las fiebres del Magdalena. Segunda parte". *Revista Médica de Bogotá, 10*(105), 20 de agosto: 181-189. Hemeroteca, Biblioteca Central, Universidad Nacional de Colombia.

Cuervo Márquez, Luis (1886c). "Apuntes para el estudio clínico de las fiebres del Magdalena. Tercera parte". *Revista Médica de Bogotá, X*(106), 20 de septiembre: 232-237. Hemeroteca, Biblioteca Central, Universidad Nacional de Colombia.

Cuervo Márquez, Luis (1887). "Fiebre de Cúcuta. Carta a Nicolás Osorio, abril 14 de 1887". *Revista Médica de Bogotá, XI*(113), 20 de abril: 577-579.

Cuervo Márquez, Luis (1887). "Fiebre de Cúcuta. Cartas de marzo 29 y abril 14 de 1887 a Nicolás Osorio". *Revista Médica de Bogotá, X*(113), 20 de abril: 575-579. Hemeroteca, Biblioteca Central, Universidad Nacional de Colombia.

Cuervo Márquez, Luis (1891a). *La fiebre amarilla en el interior de Colombia*. Curacao, Imprenta de la Librería A. Bethencourt e Hijos.

Cuervo Márquez, Luis (1891b). *La fiebre amarilla en el interior de Colombia. Epidemia de Cúcuta. Fiebres del Magdalena*. Curazao.

Cuervo Márquez, Luis (1913). "Historia del aparecimiento y propagación de la fiebre amarilla en Colombia". En *Segundo Congreso Médico de Colombia. Vol. 1*. Bogotá, Editorial Tipográfica Salesiana: 131-137.

Cueto, Marcos (1989). *Excelencia científica en la periferia. Actividades científicas e investigación biomédica en el Perú, 1890-1950*. Lima, Grade-Concytec.

Cueto, Marcos (1994a). *Missionaries of science. The Rockefeller Foundation in Latin America*. Blomington, Indiana University Press.

Cueto, Marcos (1994b). "Visions of science and development: The Rockefeller Foundation's Latin American Surveys of the 1920s". En Marcos Cueto, *Missionaries of science. The Rockefeller Foundation and Latin America*. Bloomington and Indianapolis, Indiana University Press: 1-22.

Cueto, Marcos (1997). "La sanidad desde arriba: la fiebre amarilla, la costa norte y la Fundación Rockefeller". En Marcos Cueto, *El regreso de las epidemias. Salud y sociedad en el Perú del siglo XX*. Lima, Instituto de Estudios Peruanos (IEP): 59-86.

Cueto, Marcos (2004). *El valor de la salud. Historia de la Organización Panamericana de la Salud*. Publicación científica y técnica Nº 600. Washington, Organización Panamericana de la Salud.

Davis, Nelson C. & Burke, A. W. (1929). "Studies on South American yellow fever. I. The strains of virus in use at the Yellow Fever Laboratory in Bahia, Brazil". *Journal of Experimental Medicine, 49:* 975-984.

De Almeida, Marta (2003). *República dos invisíveis: Emílio Ribas, microbiologia e saúde pública em São Paulo (1898-1917)*. São Francisco, Editoria Universitaria São Francisco/Universidade São Francisco/CDAPH.

Degler, Carl N. (1986) [1959]. *Historia de los Estados Unidos. El desarrollo de una nación, 1860-1985*. Barcelona, Editorial Ariel, S. A.

Delaporte, François (1989). *Historia de la fiebre amarilla. Nacimiento de la medicina tropical*. México, CEMCA/IIU-UNAM.

Delaporte, François (1991). *The history of yellow fever. An essay on the birth of tropical medicine*. Londres/Cambridge, The MIT Press.

Delgado García, Gregorio (1982). *La doctrina finla*ista: valoración científica e histórica a un siglo de su presentación. 65. Gregorio Delgado García. Cuadernos de Historia de la Salud Pública. La Habana, Consejo Nacional de Sociedades Científicas del Ministerio de Salud Pública.

Díaz de Ovando, Clementina (1993). *El doctor Manuel Carmona y Valle y la fiebre amarilla son noticia periodística (1881-1886)*. México, Universidad Autónoma de México.

Dirección *Revista Médica de Bogotá* (1904). "La fiebre amarilla. Informe de Marchoux, Salimheni y Simona. Anales del Instituto Pasteur". *Revista Médica de Bogotá, 24*(291), julio: 364-375. Hemeroteca, Biblioteca Central, Universidad Nacional de Colombia.

Du Tertre, Jean Baptiste (1667-1671). *Histoire generale des Antilles habitées par les François. Vol. 1*. París, T. Iolly.

Edelson, Edward (1971). *Healers in uniform*. Garden City, N. Y., Doubleday & Company, Inc.

Ettling, John (1981). *The Germ of Laziness: Rockefeller Philanthropy and Public Health in the New South*. Cambridge, Mass., Harvard University Press.

Farley, John (1991). "1898: another war, another continent". En John Farley, *Bilharzia. A history of imperial tropical medicine*. Cambridge, Cambridge University Press: 31-44.

Farley, John (2004). *To cast out disease. A history of the International Health Division of the Rockefeller Foundation (1913-1951)*. New York, Oxford University Press.

Finlay, Carlos J. (1886). "Yellow fever. Its transmission by means of the *Culex* mosquito". *The American Journal of the Medical Sciencies,* octubre: 395-409.

Finlay, Carlos J. (1965) [1865]. "La etiología de la fiebre amarilla". En Carlos J. Finlay, *Obras completas. Vol. 1*. La Habana, Academia de Ciencias de Cuba: 87-118.

Finlay, Carlos J. (1965) [1872]. "Alcalinidad atmosférica observada en La Habana". En Carlos J. Finlay, *Obras completas. Vol. 1.* La Habana, Academia de Ciencias de Cuba: 119-126.

Finlay, Carlos J. (1965) [1873]. "Más sobre 'alcalinidad atmosférica". En Carlos J. Finlay, *Obras completas. Vol. 1.* La Habana, Academia de Ciencias de Cuba: 142.

Finlay, Carlos J. (1965) [1886]. "Yellow fever. Its transmission by means of the *Culex* mosquito". En Carlos J. Finlay, *Obras completas. Vol. 1.* La Habana, Academia de Ciencias de Cuba-Museo Histórico de las Ciencias Carlos J. Finlay: 421-434.

Finlay, Carlos J. (1965a) [1881]. "Conferencia Sanitaria Internacional. Protocolo N° 7, sesión del 18 de febrero de 1881". En Carlos J. Finlay, *Obras completas. Vol. 1.* La Habana, Academia de Ciencias de Cuba: 195-196.

Finlay, Carlos J. (1965b) [1881]. "El mosquito en la etiología de la fiebre amarilla". En Carlos J. Finlay, *Obras completas. Vol. 1.* La Habana, Academia de Ciencias de Cuba/Museo de Ciencias Médicas Carlos J. Finlay: 247-262.

Finlay, Carlos J. (1965c) [1881]. "El mosquito hipotéticamente considerado como agente de transmisión de la fiebre amarilla". En Carlos J. Finlay, *Obras completas. Vol. 1.* La Habana, Academia de Ciencias de Cuba/Museo Histórico de las Ciencias Médicas Carlos J. Finlay: 247-261.

Fosdick, Raymond B. (1989) [1952]. *The story of the Rockefeller Foundation.* 2nd ed. New Brunswick, Transactions Publishers.

Franco Franco, Roberto (1902). *Notas de clase.* París. Fotocopia en archivo personal de Emilio Quevedo.

Franco Franco, Roberto (1903). *Du typhus exanthématique. Notes sur quelques cas observés a Tunis.* Paris, Henri Jouve.

Franco Franco, Roberto (1907). "Informe presentado al sindicato de Muzo por la misión encargada de estudiar la epidemia de fiebre observada en la mina en los meses de marzo y abril de 1907". *Revista Médica de Bogotá, 28*(331): 93-105.

Franco Franco, Roberto (1925). "El laboratorio y los grandes problemas sanitarios en Colombia". *El Tiempo,* 22 de agosto: 18 y 22.

Franco Franco, Roberto; Toro Villa, Gabriel & Martínez S., Jorge (1936). "Fiebre amarilla y fiebre espiroquetal". *Revista de la Facultad de Medicina, 5*(3), septiembre: 165-227. Sala Universidad, Biblioteca Central, Universidad Nacional de Colombia.

Franco Franco, Roberto; Toro Villa, Gabriel & Martínez Santamaría, Jorge (1911). *Fiebre amarilla y fiebre espiroquetal. Endemias y epidemias en Muzo, de 1907 a 1910. Vol. 1, tomo 1.* Academia Nacional de Medicina. Sesiones Científicas del Centenario. Bogotá, Imprenta Nacional.

Franco, Odair (1969). *História da febre-amarela no Brasil.* Rio de Janeiro, Ministerio da Saúde/Departamento Nacional de Endemias Rurais.

Fundación Rockefeller (1923). "La campaña en contra de la fiebre amarilla". En *Junta de Sanidad Internacional-Noveno informe anual. Enero 1, 1922-diciembre 31, 1922.* Nueva York, Fundación Rockefeller: 11-21.

Fundación Rockefeller (1924). "Triunfos obtenidos en la lucha contra la fiebre amarilla". En *La Junta de Sanidad Internacional-Décimo informe anual. Enero 1, 1923-diciembre 31, 1923.* Nueva York, Fundación Rockefeller: 39-41.

García Aguilera, Pablo & Córdoba, Julio (1918). "Estudio sobre la fiebre amarilla con especial mención de la última epidemia de 1915 a 1916 en el puerto de Buenaventura y en Caldas". *Revista Médica de Bogotá, XXXVI*(426 a 428), enero-marzo: 108-118.

García Medina, Pablo & Lobo, Manuel N. (1919a). "Circulares de la Dirección Nacional de Higiene". *Revista de Higiene, 9*(112-114), enero-marzo: 92-97.

García Medina, Pablo & Lobo, Manuel N. (1919b). "Dirección Nacional de Higiene". *Revista de Higiene, 9*(112-114), enero-marzo: 89-90.

García Medina, Pablo (1914). "Sanidad de los puertos marítimos". *Revista de Higiene, 6*(83), 15 de mayo: 279-281.

García Medina, Pablo (1915). "Junta Central de Higiene. Exposición de la Junta al Congreso Nacional de 1915". *Revista de Higiene, 7*(93), agosto: 4-103.

García Medina, Pablo (1917a). "Comisión americana para el estudio de la fiebre amarilla". *Revista de Higiene, 8*(100): 99-104.

García Medina, Pablo (1917b). "Informe de la Junta Central de Higiene". *Revista Médica de Bogotá, XXXV*(422 y 423), agosto y septiembre: 578-600. Hemeroteca, Biblioteca Central, Universidad Nacional de Colombia.

García Medina, Pablo (1919). "Informe del Director Nacional de Higiene al Ministerio de Instrucción Pública". *Revista de Higiene, 9*(115), agosto: 279-310.

García Medina, Pablo (1921). "Sexta Conferencia Sanitaria Internacional Panamericana". *Revista de Higiene, 10*(126-133), junio: 102-178.

García Medina, Pablo (1922). "IV informe anual del Director Nacional de Higiene". En *Memoria del Ministro de Agricultura y Comercio al Congreso de 1922.* Bogotá, Imprenta Nacional: 187-133.

García Medina, Pablo (1923). "V informe anual del Director Nacional de Higiene". En *Memoria del Ministerio de Agricultura y Comercio al Congreso de 1923.* Bogotá, Imprenta Nacional.

García Medina, Pablo (1931). *Informe del Director Jefe del Departamento Nacional de Higiene y Asistencia Pública*. Bogotá, Imprenta Nacional.

García Medina, Pablo (1932). *Compilación de las leyes, decretos, acuerdos y resoluciones vigentes sobre higiene y sanidad en Colombia. Vol. 1*. Bogotá, Departamento Nacional de Higiene/Imprenta Nacional.

García, Claudia Mónica & Quevedo V., Emilio (1998). "Uncinariasis y café: antecedentes de la intervención de la Fundación Rockefeller en Colombia: 1900-1920". *Biomédica, 18*(1): 5-21.

García, Claudia Mónica (2006). *Las fiebres del Magdalena: medicina y sociedad en la construcción de una noción médica colombiana, 1859-1886*. Bogotá, Instituto de Salud Pública, Universidad Nacional de Colombia.

García, Juan César (1994) [1982]. "La medicina estatal en América Latina". En Juan César García, *Pensamiento social en salud en América Latina*. Atlampa, Interamericana/McGraw-Hill/OPS: 95-143.

Gast Galvis, Augusto (1943). "Biología y distribución geográfica de los anophelinos en Colombia". *Revista de la Facultad de Medicina, XII*(2), agosto: 5-55.

Gast Galvis, Augusto (1982). *Historia de la fiebre amarilla en Colombia*. Bogotá, Ministerio de Salud Pública-Instituto Nacional de Salud.

Gómez, Andrés (1912). "La fiebre de Bucaramanga en 1911". *Repertorio de Medicina y Cirugía, 4*(2), 15 de noviembre: 57-69.

Gómez, Proto (1881). "Proyecto de resolución". *Revista Médica de Bogotá, 6*(68), 20 de diciembre: 344-348.

Gómez, Proto (1887). "Los mosquitos y la fiebre amarilla". *Revista Médica de Bogotá, 10*(115), 20 de junio: 653-659. Hemeroteca, Biblioteca Central, Universidad Nacional de Colombia.

Gorgas, Marie & Hendrick, Burton J. (1924). *William Crawford Gorgas: his life and work*. Philadelphia, Lea y Febiger.

Gorgas, William Crawford (1916a). "Comunicación de doctor W. C. Gorgas sobre fiebre amarilla en Muzo". *Revista Médica de Bogotá:* 512-517.

Gorgas, William Crawford (1916b). *Report to the Commission on yellow fever at Muzo, Colombia*. Report. Bogotá. RAC-New York. RFA-IHB. RG. 5, S. 2, SS. 311, b. 27, f. 165.

Gorgas, William Crawford (1917). "Copia de la carta dirigida al Ministerio de Hacienda, señor D. Tomás Suri Salcedo". *Revista de Higiene, VIII*(100), enero: 110-112. Biblioteca Nacional.

Gorgas, William Crawford; Güiteras, Juan; Carter, Henry R.; Lyster, T. C.; Wrightson, W. D. & Whitmore, E. R. (1916). *The Havana Yellow Fever Division. The Magdalena River Area*. Report. RAC-New York. RFA-IHB. RG. 5, S. 2, Vol. 34-Yellow Fever Commission.

Gottfried, Robert S. (1993) [1983]. *La Muerte Negra. Desastres naturales y humanos en la Europa medieval.* 1ª reimpresión en español. México, Fondo de Cultura Económica.

Guiteras, Juan (1916). "Fiebre amarilla en Tocamocho. Conceptos". *Revista Médica de Bogotá:* 520.

Guiteras, Juan (1965). "Dr. Carlos J. Finlay. Biographical notes". En Carlos J. Finlay, *Obras completas. Tomo I.* La Habana, Academia de Ciencias de Cuba/Museo Histórico de las Ciencias Médicas Carlos J. Finlay: 11-17.

Gutiérrez Arango, Daniel (1888). "Los microorganismos de la fiebre Amarilla. Introducción (primera entrega)". *Revista Médica de Bogotá, XII*(132), 20 de diciembre: 273-285.

Gutiérrez Arango, Daniel (1889a). "Los microorganismos de la fiebre amarilla. Continuación (segunda entrega)". *Revista Médica de Bogotá, XII*(133), 28 de enero: 307-316.

Gutiérrez Arango, Daniel (1889b). "Los microorganismos de la fiebre Amarilla. Continuación (tercera entrega)". *Revista Médica de Bogotá, XII*(134), 28 de febrero: 352-359.

Guzmán Esponda, E. (1981a). "Dr. Luis Patiño Camargo". *El Tiempo*. 7 de abril: 5-A.

Guzmán Esponda, E. (1981b). "Homenaje al profesor Luis Patiño Camargo". *Boletín de la Academia Colombiana, 31*(133), julio, agosto y septiembre: 157-181.

Henao M., Emiliano (1917). "La fiebre de Tacamocho". *El ferrocarril de Antioquia - publicación oficial,* (637), 26 de noviembre: 5069-5079.

Henao, Jesús María & Arrubla, Gerardo (1910). *Historia de Colombia*. Bogotá, Plaza & Janés Editores-Colombia Ltda.

Hernández Álvarez, Mario; Obregón Torres, Diana; Miranda Canal, Néstor; García, Claudia Mónica; Eslava Castañeda, Juan Carlos; Vega Romero, Román; Hernández Torres, Jinneth; Vega Vargas, Manuel; Villamizar Duarte, Carlos Vladimir & Barbosa Morales, Diego (2002). *La Organización Panamericana de la Salud y el Estado colombiano: cien años de historia, 1902-2002*. Bogotá, OPS/OMS.

Hernández Bautista, Darío (1925). *La fiebre amarilla de 1923 en Bucaramanga* (Tesis de Doctorado en Medicina, Facultad de Medicina, Universidad Nacional-Sociedad Editorial, Bogotá).

Hernández, Félix (1887a). "Carta a Nicolás Osorio del 7 de junio de 1887". *Revista de Higiene, 1*(1), 27 de junio: 69-72. Hemeroteca, Biblioteca Central, Universidad Nacional de Colombia.

Hernández, Félix (1887b). "Fiebre amarilla - inoculaciones preventivas. New York, abril 25 de 1887". *Revista Médica de Bogotá, 12*(116), 20 de julio: 701-711. Hemeroteca, Biblioteca Central, Universidad Nacional de Colombia.

Herrera, Amilcar O. (1971). *Ciencia y política en América Latina.* México, Siglo XXI Editores.

Holguín, Carlos (1888). "Salubridad – cuarentenas". En *Memoria del Ministro de Gobierno de Colombia al Congreso Constitucional de 1888.* Bogotá, Casa Editorial de J. J. Pérez: 50-64.

Hudson, N. Paul (1928). "Pathology of experimental yellow fever in the *Macacus rhesus*". *American Journal of Pathology, 4,* September: 395-429.

Hudson, N. Paul; Bauer, Johannes H. & Philip, Cornelius B. (1929). "Protection tests with serum of persons recovered from yellow fever in the Western Hemisphere and West Africa". *American Journal of Tropical Medicine, 9,* January: 1-16.

Hudson, N. Paul; Philip, Cornelius B. & Davies, G. E. (1929). "Protection tests with serum of persons recovered from yellow fever in the Western Hemisphere and West Africa: additional report". *American Journal of Tropical Medicine, 9,* July: 223-232.

Ibáñez, Pedro María (1884). *Memorias para la historia de la medicina en Santafé.* Bogotá, Imprenta de Vapor de Zalamea Hermanos.

Instituto Nacional de Salud (1994). "Fiebre amarilla selvática en Cumaribo (Vichada)". *Boletín Epidemiológico Nacional, 2*(3), julio-septiembre: 45-46.

Jiménez Bonilla, Simón (1918). *Saneamiento de Buenaventura.* Bogotá, Tipografía Minerva.

Junta Central de Higiene (1887). "Acta de la sesión de la Junta Central de Higiene del 23 de mayo de 1887". *Revista de Higiene, 1*(1): 29-33.

Junta Central de Higiene (1889a). "Acta de la sesión de la Junta Central de Higiene del día 12 de marzo 1888". *Revista de Higiene, 2*(17), 30 de diciembre: 495-505.

Junta Central de Higiene (1889b). "Acta de la sesión de la Junta Central de Higiene del día 27 de septiembre". *Revista de Higiene, 2*(15), 31 de octubre: 433-435.

Junta Central de Higiene (1901). "Informe presentado por el Sr. Secretario de la Junta Central de Higiene al Sr. Ministro de Instrucción Pública". *Revista de Higiene, 5*(68), marzo: 306-310.

Junta Central de Higiene (1914). "Personal sanitario de los puertos". *Revista de Higiene, 6*(86), 30 de marzo: 97.

Junta Central de Higiene (1916). "Acuerdo 311 del 12 de agosto de 1916, por el cual se nombra una comisión sanitaria especial". *Revista de Higiene, 7*(99), agosto: 84.

Junta Central de Higiene (1932) [1905]. "Acuerdo 5, 18 de diciembre de 1905". En Pablo García Medina, *Compilación de las leyes, decretos, acuerdos y resoluciones vigentes sobre higiene y sanidad en Colombia*. Bogotá, Departamento Nacional de Higiene/Imprenta Nacional.

Kerr, J. Austin (1933). *Reinterpretation of findings in survey of Muzo and Santander, Colombia*. Report. Bogotá, September. RAC. RG. 2 CC (General Correspondance). RFA, b. 558, f. 3777.

Klotz, Oskar & Belt, T. H. (1930). "The identity of yellow fever lesions in Africa and America". *American Journal of Tropical Medicine, 10*(5): 299-304.

Klotz, Oskar (1928). *Yellow fever in West Africa 1927-28*. Baltimore, The De Lamar Lectures.

Laín Entralgo, Pedro (1961) [1950]. *La historia clínica. Historia y teoría del relato patográfico*. Barcelona, Salvat Editores, S. A.

Laín Entralgo, Pedro (1982). *El diagnóstico médico. Historia y teoría*. Barcelona, Salvat Editores, S.A.

Latour, Bruno (2001) [1983]. "Dadme un laboratorio y levantaré el mundo". En Karim Knorr-Cetina & Michael Mulkay, *Science observed. Perspectives on the social studies of science*. London, SAGE Publications: 141-170.

Lengua, Miguel Ángel (1904). "Contribución al diagnóstico diferencial de la fiebre amarilla en la costa". *Revista Médica de Bogotá, 24*(287), marzo: 228-232. Hemeroteca, Biblioteca Central, Universidad Nacional de Colombia.

Leyva Pereira, Lisandro (1910). *Profilaxis del paludismo y de la fiebre amarilla: necesidad de una organización sanitaria*. Bogotá, Facultad de Medicina y Ciencias Naturales, Universidad Nacional de Colombia, Imprenta Eléctrica.

Littré, Emile & Robin, Charles (1872). *Dictionnaire de médecine, de chirurgie, de pharmacie, de l'art vétérinaire et des sciences qui s'y rapportent*. París, Librairie J.-B. Baillière et Fils.

Lloyd, Wray (1935). "The use of cultivated virus together with immune serum, in vaccination against yellow fever". *Bull. Men. d'Of. Internat. d'Hyg. Pub, 27:* 2365-2368.

Lloyd, Wray; Theiler, Max & Ricci, N. I. (1936). "Modification of the virulence of yellow fever virus by cultivation in tissues *in vitro*". *Transactions of the Royal Society of Tropical Medicine and Hygiene, 21:* 104-112.

Lombana Barreneche, José María (1905). "Profilaxis de la fiebre amarilla". *Revista Médica de Bogotá, XXV*(297), enero: 161-165.

London School of Hygiene and Tropical Medicine (LSHTM) (1899-1904). *Students' registration book. Vol. I.* London, LSHTM.

López de Cogolludo, Diego (1868) [1688]. *Historia de Yucatán, escrita en el siglo XVII.* Tomo II, libro XII, capítulo XII. 3ª ed.. México.

López Sánchez, José (1987). *Finlay. El hombre y la verdad científica.* La Habana, Editorial Científico-Técnica.

Löwy, Ilana (1997). "What/who should be controlled: oposition to yellow fever campaigns in Brazil, 1900-1939". En Andrew Cunningham & Bridie Andrews, *Contested knowledge: reactions to Western medicine in the modern period.* Manchester, Manchester University Press.

Löwy, Ilana (1999). "Representação e intervenção em saúde pública: vírus, mosquitos e especialistas da Fundação Rockefeller no Brasil". *Manguinhos. História, Ciências, Saúde, 5*(3), nov. 1998-feb. 1999: 647-677.

Lutz, Adolfo (1930). "Reminiscências da febre-amarela no Estado de São Paulo". *Mem. Inst. Oswaldo Cruz, 24*(3): 127-142.

Lyster, T. C. (1916a). "Carta a la Junta Central de Higiene". *Revista de la Facultad de Higiene, VII*(100).

Lyster, T. C. (1916b). "Fiebre amarilla en Cúcuta. Conceptos". *Revista Médica de Bogotá:* 522.

M. J. A. (1904). "El Sr. Dr. Roberto Franco F.". *El Nuevo Tiempo.* 10 de septiembre: s/n.

Mac Cormick, David D. (1913). "Fiebre amarilla en el Valle del Soto". En *Segundo Congreso Médico de Colombia. Vol. 1.* Bogotá, Editorial Tipográfica Salesiana: 138-151.

Mac Cormick, David D. (1924). "Observaciones sobre la fiebre de Bucaramanga". *Anuario Ilustrado de Vanguardia Liberal. Editorial Cromos.* 23 de febrero: 257-262. Biblioteca Nacional, Sala Daniel Samper.

Mahan, Alfred T. (2000) [1890]. *El interés de Estados Unidos de América en el poderío marítimo. Presente y futuro.* Bogotá, Universidad Nacional de Colombia, Sede San Andrés/Unibiblos.

Mann, Michael (1991) [1986]. *Las fuentes del poder social. Vol. I: Una historia del poder desde los comienzos hasta 1760 d. C.* Madrid, Alianza.

Martínez Collazos, David (1923). "El *Leptospira* de la fiebre de Bucaramanga puede no ser el de Noguchi: ¿será esta una epidemia distinta? Frente a un problema trascendental. El doctor Hanson nos hace calurosos elogios de los estudios del doctor M'Cormick". *Vanguardia Liberal, V,* 12 de septiembre: 1. Biblioteca Nacional.

Mathis, C.; Sellards, A. W. & Laigret, J. (1928). "Comptes rend.". *Acad. d. Sc., 186:* 604.

McCullough, David (1979). *El cruce entre dos mares. La creación del canal de Panamá, 1870-1914.* México, D. F., Lasser Press Mexicana, S. A.

Mead, Teresa (1991). "Cultural imperialism in Old Republic Rio de Janeiro: the urban renewal and public health project". En Teresa Mead & Mark Walker, *Science, Medicine and Cultural Imperialism.* New York, St. Martin Press: 95-119.

Mejía Rodríguez, Paola (2004). "De ratones, vacunas y hombres: el programa de fiebre amarilla de la Fundación Rockefeller en Colombia, 1932-1948". *Dinamys. Acta Hisp. Med. Sci. Hist. Illus., 24:* 119-115.

Miranda Canal, Néstor (1978). *La concepción del Estado en la obra de Antonio Gramsci* (Tesis para optar a la Licenciatura en Sociología, Rocío Londoño, Departamento de Sociología, Facultad de Ciencias Humanas, Universidad Nacional de Colombia, Bogotá).

Miranda Canal, Néstor (1993). "La medicina colombiana de 1867 a 1946". En Emilio Quevedo V., *Historia social de la ciencia en Colombia. Vol. 8: Medicina.* Bogotá, Colciencias-Tercer Mundo Editores: 15-160.

Monath, Thomas P. (1991). "Yellow fever: Victor, Victoria? Conqueror, Conquest? Epidemics and research in the last forty years and prospects for the future". *American Journal of Tropical Medicine and Hygiene, 45*(1): 1-43.

Morales Lizarazo, E. A. (2005). *Sin miedo ni gloria: ciencia y política en la segadora de vidas de tez amarílica. Valle del Soto 1911 y Bucaramanga 1923* (Tesis para optar por el Grado de Historiador, Universidad Industrial de Santander).

Moulin, Ane Marie (1992). "Patriarchal science: the network of the overseas Pasteur Institutes". En Patrick Petitjean, Catherine Jami & Ane Marie Moulin, *Science and empires: historical studies about scientific development and European expansion.* Dordrecht, Kluwer Academic Press: 307-332.

Neghme R., Amador (1987). "El doctor Luis Patiño Camargo, un Quijote de la salud pública en Colombia y un ejemplo para América". En Amador Neghme R., *Precursores de la medicina iberoamericana.* Bogotá, Fundación Segunda Expedición Botánica-Federación Panamericana de Asociaciones de Facultades de Medicina.

Noguchi, Hideyo & Pareja, W. (1921). "Prophylactic inoculation against yellow fever". *Jour. Am. Med. Assn., 76:* 96.

Noguchi, Hideyo (1919a). "Etiology of yellow fever. I. Symptomatology and pathological findings of the yellow fever prevalent in Guayaquil". *Journal of Experimental Medicine, 29*(6), June 1: 547-564.

Noguchi, Hideyo (1919b). "Etiology of yellow fever. II. Transmission experiments on yellow fever". *Journal of Experimental Medicine, 29*(6), June 1: 565-584.

Noguchi, Hideyo (1919c). "Etiology of yellow fever. III. Symptomatology and pathological findings in animals experimentally infected". *Journal of Experimental Medicine, 29*(6), June 1: 585-596.

Noguchi, Hideyo (1919d). "Etiology of yellow fever. IV. The acquired immunity of Guinea pigs against *Leptospira icteroides* after the inoculation of blood of yellow fever patients". *Journal of Experimental Medicine, 30*(1), July 1: 1-8.

Noguchi, Hideyo (1919e). "Etiology of yellow fever. V. Properties of blood serum of yellow fever patients in relation to *Leptospira icteroides*". *Journal of Experimental Medicine, 30*(1), July 1: 9-12.

Noguchi, Hideyo (1919f). "Etiology of yellow fever: transmission experiments on yellow fever". *Journal of Experimental Medicine, 29:* 565-584.

Noguchi, Hideyo (1920a). "Comparative immunological studies on *L. icteroides* and *L. icterohaemorrhagiae*". *Journal of Experimental Medicine, 31:* 135-158.

Noguchi, Hideyo (1920b). "Etiology of yellow fever. XI. Serum treatment of animals infected with *L. icteroides*". *Journal of Experimental Medicine, 31:* 159-168.

Noguchi, Hideyo (1924). *Dates on vaccination and treatment of yellow fever.* New York, November 24. Inédito.

Noguchi, Hideyo (1929). "Etiology of yellow fever". *Jour. Exp. Med., 29:* 547-564.

Noguchi, Hideyo *et al.* (1924). "Experimental studies of yellow fever in Northern Brazil". En United Fruit Company, *Proceedings of the International Conference en Health Problems in Tropical America.* Boston, Perry Eastbrook Press, Inc.: 169-179.

Noguera, Óscar (1903). "Notas sobre la transmisión, profilaxis y tratamiento de la fiebre amarilla. Tercera entrega". *Revista Médica de Bogotá, 24*(285), enero: 169-188. Hemeroteca, Biblioteca Central, Universidad Nacional de Colombia.

Núñez, Rafael (1994) [1874]. *Ensayos de crítica social.* Medellín, Universidad de Cartagena/Editorial Lealon.

Obregón Torres, Diana (1992). *Las sociedades científicas en Colombia. La invención de una tradición, 1859-1936.* Bogotá, Banco de la República.

Obregón Torres, Diana (1996). "De 'árbol maldito' a 'enfermedad curable': los médicos y la construcción de la lepra en Colombia, 1884-1939". En Marcos Cueto, *Salud, cultura y sociedad en América Latina.* Lima, Instituto de Estudios Peruanos (IEM): 159-178.

Obregón Torres, Diana (2002). *Batallas contra la lepra: Estado, medicina y ciencia en Colombia.* Medellín, Banco de la República - Fondo Editorial Universidad Eafit.

Organización Panamericana de la Salud (1992). "*Pro salute novi mundi:* historia de la OPS". *Boletín de la Oficina Sanitaria Panamericana, 113* Número Especial (5-6): 373-576.

Osorio, Nicolás (1900). "Etiología y patogenia de la fiebre amarilla". *Revista Médica de Bogotá, XXII*(250), febrero: 577-598. Hemeroteca, Biblioteca Central, Universidad Nacional de Colombia.

Osorio, Nicolás (1904). *Carta del Rector de la Facultad de Medicina y Ciencias Naturales, Nicolás Osorio, al Ministro de Instrucción Pública.* Manuscrito. Bogotá, 7 de diciembre. Archivo Satélite, Facultad de Medicina de la Universidad Nacional, Copiador de Correspondencia, 1899-1906, 86, fl. 763.

Palacios, Marco & Safford, Frank (2002). *Colombia. País fragmentado, sociedad dividida.* Bogotá, Grupo Editorial Norma.

Palacios, Marco (1983). *El café en Colombia, 1850-1970. Una historia económica social y política.* Bogotá, El Áncora Editores.

Palmer, Steven (1998). "Central American encounters with Rockefeller Public Health, 1914-1921". En Gilbert Joseph, Catherine LeGrand & Ricardo Salvatore, *Close encounters of Empire: writing the cultural history of U.S.-Latin American relations.* Durham, NC, Duke University Press.

Patiño Camargo, Luis & Kerr, J. Austin (1933). "Investigaciones sobre fiebre amarilla en Muzo y en la región de Santander". *Revista Médica de Bogotá, XLIII*(506): 325-346.

Patiño Camargo, Luis (1934). "Informe del Director del Departamento Nacional de Higiene al Ministro de Gobierno". En *Memoria del Ministro de Gobierno, Absalón Fernández de Soto, al Congreso Nacional en sus sesiones ordinarias de 1934.* Bogotá, Imprenta Nacional: 83-164.

Patiño Camargo, Luis (1936). *Notas sobre fiebre amarilla en Colombia.* Bogotá, Editorial Cromos.

Patiño Restrepo, José Félix (1992). "Luis Patiño Camargo. Maestro, investigador, humanista". *Medicina, 30,* julio: 34-36.

Peña Chavarría, Antonio; Serpa, Roberto & Bevier, George (1929). *Fiebre amarilla en Socorro, Colombia.* Bogotá, Instituto Nacional de Salud.

Peña Chavarría, Antonio; Serpa, Roberto & Bevier, George (1930). "Yellow fever in Colombia with special reference to the epidemic in Socorro in 1929". *Journal of Preventive Medicine, 4*(6), noviembre: 417-457.

Perea P., Aparicio (1881). "Epidemias de fiebres de Neiva". *Revista Médica de Bogotá, 6*(67), noviembre: 302-305. Hemeroteca, Biblioteca Central, Universidad Nacional de Colombia.

Polanco, Xavier (1990). "Une science-monde: la mondialisation de la science européenne et la creation de traditions scientifiques locales". En Xavier Polanco, *Naissance et développement de la science-monde*. Paris, La découverte/Consil de l'Europe/Unesco: 10-52.

Quevedo V., Emilio (1992). "Los tiempos del cólera. Orígenes y llegada de la peste a Colombia". *Revista Credencial Historia, 29:* 8-11.

Quevedo V., Emilio (1996). "¿Políticas de salud o políticas insalubres? De la higiene a la salud pública en Colombia en la primera mitad del siglo xx". *Biomédica, 16*(4): 345-359.

Quevedo V., Emilio (2000). "El tránsito desde la higiene hacia la salud pública en América Latina". *Tierra Firme, Revista de Historia y Ciencias Sociales, 72*(18), octubre-diciembre: 611-661.

Quevedo V., Emilio (2001). "*A coffee with sugar, please*: la Fundación Rockefeller y la salud pública en Centroamérica, hacia una mirada comparativa". *Colombia, Ciencia & Tecnología, 19*(3), julio-septiembre: 24-36.

Quevedo V., Emilio (2004). "Cuando la higiene se volvió pública". *Revista de la Facultad de Medicina-Universidad Nacional de Colombia, 52*(1), enero-marzo: 83-90.

Quevedo V., Emilio; Borda, Catalina; Eslava C., Juan Carlos; García, Claudia Mónica; Guzmán, María del Pilar; Mejía, Paola & Noguera, Carlos (2004). *Café y gusanos, mosquitos y petróleo. El tránsito de la higiene hacia la salud pública en Colombia, 1873-1953.* Bogotá, Universidad Nacional/Instituto de Salud Pública/Centro de Historia de la Medicina.

Quevedo V., Emilio; García, Claudia M & Urrego, Zulma Consuelo (2003). *Proyecto de investigación: la construcción del concepto de 'fiebre amarilla selvática' en Colombia, 1906-1948.* Bogotá, Centro de Historia de la Medicina Andrés Soriano Lleras, Universidad Nacional de Colombia, Colciencias, Banco de la República.

Quevedo V., Emilio; Manosalva R., Carolina; Bedoya, Joanna; Matiz, Giovanna; Morales L., Elquin & Tafur A., Mónica (2007). "Saber y poder: asimetrías entre intereses de los médicos colombianos y los de la Fundación Rockefeller en la construcción del concepto de 'fiebre amarilla selvática', 1907-1938". *Anales de la Academia de Medicina de Medellín. Época Quinta, 17*(1-2): 27-62.

Quevedo V., Emilio; Manosalva R., Carolina; Tafur, Mónica; Bedoya, Joanna; Matiz, Giovanna & Morales L., Elquin (2008). "Knowledge and power: asymmetries between the interests of Rockefeller and Colombian doctors in the construction of the concept of jungle yellow fever, 1907-1938". *Canadian Bulletin of Medical History, 25*(1): 71-109.

Quevedo V., Emilio; Pérez R., Germán Enrique; Miranda C., Néstor; Eslava C., Juan Carlos; Hernández A., Mario; Acosta B., María Cristina;... & Vega, Manuel (2010). *Historia de la medicina en Colombia. Vol. 3. Hacia una profesión liberal, 1865-1918.* Bogotá, Tecnoquímicas-Grupo Editorial Norma.

Quevedo, Emilio; Hernández, Mario & Miranda C., Néstor (1993). "Estado y ciencias médicas en Colombia, 1886-1957". En Emilio Quevedo V., *Historia social de la ciencia en Colombia. Tomo VIII.* Bogotá, Colciencias-Tercer Mundo Editores.

Randall, Stephen J. (1992). *Aliados y distantes. Historia de las relaciones entre Colombia y EE. UU. desde la Independencia hasta la guerra contra las drogas.* Bogotá, Tercer Mundo Editores-Ediciones Uniandes-CEI.

Reed, Walter; Carrol, J.; Agramonte, Aristides & Lazear, James W. (1911). *Yellow fever: a compilation of various publications.* Washington, D.C. U.S. 61st Cong. 3d sess.: Senate Doc. N° 822.

República de Colombia (1932a) [1908]. "Ley 17 del 21 de agosto de 1908, por la cual se aprueba una convención sanitaria y se dictan algunas disposiciones relativas al cumplimiento de ella". En Pablo García Medina, *Compilación de las leyes, decretos, acuerdos y resoluciones vigentes sobre higiene y sanidad en Colombia.* Bogotá, Departamento Nacional de Higiene/Imprenta Nacional: 3-21.

República de Colombia (1932b) [1908]. "Ley 109 del 23 de noviembre de 1912, por la cual se aprueba una convención sanitaria suscrita en París el 17 de enero de 1912". En Pablo García Medina, *Compilación de las leyes, decretos, acuerdos y resoluciones vigentes sobre higiene y sanidad en Colombia.* Bogotá, Departamento Nacional de Higiene/Imprenta Nacional: 22-44.

República de Colombia (1950). *Codificación nacional de las leyes de Colombia desde el año 1821 hechas bajo la dirección del Consejo de Estado. Vol. 31.* Bogotá, Imprenta Nacional.

República de Colombia, Ministerio de Agricultura y Comercio (1920). *Memoria del Ministro de Agricultura y Comercio al Congreso de 1920.* Bogotá, Imprenta Nacional.

República de Colombia, Ministerio de Instrucción y Salubridad Pública. (1926). *Memoria del Ministro de Intrucción y Salubridad Pública, José Ignacio Vernaza, presentada al Congreso de Colombia de 1926.* Bogotá, Imprenta Nacional.

República de Colombia, Ministerio de Trabajo, Higiene y Previsión Social (1943). *Memoria del Ministro del Trabajo, Higiene y Previsión Social, Arcesio Londoño, al Congreso de 1943.* Bogotá, Imprenta Nacional.

Revista Médica de Bogotá, Dirección (1901). "Congreso Panamericano". *Revista Médica de Bogotá, 23*(260), diciembre: 273.

Revista Médica de Bogotá, Dirección (1906). "La profilaxia de la fiebre amarilla". *Revista Médica de Bogotá, 27:* 212-217.

Revista Médica de Bogotá, Dirección. (1903). "Epidemiología". *Revista Médica de Bogotá, 23*(277), mayo: 830.

Rivas, Medardo (1946). *Trabajadores de tierra caliente.* Bogotá, prensa de la Universidad Nacional.

Rodríguez Expósito, César (1965). "Finlay". En Carlos J. Finlay, *Obras completas. Tomo I.* La Habana, Academia de Ciencias de Cuba/Museo Histórico de las Ciencias Médicas Carlos J. Finlay: 19-84.

Román, Celso (1997). *Claude Vericel, el amigo de los animales.* Bogotá, Colciencias.

Rosen, George (1993) [1958]. *A history of public health.* Baltimore, Johns Hopkins University Press.

Saá, Andrés (1890). "Informe de la Junta Central de Higiene". En Leonardo Canal, *Informe del Ministro de Fomento al Congreso de la República de Colombia en sus sesiones ordinarias de 1890.* Bogotá, Imprenta de Antonio María Silvestre: 325-332.

Sábato, Jorge (1975). *El pensamiento latinoamericano en la problemática ciencia-tecnología-desarrollo-dependencia.* Buenos Aires, Paidós.

Sagasti, Francisco (1973). "Underdevelopment, science and technology: the point of view of the underdeveloped countries". *Science Studies, 3:* 47-59.

Sanarelli (1890). "Etiología y patología de la fiebre amarilla". Segunda entrega. *Revista Médica de Bogotá, 14-15,* mayo: 57-62. Hemeroteca, Biblioteca Central, Universidad Nacional de Colombia.

Sanmartin Barberi, Carlos (1989). "Octogésimo aniversario del descubrimiento de la fiebre amarilla selvática por el doctor Roberto Franco". *Medicina, 20:* 30.

Sawyer, Wilbur A. & Lloyd, Wray (1931). "The use of mice in tests of immunity against yellow fever". *Journal of Experimental Medicine, 54,* March: 533-555.

Sawyer, Wilbur A. (1934). "Experience with vaccination against yellow fever". *Bull. Men. d'Of. Internat. d'Hyg. Pub, 26:* 1072-1074.

Sawyer, Wilbur A.; Kitchen, S. F. & Lloyd, W. (1931). "Vaccination of humans against yellow fever with immune serum and virus fixed for mice". *Proc. Soc, Exp. Biol. and Med., 29:* 62-64.

Sawyer, Wilbur A.; Kitchen, S. F.; Frobisher, Martin Jr. & Lloyd, Wray (1930). "The Relationship of yellow fever of the Western hemisphere to that of Africa and *Leptospiral* jaundice". *Journal of Experimental Medicine, 51,* March: 493-517.

Serpa Flórez, Roberto (1989). *En el centenario de un médico colombiano. Roberto Serpa, 1888-1959. Vol. XLIV.* Bucaramanga: Biblioteca de Santander, Academia de Historia de Santander.

Shaplen, Robert (1964). *Toward the well-being of mankind: fifty years of the Rockefeller Foundation.* New York, Doubleday and Company.

Smith, Hugh H. (1938). "Yellow fever vaccination with cultured virus (17D) without inmune serum". *The American Journal of Tropical Medicine, 18*(5), septiembre: 437-465.

Smith, Hugh H. (1951). "Controlling yellow fever". En George K. Strode, *Yellow fever.* New York, McGraw-Hill Book Company, Inc.: 359-628.

Sociedad de Medicina y Ciencias Naturales de Bogotá (1881a). "Acta de la sesión del 22 de febrero de 1881 de la Sociedad de Medicina y Ciencias Naturales de Bogotá". *Revista Médica de Bogotá, 6*(61), 22 de febrero: 1-4. Hemeroteca, Biblioteca Central, Universidad Nacional de Colombia.

Sociedad de Medicina y Ciencias Naturales de Bogotá (1881b). "Actas de la Sociedad de Medicina y Ciencias Naturales. Sesión del día 27 de septiembre". *Revista Médica de Bogotá, 6*(68), 20 de diciembre: 341.

Sociedad de Medicina y Ciencias Naturales de Bogotá (1881c). "Resumen de las actas de la Sociedad de Medicina y Ciencias Naturales, sesión del día 19 de julio". *Revista Médica de Bogotá, VI*(65), 20 de septiembre: 200-202.

Sociedad de Medicina y Ciencias Naturales de Bogotá (1882). "Reglamento de la Sociedad de Medicina de Bogotá". *Revista Médica de Bogotá, 6*(70), 20 de febrero: 447.

Sociedad de Medicina y Ciencias Naturales de Bogotá (1886). "Acta sesión de día 1° de junio". *Revista Médica de Bogotá, 10*(104), 20 de julio: 98.

Sociedad de Medicina y Ciencias Naturales de Bogotá (1887a). "Acta de la sesión del 12 de mayo de 1887 de la Sociedad de Medicina y Ciencias Naturales de Bogotá". *Revista Médica de Bogotá, 11*(114), 20 de mayo: 593-599. Hemeroteca, Biblioteca Central, Universidad Nacional de Colombia.

Sociedad de Medicina y Ciencias Naturales de Bogotá (1887b). "Acta de la sesión del 24 de febrero de 1887 sobre la etiología y la profilaxis de la fiebre amarilla". *Revista Médica de Bogotá, 10*(112), marzo: 513-517. Hemeroteca, Biblioteca Central, Universidad Nacional de Colombia.

Sociedad de Medicina y Ciencias Naturales de Bogotá (1887c). "Actas de las sesiones ordinarias de los días 30 de noviembre de 1886, 4 y 9 de febrero de 1887". *Revista Médica de Bogotá, 111,* 20 de febrero: 465-466.

Solórzano Ramos, Armando (1997). ¿Fiebre dorada o fiebre amarilla? La Fundación Rockefeller en México, 1911-1924. 1ª ed. Guadalajara, Universidad de Guadalajara.

Soper, Fred L. (1934). "Informe sobre el problema de la fiebre amarilla en Suramérica". En *Actas de la IX Conferencia Sanitaria Panamericana,* 12 al 22 de noviembre, Washington.

Soper, Fred L. (1935a). "Fiebre amarilla rural, fiebre amarilla de la selva, como problema nuevo de sanidad en Colombia". *Revista de Higiene, Año XVI, IV*(5 y 6), mayo-junio: 49-87.

Soper, Fred L. (1935b). "Fiebre amarilla rural, fiebre amarilla de la selva, como problema nuevo de sanidad en Colombia". En J. Austin Kerr, *Hacia la conquista de la salud. Obra de solidaridad entre los pueblos.* Washington, OPS/OMS: 166-190.

Soper, Fred L. (1935c). *Rural and jungle yellow fever. A new public health problem in Colombia. Lecture given before the Faculty of Medicine of Bogotá, April 5th, 1935.* Bogotá, Editorial Minerva, S.A.

Soper, Fred L. (1936a). "Febre amarella silvestre-novo especto espidemiologico da doenca". *Rev. Hyg. e Saude Pub. Feb.:* 31-70.

Soper, Fred L. (1936b). "Jungle yellow fever: a new epidemiological entity in South America". *Revista de Higiene e Saúde Pública, 10:* 107-144.

Soper, Fred L. (1936c). "Recent extension of knowledge of yellow fever". *Quart. Bull. Heal. Org. League of Nations, 5:* 19-68.

Soper, Fred L. (1937a). "Epidemiologia da febre amarela". *A Folha Medica, Rio de Janeiro, 18,* 25 de julio: 423-430.

Soper, Fred L. (1937b). "The geographical distribution of immunity to yellow fever in man in South America". *The American Journal of Tropical Medicine, 17*(4), July: 457-511.

Soper, Fred L. (1938). "Fiebre amarilla: la situación actual (octubre de 1938), con referencia especial a Sudamérica". *Transactions of the Royal Society of Tropical Medicine and Hygiene, 32:* 297-332.

Soper, Fred L. (1970) [1933]. "La fiebre amarilla en ausencia de *Aedes aegypti.* Estudio de una epidemia rural en el Valle de Canaán, Espíritu Santo, Brasil, 1932". En J. Austin Kerr, *Hacia la conquista de la salud. Obra de solidaridad entre los pueblos. Selección de trabajos del Dr. Fred L. Soper.* Washington, D.C., OPS/OMS: 141-160.

Soper, Fred L. (1970) [1934]. "Informe sobre el problema de la fiebre amarilla en Suramérica". En J. Austin Kerr, *Hacia la conquista de la salud. Obra de solidaridad entre los pueblos. Selección de trabajos del Dr. Fred L. Soper.* Washington, OPS/OMS: 161-165.

Soper, Fred L. (1970a). *Building the health bridge.* Bloomongton, Indiana University Press.

Soper, Fred L. (1970b). *Hacia la conquista de la salud.* Washington, OPS/OMS.

Soper, Fred L. (1979). *Andanzas por el mundo de la salud.* Washington, Organización Panamericana de la Salud/Organización Mundial de la Salud.

Soper, Fred L.; Penna, H.; Cardoso, E.; Serafim, J. Jr.; Frobisher, M. Jr. & Pinheiro, J. (1933). "Yellow fever without *Aedes aegypti*. Study of a rural epidemic in the Valle do Chanaan, Espiritu Santo, Brazil, 1932". *American Journal of Hygiene, 18,* November: 555-587.

Sotomayor Tribín, Hugo Armando (1997). *Guerras, enfermedades y médicos en Colombia.* Bogotá, Escuela de Medicina Juan N. Corpas.

Starr, Paul (1982). *The social transformation of American medicine.* New York, Basic Books, Inc., Publishers.

Sternberg, George (1888). "Microbios de la fiebre amarilla - Bibliografía". *Revista Médica de Bogotá, XII*(128), 28 de agosto: 159.

Sternberg, George M. (1890). *Report on the etiology and prevention of yellow fever.* Washington, Government.

Sternberg, George M. (1895a). *Immunity protective innoculations in infectious diseases and serum therapy.* New York, William Wood and Company.

Sternberg, George M. (1895b). "Yellow fever". En George M. Sternberg, *Immunity protective inoculations in infectious diseases and serum therapy.* New York, William Wood and Company: 301-320.

Stokes, Adrian; Bauer, Johannes H. & Hudson, N. Paul (1928a). "Experimental transmission of yellow fever to laboratory animals". *American Journal of Tropical Medicine, 8*(2)*:* 103-164.

Stokes, Adrian; Bauer, Johannes H. & Hudson, N. Paul (1928b). "The transmission of yellow fever to *Macacus rhesus*". *Journal of American Medical Association, 90:* 153-257.

Strode, George K.; Bugher, John C.; Kerr, J. Austin; Smith, Hugh H.; Smithburn, Kenneth C.; Taylor, Richard M.; Theiler, Max; Warren, Andrew J. & Whitman, Loring (1951). *Yellow fever.* New York, McGraw-Hill Book Company, Inc.

Tapia, Francisco J. (1914). "Informe del doctor Francisco J. Tapia". *Revista de Higiene, 6*(92), 1º de noviembre: 450-451.

The Rockefeller Foundation (1919). *A review for 1918.* Annual Reviews. New York, Rockefeller Foundation.

The Rockefeller Foundation (1927). *A review for 1926.* Annual Reviews. New York, Rockefeller Foundation.

The Rockefeller Foundation, International Health Board (1918). "Eradication of yellow fever". En *Fourth annual report January 1, 1917-December 31, 1917*. New York, The Rockefeller Foundation: 140-141.

The Rockefeller Foundation, International Health Board (1920). *Sixth Annual Report. January 1, 1919-December 31, 1919*. Annual Reports. New York, Rockefeller Foundation.

The Rockefeller Foundation, International Health Board (1921). "Fighting yellow fever". En *Seventh Annual Report. January 1, 1920-December 31, 1920*. New York, The Rockefeller Foundation: 3-10.

The Rockefeller Foundation, International Health Board (1923). *Noveno informe anual. Enero 1º, 1922-diciembre 31, 1922*. Annual Reports. New York, Rockefeller Foundation.

The Rockefeller Foundation, International Health Board (1929). *The Rockefeller Foundation Annual Report*. Annual Reports. New York, Rockefeller Foundation.

The Rockefeller Foundation, International Health Commission (1915). *Annual Report. January 1, 1914-December 31, 1914*. Annual Reports. New York, Rockefeller Foundation.

Theiler, Max (1930). "Susceptibilty of white mice to virus of yellow fever". *Science, 71:* 367.

Theiler, Max (1931). "Neutralization tests with immune yellow fever sera and a strain of yellow fever virus adapted to mice". *Annals of Tropical Medicine and Parasitology, 25:* 69-77.

Thomas de Salisbury, Robert (1818). *Nouveau traite de médecine pratique*. Paris, Méquignon-Marvis.

Tindall, George B. & Shi, David E. (1995). *Historia de los Estados Unidos. Tomo II*. Bogotá, Tercer Mundo Editores.

Toro Villa, Gabriel (1913). "Consideraciones sobre el desarrollo y propagación de la fiebre amarilla en Colombia". En Academia Nacional de Medicina, *Segundo Congreso Médico de Colombia. Vol. 1*. Bogotá, Editorial Tipográfica Salesiana: 123-157.

Tovar Zambrano, Bernardo (1989). "La economía colombiana, 1886-1922". En Álvaro Tirado Mejía, *Nueva historia de Colombia*. Bogotá, Planeta Colombiana Editorial.

Urueta, Eduardo (1899). *Fiebre amarilla* (Tesis para optar por el título de Doctor en Medicina y Cirugía, Facultad de Medicina, Universidad del Bolívar, Cartagena).

V Conferencia Sanitaria Internacional (1965) [1881]. "Extracto de las deliberaciones de la Conferencia Sanitaria Internacional de Washington". En Carlos J. Finlay, *Obras completas*. La Habana, Academia de Ciencias de Cuba: 198-228.

Varsavsky, Oscar (1974). *Hacia una política científica nacional.* Buenos Aires, Ediciones Periferia.

Vengoechea, Julio (1914). "Informe del inspector de sanidad". *Revista de Higiene, VI*(86), 30 de marzo: 63-69.

Villa Álvarez, Alejandro (1932). "Informe del Departamento Nacional de Higiene al señor Ministro de Gobierno 1931-1932". En *Memoria del Ministro de Gobierno, Agustín Morales Olaya, al Congreso Nacional en sus sesiones ordinarias de 1932. Tomo I.* Bogotá, Imprenta Nacional: 127-143.

Vincent, George E. (1920). *The Rockefeller Foundation. A review for 1919. Public health and medical education in many lands.* Presidents Review. New York, The Rockefeller Foundation.

Vincent, George E. (1921). "Following up yellow fever". En The Rockefeller Foundation, *Review for 1920.* New York, The Rockefeller Foundation: 24-29.

Vincent, George E. (1922). "Yellow fever in retreat". En The Rockefeller Foundation, *Review for 1921.* New York, The Rockefeller Foundation: 39-43.

Vincent, George E. (1923a). "Closing in on yellow fever". En The Rockefeller Foundation, *President's review for 1922.* New York, The Rockefeller Foundation: 35-38.

Vincent, George E. (1923b). *The Rockefeller Foundation review for 1922. A summary for the first decade.* New York, The Rockefeller Foundation.

Vincent, George E. (1924). "A review for 1923". En The Rockefeller Foundation, *Annual review.* New York, The Rockefeller Foundation: 23-26.

Vincent, George E. (1925a). "A review for 1924". En *Annual review, 1924.* New York, The Rockefeller Foundation: 35-38.

Vincent, George E. (1925b). "Smoldering fires of yellow fever". En The Rockefeller Foundation, *Review for 1924.* New York, The Rockefeller Foundation: 26-30.

Vincent, George E. (1926). *The Rockefeller Foundation. A review for 1925.* New York, The Rockefeller Foundation.

Vincent, George E. (1929). "Yellow fever in revolt". En The Rockefeller Foundation, *Review for 1928.* New York, The Rockefeller Foundation: 26-34.

Wallerstein, Immanuel (1989). *El moderno sistema mundial. Tomo I: La agricultura capitalista y los orígenes de la economía-mundo europea en el siglo XVI. Tomo II: El mercantilismo y la consolidación de la economía-mundo europea 1600-1750.* México, Siglo XXI Editores.

Warren, Andrew J. (1925). *Carta a Frederick Russel,* 29 de junio. RAC-RFA. Veracruz. RG. 5, S. 1.1, b. 226, f. 2875.

Warren, Andrew J. (1951). "Landmarks in the conquest of yellow fever". En George K. Strode, *Yellow fever*. New York, McGraw-Hill Book Company, Inc.: 1-37.

Williams, Greer (1969). *Plague killers*. New York, Charles Scribner's Sons.

Williams, Steven C. (1994). "Nationalism and public health: the convergence of Rockefeller Foundation technique and Brazilian federal authority during the time of yellow fever, 1925-1930". En Marcos Cueto, *Missionaries of Science. The Rockefeller Foundation and Latin America*. Bloomington and Indianapolis, Indiana University Press: 23-51.

Worboys, Michael (1976). "The emergence of tropical medicine: a study in the establishment of a scientific speciality". En G. Lemayne, *Perspectives in the emergence of scientific disciplines*. Paris, Maison des Sciences de l'Homme: 75-98.

Autores

Emilio Quevedo V. Médico pediatra y PhD en Estudios Sociales de la Ciencia. Actualmente es profesor titular de la Escuela de Medicina y Ciencias de la Salud de la Universidad del Rosario y director del Grupo de Estudios Sociales de las Ciencias, las Tecnologías y las Profesiones.

Claudia Mónica García L. Médica, magíster en Historia y PhD en Estudios de Ciencia y Tecnología. Actualmente es profesora asociada de la Escuela de Ciencias Humanas de la Universidad del Rosario y miembro del Grupo de Estudios Sociales de las Ciencias, las Tecnologías y las Profesiones.

Joanna Bedoya D. Enfermera de la Universidad Nacional de Colombia y candidata a magíster en Salud Pública de la misma institución. Actualmente es docente de planta de la Universidad ECCI y miembro del Grupo de Estudios Sociohistóricos de la Salud y la Protección Social.

Lisa Priscila Bustos J. Médica de la Universidad Nacional de Colombia, especialista en Salud Pública y en Auditoría de la Universidad del Rosario, magíster en Museología y Patrimonio de la Universidad Nacional. Asesora en temas de salud intercultural y en proyectos étnicos y comunitarios, coordinadora en programas de salud sexual y reproductiva, docente e investigadora.

Alain Alexander Camacho P. Médico de la Universidad Nacional de Colombia y candidato a Magíster en Salud Pública de la Universidad del Rosario.

Carolina Manosalva R. Enfermera y magíster en Historia de la Universidad Nacional de Colombia. Es profesora adjunta de la Universidad Nacional y profesora de cátedra de la Universidad El Bosque.

Giovanna Matiz. Médica de la Universidad Nacional de Colombia y candidata a magíster de Salud Pública. Actualmente trabaja en Pfizer como gerente médica del portafolio de inflamación en inmunología.

Elquin Alfonso Morales. Historiador de la Universidad Industrial de Santander, magíster en Historia de la Universidad Nacional de Colombia y candidato a Doctor en Historia de la misma universidad. Ha sido profesor de la Universidad Nacional, la Universidad El Bosque y la Universidad Autónoma de Colombia. También ha trabajado en el sector público en el Instituto de Patrimonio Cultural, adscrito a la Secretaría de Cultura de Bogotá.

Juliana Pérez G. Historiadora de la Universidad Nacional de Colombia, magíster en Historia de la Universidad de São Paulo (USP, Brasil) y actualmente es candidata a doctora en esta misma institución.

Mónica Tafur A. Médica de la Pontificia Universidad Javeriana, especialista en Radiología e Imágenes Diagnósticas de la Universidad El Bosque. Actualmente se encuentra completando un *fellowship* clínico en imágenes del sistema músculo-esquelético con la Universidad de Toronto.

Este libro fue compuesto en caracteres Garamond
Premier Pro 11,5 puntos, impreso sobre papel propal de
70 gramos y encuadernado con método *hot melt*,
en enero de 2018, Bogotá, D. C., Colombia.
Panamericana Formas e Impresos S. A.

Made in the USA
Monee, IL
18 October 2026

66036017R00182